服装缝制工艺

（第2版）

主　编◎李淑敏
副主编◎邓小荣　王秀清
参　编◎罗桂兰
主　审◎边晓芳

北京理工大学出版社
BEIJING INSTITUTE OF TECHNOLOGY PRESS

内容简介

本教材根据服装专业学习的特点，全面而系统地阐述了包括服装制作常用设备、配件，面料成分与类型，衬里和支撑材料，特别是还重点系统地阐述了服装的熨烫工艺以及服装工艺设计方面。教材注重基础知识学习和基本技能的训练，重点选择了服装品种中的西裤和西服的缝制工艺；注重与市场接轨，并配以大量直观图示，便于学生能够自主学习。

本教材图文并茂，通俗易懂，可供服装专业学生、服装设计人员及服装爱好者学习与参考。

图书在版编目（CIP）数据

服装缝制工艺 / 李淑敏主编. —2版. —北京：北京理工大学出版社，2020.1

ISBN 978-7-5682-8092-1

Ⅰ.①服…　Ⅱ.①李…　Ⅲ.①服装缝制-高等职业教育-教材　Ⅳ.①TS941.63

中国版本图书馆CIP数据核字（2020）第020580号

出版发行 / 北京理工大学出版社有限责任公司
社　　址 / 北京市海淀区中关村南大街5号
邮　　编 / 100081
电　　话 /（010）68914775（总编室）
（010）82562903（教材售后服务热线）
（010）68948351（其他图书服务热线）
网　　址 / http://www.bitpress.com.cn
经　　销 / 全国各地新华书店
印　　刷 / 定州市新华印刷有限公司
开　　本 / 787毫米×1092毫米　1/16
印　　张 / 13.5
字　　数 / 289千字
版　　次 / 2020年1月第2版　2020年1月第1次印刷
定　　价 / 38.00元

责任编辑 / 李慧智
文案编辑 / 李慧智
责任校对 / 周瑞红
责任印制 / 边心超

图书出现印装质量问题，请拨打售后服务热线，本社负责调换

前言

服装专业是一门应用性极强的学科，要求学生具备一定的操作能力，而服装缝制工艺基础课程是服装艺术设计、服装设计与工程、服装营销以及与服装相关的其他专业如染织艺术设计等服装类各专业的一门核心课程。其功能在于通过学习，使学生了解服装缝制工艺是服装工艺技术的专业必修课，是一门实践性很强的课程。服装缝制工艺是服装款式设计变为产品的关键步骤，是结构制版成形的根本手段，也是实现服装的依据和保证。本课程服务于服装生产过程中有关操作的各基本环节，是一门基础性课程，并为学习本专业其他课程奠定基础。

参加本教材的编写者既有教学经验丰富的一线教师，同时也增加了服装企业的能工巧匠，力图在教学实施中，根据必须掌握的技能和知识设计各个具有针对性、实用性、可操作性的活动，要求学生边学边做，做学结合，通过这些活动，完成教与学的过程，使之在具有较强动手操作能力的同时也有丰富的服装企业实际工作经验。在当下服装流行趋势的影响下，服装工艺表现的技法非常多，本教材根据服装企业的特点，将现代服装化整为零，帮助学生由浅入深地掌握现代服装工艺的技能与技巧的要领。

全教材共七个章节，在内容安排上，承前启后，逐步递进。教材突出了理论知识的应用和实践动手能力的培养，针对基础工艺，如手针工艺、机缝工艺等做了详细阐述；并且将很多熨烫工艺编入教材，成衣工艺方面选择了具有代表性的男、女裤装及男、女西装等典型服装的款式进行成衣缝制工艺介绍，对它们做出定性定量的分析。学生通过本门课程的学习，可以掌握服装工艺的专业理论和技术知识，全面了解现代服装工艺技术和新工艺的应用情况及发展趋势，具备优良的职业道德修养和品格修养，具备解决服装生产过程中处理工艺技术问题的能力，掌握服装成衣样版的毛样、排料、工艺流程及具体的熨烫方法、步骤，具备从酝酿构思、材料选择到工艺制作等创作和表现能力，最终技能水平逐步达到企业要求。

本教材理论联系实际，文字简明，图文并茂，在保证知识连贯性、系统性的基础上，着眼于技能操作，力求精练，突出典型性、实用性。通过对服装工艺技巧的分析，培养学生的动手能力和应变能力。

本教材由李淑敏、邓小荣、王秀清、罗桂兰共同编写而成。具体分工是：第一章、第七章由李淑敏编写；第二章、第五章由邓小荣编写；第三章、第四章由罗桂兰编写；第六章由王秀清编写。参加本书编写的教师有丰富的教学经验，同时也具有丰富的服装企业实际工作经验和较强的动手操作能力，使教材的编写内容既体现了行业的新技术、新工艺，也符合教学的特点和要求。

本教材由李淑敏担任第一主编，并负责修改、统稿、定稿。

由于编写时间仓促，水平有限，书中难免有错漏之处，恳请同行、专家和广大读者批评指正。

编 者

【目录】
CONTENTS

第一章　绪论　1

第一节　服装缝制技术的发展进程　……　2
第二节　服装缝制工艺的教与学　……　7

第二章　基础工艺　11

第一节　工艺名词术语　……　12
第二节　常用手针工艺　……　14
第三节　装饰工艺　……　27
第四节　机缝工艺　……　36
第五节　线迹与缝型　……　40

第三章　服装制作常用设备、配件和常用材料　49

第一节　服装制作常用设备　……　50
第二节　服装制作常用配件　……　57
第三节　服装制作常用材料　……　61

第四章　服装熨烫工艺　82

第一节　熨烫定型基础知识　……　83
第二节　手工熨烫　……　86
第三节　服装部位熨烫　……　89
第四节　服装分类熨烫　……　95
第五节　机械熨烫　……　102

第五章　长裤缝制工艺　106

第一节　女式牛仔裤缝制工艺　……　107
第二节　男式西裤缝制工艺　……　114

第六章　西服缝制工艺 134

第一节　女西服制作工艺 …… 135
第二节　男西服制作工艺 …… 152

第七章　服装工艺设计 181

第一节　服装工艺设计概述 …… 182
第二节　工序分析与编制 …… 184
第三节　工艺分析与规程 …… 192
第四节　服装缝制作业动作、时间研究 …… 196
第五节　缝口强度与缝制质量 …… 201
第六节　面料、辅料的准备与样品试制 …… 204
第七节　工艺文件编制与技术档案管理 …… 206

参考文献 210

第一章 绪论

知识目标

了解服装缝制技术的发展进程、服装缝制工艺的教与学等相关概念。以服装学的视野分析服装缝制工艺的发展，全面认识服装缝制技术的特点。

技能目标

掌握服装缝制工艺的宏观特点，了解缝纫工具的发展对缝制技术的影响。掌握服装结构的演变对服装缝制工艺的影响因素。合理分析与把握剪功、手功、车功以及烫功等，掌握服装缝制工艺的学习方法。

情感目标

培养学生作为服装结构设计师应具备的基本素质和遵循的基本原则，提高学生服装制图规范性的操作方式。培养结构设计师在服装结构设计中如何选择最佳的构成方法的能力，提高学生对服装结构设计的热情和期待。

思维导图

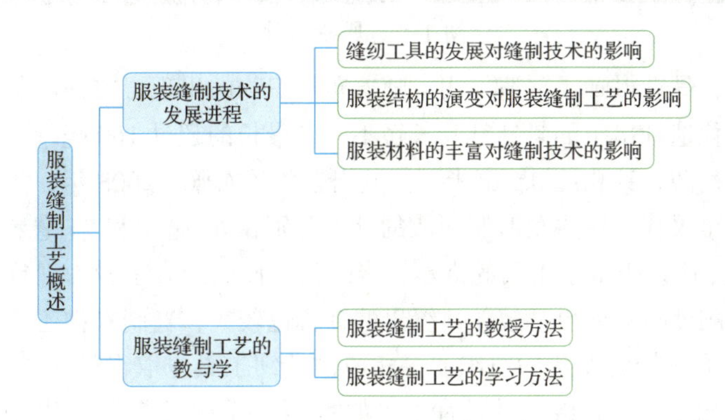

第一节 服装缝制技术的发展进程

服装在人类社会发展的早期就已出现。最早使用的缝制工具是骨针，人类最初的衣服是用兽皮制成的，围成圆筒状，是结构最简单的衣服。古代人把身边能找到的各种材料做成简单的“衣服”。服装工艺与服装都有着悠久的历史，都经历了由低级阶段到高级阶段的发展过程。追寻人类服装发展的轨迹，我们可以发现，人类的服装缝制技术是伴随着服装缝制工具的进步、服装材料的丰富以及服装结构的变化逐渐发展的。

一、缝纫工具的发展对缝制技术的影响

远古时期，人类祖先将兽皮、树叶等原料直接披挂在身上作为服装。据现代考古发现，人类最早的缝纫工具——骨针（如图 1-1 所示）出现的时间在 2 万 ~3 万年前。1983 年，在我国辽宁海域小孤山旧石器时代晚期的遗址中，发现了 3 枚完好的骨针。3 枚骨针距今 3 万年左右，用动物肢骨为原料，用石钻在两面相对钻出针眼，再用磨制方法磨出针尖。这说明当时已有了衣服裁缝技术。用动物筋、肠制成线，将兽皮和树叶进行简单的缝制，虽然工艺粗糙但也做成了人类最早的成型服饰，这是人类缝制技术的发端期。

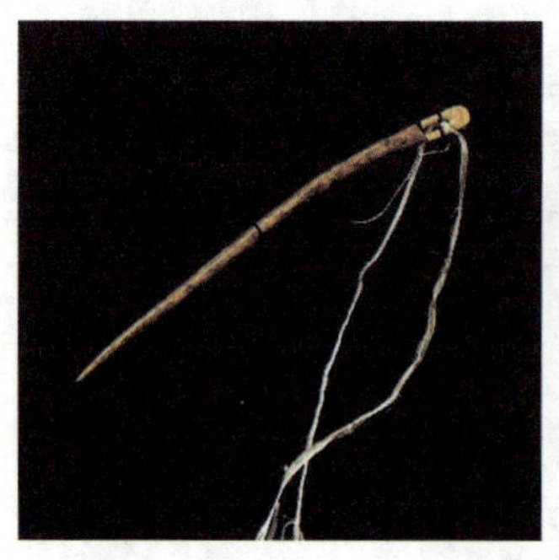
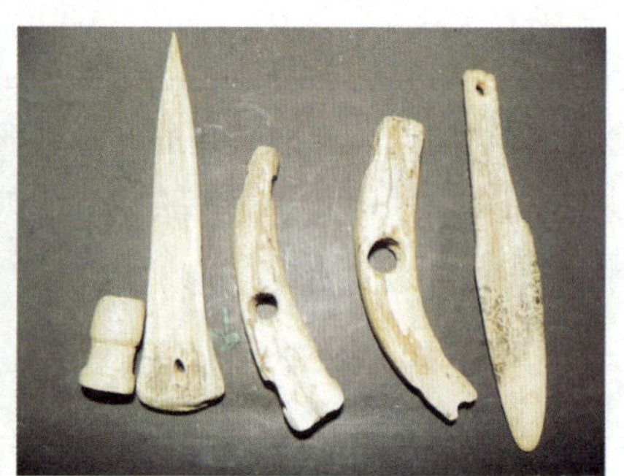

图 1–1 原始骨针

新石器时代以后，骨针得到了普遍使用。随着布帛织物的出现，衣服缝制更为精细。在我国陕西西安半坡新石器时代遗址出土的骨针针身长短不一，最长的超过 160 毫米，最细的直径不到 2 毫米，光滑圆润，制作精巧，针孔约 0.5 毫米，能制出合体的衣服。2003 年，我国黑龙江省依兰县出土了两枚年代为战国至汉代、用牛角磨制而成的针，分别长 60 毫米和 75 毫米，角针尖端尖锐，针孔直径不足 0.5 毫米。这说明由于工具的进步，当时的人们已经有了较为细致的缝制工艺，然而骨针、角针毕竟较粗，刚度与韧性也都较差，缝出的针脚也较大，缝制衣物还是不如钢针精细。

我国西汉时期已形成较为发达的纺织业，相应的缝纫工具也取得较大进步。1975 年在湖北江陵凤凰山 167 号汉墓出土了一枚缝衣针及针衣（如图 1–2 所示），墓葬时代为西汉文景时期，针质

地为钢，长 59 毫米，最大径约 0.5 毫米，针粗细均匀，针孔细小，这枚缝衣针是迄今为止发现的时代最早的钢针，说明在我国汉代已经出现非常精细的缝制工具，缝制工艺也有很大提高。

图 1-2　汉代缝衣钢针及针衣

在世界范围内，这种手工缝纫方式一直延续到 18 世纪末。19 世纪初，由于欧洲资本主义成衣生产业的兴起，使服装加工工具迅速发展：手摇链式缝纫机（如图 1-3 所示）、链式线迹缝纫机相继出现。转速高达 600 r/min 的全金属链式线迹缝纫机的出现，使服装制作由纯粹的手工操作进化到使用人力的机械操作。19 世纪末，马达驱动缝纫机的问世，使成衣生产进入一个崭新的阶段，人们开始进行机械高速化、自动化和专门化的研究。20 世纪 40 年代后，缝纫机的转速得到飞速提高，自动切线装置、缝针自动定针等装置的研究使得缝纫效率大大提高，服装工艺得到飞速发展，进入缝制工艺阶段。

图 1-3　手摇链式缝纫机

在我国，1890 年第一台缝纫机由美国输入。1949 年以前，整个国家缝纫机生产量很低，年产不足 4 000 台，市场主要由美国胜家公司垄断。1949 年，中华人民共和国成立后，缝纫机械工业有了良好的发展空间。20 世纪 50 年代末，轻工业对家用缝纫机实现了通用化、标准化、统一化，提高了零件部件的互换性，使生产企业增多。20 世纪 60 年代，在参考质量、品种的基础上，我国选定了 44 家缝纫机定点生产企业。据统计，1980 年全国共有缝纫机生产企业 56 家，分布在 22 个省市。至 1982 年，我国缝纫机的产量达到 1 286 万台，居世界第一位。到 20 世纪 80 年代中期，随着市场和消费结构的改变，缝纫机生产制造业从原先以家用缝纫机为主转向以工业缝纫机为主。至今我国已经成为世界上主要缝纫机生产国家之一。

随着人类科学技术的不断进步，新型缝纫机械不断出现，缝纫技术也随之不断改变和发展。缝纫机械的进步是推动服装缝制工艺技术进步的主要力量之一（如图 1-4 所示）。

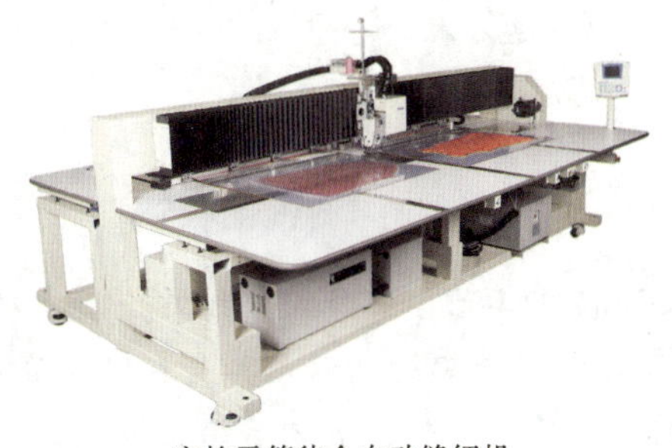

富怡零等待全自动缝纫机

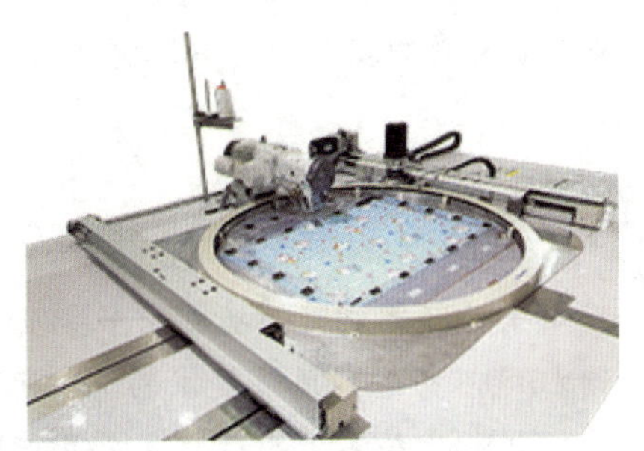

富怡全自动曲折缝纫机

图 1-4　新型缝纫机

二、服装结构的演变对服装缝制工艺的影响

纵观西方服装发展史，可归纳为从古希腊、古罗马的“宽衣”模式（如图 1-5 所示），经中世纪过渡到文艺复兴时期以后的“窄衣”模式（如图 1-6 所示）发展的过程。这两个阶段的服装造型区别巨大，这主要是因为服装结构的不同。这个转变也影响了服装工艺的发展轨迹。在我国，服装造型发生巨大改变是在清王朝灭亡之后，西方服装文化的渗透使我国缝制工艺上也发生了一定程度的改变。

图 1-5　6 世纪女用帕留姆

图 1-6　18 世纪蓬巴杜夫人

在我国清朝之前和欧洲 14、15 世纪之前，服装形制都是宽大的平面结构，直线剪裁，不需要复杂的缝制技术，人们更多地将精力放在服装装饰工艺的追求上，形成了嵌、镶、绲、包、镂、拼、贴、绘、绣等多种装饰工艺形式。随着对自身美展示方式的变化，人们的着装方式也产生了变化，这促使服装的结构发生了质的飞跃。审美作用的发现使服装在 14 世纪变得符合人体体型，立体化了。至 17、18 世纪，服装结构逐渐趋于严谨，服装的合体度逐渐加强，从而对服装的工艺有了更高的要求。

近现代服装工艺快速发展的一个多世纪以来，经过数代服装缝纫师的不断努力，服装行业积累了丰富的经验，形成了一整套操作工艺技术要求，这就是常说的“四功”“九势”“十六字质量标准”。

“四功”即为：剪功、手功、车功、烫功。“四功”是服装工艺的 4 个组成部分，各具职能，缺一不可。

1. 剪功

剪功是指裁剪即剪刀操作的功夫。它要求起刀稳、运刀准。

2. 手功

手功是指用手针缝制衣服的功夫。手缝虽是项传统工艺，但目前仍经常使用。对一些不能直接机缝或者机缝不易达到质量要求的部位通常会进行手工缝制，尤其是在缝制高档服装时，手针工艺是缝纫机所代替不了的。它要求灵巧圆润，随势手转，缝纫后的服装不皱不翘，不松不紧，平整服帖。

3. 车功

车功是指操作缝纫设备的能力。它要求熟悉缝纫设备的性能，操作熟练，行针运线灵巧自如。

4. 烫功

烫功是指对服装各部位熨烫的工艺，如推、归、拔、压等手法。烫功是服装外观造型美的关键性工艺，通过熨烫，可使服装面料缩水去皱、热定型使服装外形平整、褶裥线条平直，利用纤维的可塑性，通过推、归、拔塑造服装的立体形态，弥补裁剪的不足，使服装外形平挺、整齐、美观，穿着舒适。

“九势”的体现是：胁势、胖势、窝势、戤势、凹势、翘势、剩势、圆势和弯势。

这些形态均是通过服装操作工艺，将衣服的一些部位做成符合体型和造型的形态。体现在服装上表现为16个字：平、服、顺、直、圆、登、挺、满、薄、松、匀、软、活、轻、窝、戤。

这些缝纫技巧囊括从手工刀到机器设备操作、从人体结构到服装结构的方方面面，是循着服装结构从简单到严谨的发展轨迹而来。从某种意义上来说，服装美在一定程度上就是线条艺术的表现，不论是缉线、省道、镶绲、褶裥以及其他手法所表现的线条，如横线、竖线、斜线、曲线等都富有装饰意味，这是服装工艺美的魅力所在。

三、服装材料的丰富对缝制技术的影响

服装材料的发展经历了漫长的演化过程，从远古的兽皮、树叶等物品到发现并使用棉、麻、丝、毛等天然纤维，又到涤纶、腈纶、锦纶、氨纶等各种化学纤维产品的问世，再发展到现在拥有众多千姿百态、丰富多彩的材料品种以及当今世界出现的许多高科技功能性的服装材料，例如，铁纶·95纤维（如图1–7所示）源自航天科技，是一种既能够耐高温、极低温，也能够最大限度地隔绝温度传导，轻质高强且在宇宙空间的辐射中依然能保持性质不变的材料。

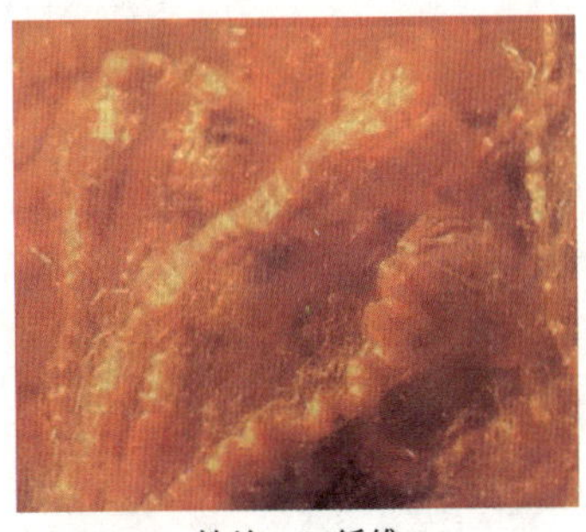
铁纶·95纤维

铁纶·95纤维民用服装

图1–7　铁纶·95纤维

服装材料也由最初的御寒保暖和保护等功能发展到了今天以装饰及突出个性为主，同时具有一定艺术性的各种新型材料。

服装材料在人类社会发展的早期就已出现，据考古学家发现，距今约40万年前的旧石器时代，人类就开始使用兽皮和树叶蔽身。距今5 000年前，我国已经开始使用蚕丝制绢片、丝带和丝线

（如图 1-8 所示）。随着农业、畜牧业以及后来科学技术的发展，人工培育的纺织原料和化学合成的材料种类逐渐增多，制作服装的工具由简单到复杂不断发展，同时促使服装缝制工艺技术不断改革升级。

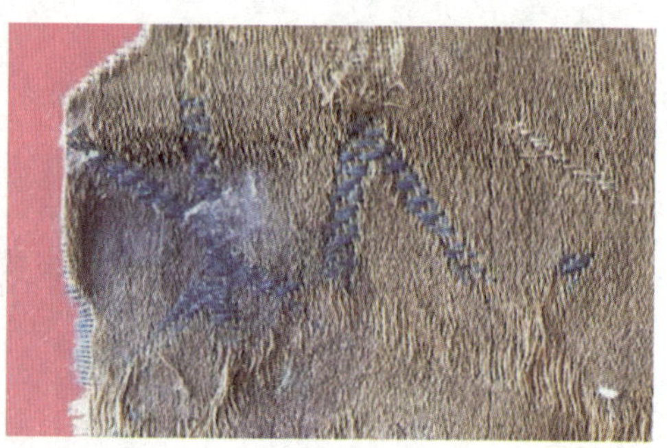

图 1-8　古代绢萎

面料的选择不仅影响服装的结构和外观，同样影响着服装缝制工艺设计。首先是对缝纫线的选择，缝纫线与面料的原料相同或相近，才能保证其缩率、耐化学品性、耐热性以及使用寿命相匹配。缝线的粗细应取决于面料的厚度和重量，在接缝强度足够的情况下，缝线不宜粗，粗线易造成面料损伤。其次是对缝纫工艺的要求，不同的面料对服装缝制工艺有不同的要求，不同的面料，其缝制的难易程度不一样。平纹棉织面料挺括坚牢、耐磨性好、强度高、布面匀整、容易缝制；麻织面料比棉织面料抗皱性及弹性稍好，同样容易缝制；而丝织面料大多光滑柔软、色泽柔和，不易缝制。不同的面料，其毛边纱线脱落的难易程度也不同，对于毛边纱线极易脱落的面料，在加工时必须尽早做包缝处理，因此，对于这类面料，如果先进行做省、挖袋等操作，再来进行包缝，就显得工艺不够合理。对于折边，如果面料很厚，最好不使用光折边。一般化纤或混纺面料，其保型性好，含毛量较高的面料，其下摆悬垂性好，经过料边处理后，一般不要压明线。相反，对于保型性差的面料，则可以选用压明线来处理料边。总而言之，服装加工工艺的好坏，直接影响着服装产品的外观和服用性。

第二节 服装缝制工艺的教与学

一、服装缝制工艺的教授方法

服装缝制工艺课是服装专业中一门重要的专业课，它主要以动手操作为主，用以培养学生的专业技能。在教学中应紧紧抓住实际操作这一重要环节，以基础知识的学习、基本功的训练、各个部位的缝制方法作为重点教学任务。

1. 由浅入深，循序渐进

对刚刚接触缝制工艺课的学生，教师应采取由简入繁、由浅入深、循序渐进的教学方法。先进行基础缝纫（手缝和机缝）的学习和练习。在机缝教学中，先让学生熟悉缝纫机的使用性能，做简单的直线、弧线、几何图形的缝纫训练。

2. 化整为零，合零为整

将某一典型服装成衣的缝制工艺分为若干个零部件的制作，制作流程再分为若干个独立的基本工序，化整为零，各个击破。每一堂实习课讲授、示范、训练其中的一项，让学生在坯布上模拟学习这一零部件的制作方法，做到学习一个理解一个，初步掌握一个，强化基本功的训练，形成局部技能。在此基础上，再合零为整，完成成品的制作，最终使学生熟练地掌握组合的整体技能。

3. 准备充分，提高效率

学习制作任何一个零部件或成衣前都必须准备好材料，为了提高课堂效率，争取时间，教师应在每一次上课前告诉学生准备好哪些材料，如何准备，让学生在课前保质保量地完成准备工作。

4. 层层分解，步步示范

在工艺课教学中，示范是主要方法，它应用于教学实践的全过程。对于那些错综复杂、层次繁多的工艺难点，必须层层分解，把复杂问题简单化。通过分组的形式，由教师一步步示范操作，在示范过程中分析原理，讲解要点。教师示范动作要突出工艺过程的程序性和规范性。

5. 借助样品，突破难点

虽然将整件服装的制作工艺进行分解化整为零，以便学生掌握，但是每个部件的学习制作对于学生来说仍然会有难度。尤其是有些零部件的制作过程复杂、步骤繁多，对于学生来说很难做到一次性掌握。而且在课堂上，一个教师要面对几十个学生，很难保证每个学生都能一次性看清整个制作过程，对每一个有疑问的学生再进行示范讲解的可能性不大。因此，借助一些能体现工艺特点和整个制作过程的样品就显得十分必要。这些样品通常用坯布做成，把制作的步骤尤其是难点、重点进行分解，体现整个制作过程，每个步骤写上序号并用线串联起来，以免打乱顺序，在样品上还可以写上工艺流程以及每个制作步骤中应注意的问题和要点。

6. 以旧引新，由此及彼

服装的款式千变万化，制作工艺更是多种多样，但它们并不是完全独立的，而是相互联系，存在共性的。教师不可能把每一种工艺方法都一一传授给学生，但教师可以利用学习中的正迁移现象，培养学生利用已学知识获得新知识、解决新问题的能力。在教学中把不同品种、款式服装的工艺相比较进行讲述，分辨出它们的异同点，由一种工艺延伸出另一些与之相关的多种工艺，以旧引新，帮助学生在学习中举一反三，触类旁通。

7. 使用多种教学手段

科学技术的发展使教学设备越来越丰富，先进的服装专业教师应紧跟时代的发展步伐，利用多种现代化教学手段（如计算机及网络技术等）辅助实习课教学，提高服装工艺课教学的效率。服装工艺的具体操作过程比较复杂，单一通过课堂上教师的讲解示范操作，很难让学生一次性掌握制作过程。而教师在教学中采用录像、幻灯片、多媒体课件等教学手段再结合样品这些直观教具，不但可增强学生对内容的理解，强化记忆，还可以引导学生积极思考，培养学生的学习兴趣。

除此之外，在课堂教学中，教师应注意发挥学生的主体作用。学生操作技能的掌握和提高，只能通过学生积极主动的参与才能实现，否则教师教得再好，学生不动手练习也不能提高技能水平。身教重于言教，教师应在教学中表现出对专业的热爱和对专业发展前景的关心，潜移默化地培养学生的专业兴趣，引导学生大胆地思考和想象，勇敢地实践和创新，更好地激发学生的学习兴趣和潜能。我们的目的就是采用符合技能形成规律的适合学生特点的教学方法，有效地提高服装工艺课程的教学效率。

二、服装缝制工艺的学习方法

服装工艺的学习是循序渐进的，不能急于求成，应沉下心来，仔细揣摩，勤于实践，才能有所体会，有所收获。通过对服装工艺技术的学习，可以了解掌握服装生产过程中的主要工艺方法，对成衣生产中涉及的技术与工艺有逐步的认识，并能相对独立地进行这方面的工作。而研究服装生产技术与工艺对提高成衣生产和制作水平是十分必要的，这也是我们学习服装缝制工艺技术的意义所在。

1. 培养学习的兴趣

学习服装工艺这门技能，首先要对这个行业感兴趣，这是学习的原始动力。兴趣取决于人对事物的成就感，例如，做出一件让自己满意的衣服，人就会有成就感，就能对服装工艺产生兴趣，久而久之，通过逐步积累成就感，这种兴趣就会不断增强。

2. 勤于动手，不怕困难

对服装工艺感兴趣，只是学习服装工艺的基本条件，还要不断地动手实践，才能真正提高自己的服装制作技艺，才能深入地研究服装工艺生产技术。在实际操作的过程中，我们不能怕麻烦、怕困难，要在动手过程中找到乐趣，增强自己学习的信心。

3. 分阶段学习

对服装工艺的学习可以分成“三阶段”进行，由浅入深，由易到难。

（1）第一阶段是尝试阶段

将整件服装分成若干部件进行制作练习，可以结合相关资料或跟随老师进行模仿操作，强化技能训练，练好基本功。

（2）第二阶段是提高阶段

将零部件组合成整件的服装，并归纳出省时、合理的工艺流程。

（3）第三阶段是综合训练阶段

可以根据相应的服装款式进行独立制作，培养自己解决实际问题的能力。

4. 勤于思考

学习过程中要学会思考，勤于思考，在实践中总结经验，在观察中思考最佳方法，举一反三，触类旁通。

第二章 基础工艺

知识目标

了解服装行业内工艺名词术语、服装常用线迹与缝型，掌握手缝、机缝等服装缝制工艺技术的特点。

技能目标

学会常用手针工艺、装饰工艺、机缝工艺，运用手缝、机缝等服装缝制工艺技术进行一些饰品设计制作。正确掌握手针、缝线、缝纫机穿针引线等相关的知识。

情感目标

通过动手进行实际的量体体验，提高学生学习兴趣，体会服装工艺制作的乐趣，使学生学会观察各类服装的线迹与缝型，理解手缝、机缝与服装成衣制作的关系，能正确使用相关缝制工艺。

思维导图

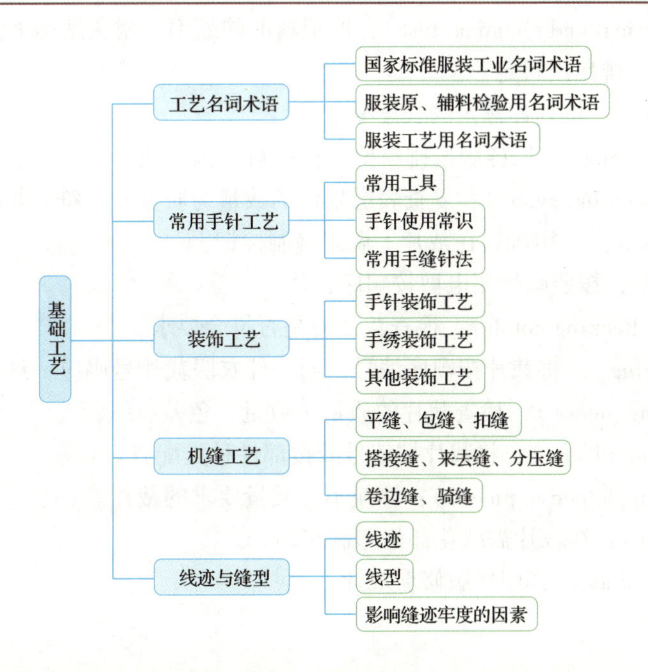

基础工艺

基础工艺是学好服装工艺制作的基础。在服装生产过程中，基础工艺的熟练程度和技艺的质量将直接影响到生产效率和成衣的品质，只有注重基础工艺多方面的训练，方能练就扎实的基本功，才能适应现代服装企业生产的要求。

第一节 工艺名词术语

专业术语是用来表达各个专业的特殊含义的专门用语。服装工艺作为一门技术，也有自身使用和交流的专门语言，这就是服装工艺名词术语。掌握服装基础工艺的专业术语不仅有利于提高学习和工作效率，而且便于行业内人士之间的交流。由于我国地域辽阔，南北语言习惯有差异，服装工艺术语在我国南北方也不尽统一。因此，为了减少交流障碍，促进服装生产技术的发展，国家技术监督局于 1995 年颁布了《服装术语》。

本书所列的常用工艺名词术语是以国家标准局颁布的《服装工业名词术语》做标准的，包括与工艺有关的原、辅材料的检验和排料、辅料、开剪等方面的术语，下面将标准中相关工艺名词术语罗列如下（有的名词术语在其他章节中会做解释，本小节不再赘述）：

1. 查色差（checking colour deviation）：检查原、辅材料色泽级差，按色泽归类。
2. 查疵点（checking defect）：检查原、辅材料疵点。
3. 查污渍（checking spot）：检查原、辅材料污渍。
4. 分幅宽（sorting out fabrics）：原、辅材料按门幅宽窄分类。
5. 查衬布色泽（checking interlining）：检查衬布色泽、按色泽归类。
6. 查纬斜（checking bias filling）：检查原料纬纱斜度。
7. 理化试验（physical and chemical test）：原辅料的伸缩率、耐热度等试验。
8. 排料（layout）：排出用料定额。
9. 铺料（spreading）：按划样额定的长度要求铺料。
10. 表层划样（marking）：用样版按排料要求在原料上画好裁片。
11. 复查划样（checking layout）：复查表层划样的数量与质量是否符合要求。
12. 打粉印（chalking）：用画粉在裁片上做好缝制标记。
13. 开剪（cutting）：按照画样用电剪按顺序裁片。
14. 查裁片刀口（checking notch）：检查裁片刀是否符合要求。
15. 编号（numbering）：将裁片按顺序编号，同一件衣服裁片号码应一致。
16. 验片（checking pieces）：检查裁片的质量（数量、色差、织疵）。
17. 分片（arranging pieces）：将裁片按编号或按部件种类配齐。
18. 换片（changing defective pieces）：调换不合质量要求的裁片。
19. 刷花（printing）：在裁片需绣花部位印刷花印。
20. 修片（triming pieces）：照样版修剪裁片。

21. 打线钉（making tailor's tack）：用白棉线在裁片上做出缝制标记。

22. 剪省缝（slashing dart）：毛呢服装因省缝厚度影响美观，应将省缝剪开。

23. 纳驳头（pad-stitching lapel）：用手工或机器扎驳头。

24. 绲口袋（binding pocket mouth）：毛边袋口用绲条布包光。

25. 拼接耳朵皮（stitching flange）：将大衣挂面袖笼底部处拼接呈耳朵状。

26. 敷止口牵条（taping front edge）：将牵条布用手工或用糨糊在止口部位扎上或粘住。

27. 敷驳口牵条（taping lapel roll line）：将牵条布在驳口部位用手工扎住或用糨糊粘住。

28. 开袋口（cutting pocket mouth）：将已缉嵌线的袋口中间部分剪开。

29. 封袋口（stitching ends of pocket mouth）：袋口两端用机器倒回针封口。

30. 修剔止口（trimming front edge）：将止口毛边剪窄，一般分为修双边与单修一边两种方法。

31. 擦止口（basting front edge）：在翻出的止口上手工或机器擦上一道临时固定线。

32. 敷袖笼牵条（taping armhole）：将牵条布粘在前后衣片的袖笼部位。

33. 擦底边（basting hem）：底边固定后扎一道临时固定线。

34. 叠肩缝（slip-stitching shoulder seam）：将肩缝份与衬布扎牢。

35. 绱领子（sewing collar on and down）：将领片与领口缝合，领片稍宽松，吻合处松紧适宜。

36. 叠领串口（slip stitching gorge seam）：将领串口缝和绱领缝扎牢，串口缝要齐直。

37. 包领面（turn over top collar seam allowances and catch-stitching it）：将西装、大衣领面外翻包转，用三角针与领里绷牢。

38. 归拔偏袖（blocking sleeve）：将偏袖部位归拔熨烫成人体手臂的弯曲状。

39. 叠袖里缝（matching and stitching sleeve lining seam allowance）：将袖子面、里缉缝对齐。

40. 收袖山（easing sleeve cap）：用手工或机缝抽缩袖山头，抽缩自然圆顺。

41. 扎暗门襟（slip-stitching facing）：暗门襟扣眼间用暗针缝牢。

42. 绲挂面（bias binding facing）：挂面里口毛边用绲条布包光。

43. 坐烫里子缝（pressing lining seam rolling to underside）：将里布缉缝坐倒熨烫。

44. 缲底边（blind stitching hem）：将底边与大身缲牢，分明缲、暗缲。

45. 打套结（bar tack）：在衣衩口、袋口等部位用套结机打套结。

46. 绱明门襟（attaching facing）：亦称翻吊边，挂面装在衣片正面止口处。

47. 缉明线（top stitching）：机缉服装表面线迹。

48. 镶边（marking bias binding as a decorative trim）：用 45 度斜料按一定宽度和形状安装在衣片边沿部位。

第二节 常用手针工艺

手针工艺是指以手工劳动进行制作的具有独特艺术风格的工艺美术，有别于以大工业机械化方式批量生产规格化日用工艺品的工艺美术。手工艺品指的是纯手工或借助工具制作的产品。制作手工艺品可以使用机械工具，但前提是工艺师直接的手工作业仍然为成品的最主要来源。

要想制作舒适合体、美观大方的服装，需要准确的量体和裁剪，更需要精良的制作工艺。作为一名服装工艺师，不仅要熟练地使用缝纫机器，还要熟练地掌握手缝工艺。手缝工艺具有操作灵活方便的特点，现代服装的缝、缲、环、缭、拱、扳、扎、锁、钩等工艺，都体现了高超的手缝工艺技能。尤其是在加工制作一些高档服装时，有些工艺是机缝工艺难以替代的，必须由手缝工艺来完成。因此，相关从业者都必须勤学苦练各种手缝技能，才能适应各种服装制作工艺的要求。

一、常用工具

1. 手缝针

手工缝合服装用针，型号越小，针越粗而长（如图 2–1 所示）。手缝针型号规格有 1~15 个号码，缝纫服装常用的手缝针有 3 号、5 号、7 号、8 号、9 号等型号，号码越小，针身越粗越长；号码越大，针身越细越短。有些型号的手缝针也有针身粗细相同而长短不一的，如长 7 号、长 9 号就比正常的 7 号、9 号长，以适应不同面料和针法的需要。

2. 顶针

顶针又称顶真，是旧时汉族民间常用的缝纫用品，一般为铁制或铜制。箍形，上面布满小坑，一般套在中指用来顶针尾，以免伤手，而且能顶着针尾使手指更易发力，用来穿透衣物。顶针亦可叫推杆、镶针、中针、托针等（如图 2–2 所示）。

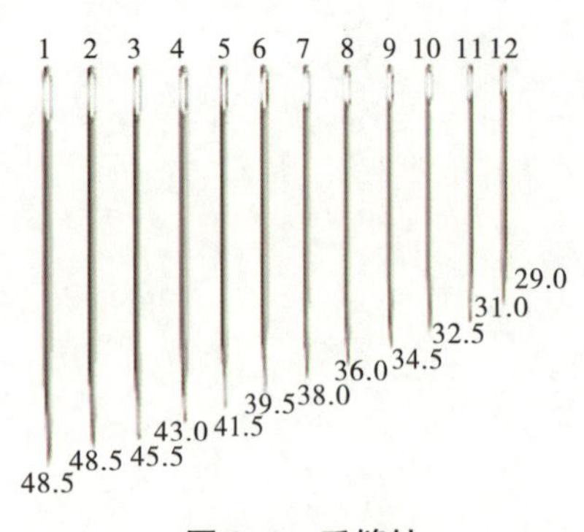

图 2–1 手缝针

图 2–2 顶针

3. 剪刀

剪刀是服装制作的主要工具之一。常用的有两种，一种是服装裁剪制作时使用的普通剪刀，俗称裁剪刀（如图 2-3 所示）；另一种是剪线头用的剪刀，有握剪和各种缝纫小剪刀（如图 2-4 所示）。选用剪刀要挑尖部合口锋利的。

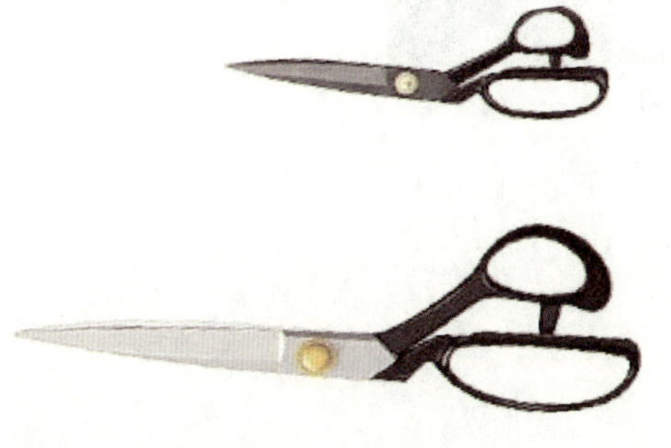

图 2-3　裁剪刀

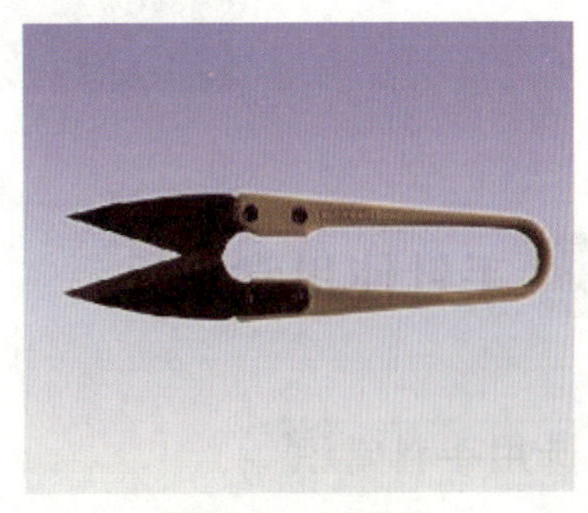

图 2-4　线头剪

4. 尺子

服装制作中的尺子有软尺、直尺和弯尺等。软尺又称皮尺，适用测量人体与服装的凹凸部位。直尺有长短之分，长尺用于裁剪服装或测量原、辅材料的长度、宽度，短尺用于测量服装各部件。

5. 画粉

画粉是画线和做标记用的。常用的有两种：一种是白色的天然滑石切割片；另一种后天制成的，有各种不同颜色。

6. 锥子

锥子用于整修衣领及衣角，还可以用于做记号或机缝部分的宽窄调节和裁缝线等（如图 2-5 所示）。

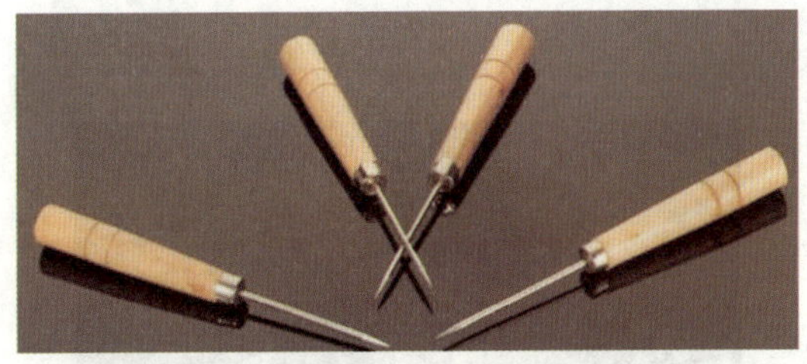

图 2-5　锥子

7. 拆刀

拆刀由塑料回柄与不锈钢叉制成，用于切断、挑开缝纫线迹（如图 2-6 所示）。

图 2-6　拆刀

二、手针使用常识

1. 选用手针常识

常用的手针有粗、细两种。粗条针针孔大，便于缝纫粗线，所以缝厚质衣料时选用粗条针；细条针针孔小，针细，缝制薄质衣料时选用细针。针的型号越小，针就越粗越长；针的型号越大，针就越细越短。型号一般有 1~12 号，缝制服装常用 3~7 号，缝制呢绒、牛仔布等厚料服装或锁眼常用 3 号、4 号针，缝制丝绸、平纹细布等薄布料服装，可选用 6 号、7 号针。

2. 拿针的方法

拿针时不能大把捏针，要用右手拇指和食指捏住针的上段，无名指和小拇指要伸开。用不同的针法缝制时，手指起着不同的作用，如夹住针，支撑布料，压住布料等作用。要注意，捏针时针的尖部不要露出太多，运针时将顶针抵住针尾端，用微力使缝针穿过衣料，拉线时要避免缝线出现死结。

3. 戴顶针

戴顶针不仅能起到帮助扎孔、运针的作用，而且还可以保护手指不受损伤。顶针以戴在右手中指的第一指节上端为宜。选用顶针时，要选洞眼深一些的，洞眼浅的话针容易打滑，容易扎破手。（如图 2-7 所示）

图 2-7　戴顶针

4. 捏针穿线的方法

穿线就是要把缝纫线穿入手缝针眉眼中。穿线的姿势是左手拇指和食指捏针，右手的拇指和食指拿线，将线头伸出 1 cm 左右，随后右手中指抵住左手中指，稳定针孔和线头，便于顺利穿过针眼，线穿过针眼后，顺势将线拉出，然后打结。（如图 2-8 所示）

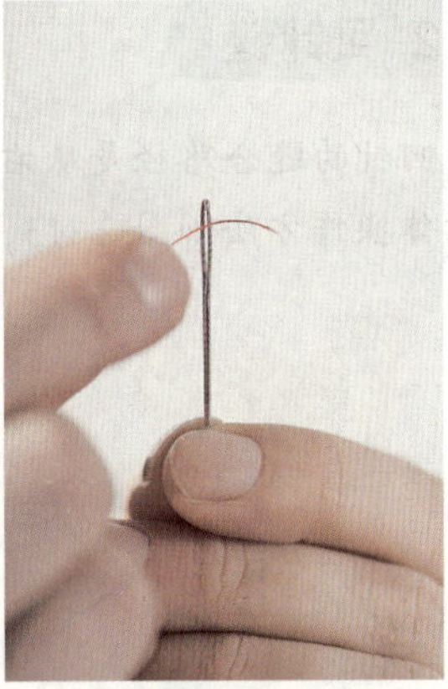

图 2-8　捏针穿线

三、常用手缝针法

手缝针法介绍如下：

1. 平针缝

平针缝是最基本、最简单的针法，可用于疏缝，临时固定等，也可用于两片布的缝合。但它的不足就是如果一处断线，整个作品就会坏掉。其具体操作方法如图 2-9、图 2-10 所示，从 1 出后，入 2，再从 3 出来，从 4 进入，从 5 出来，重复动作。

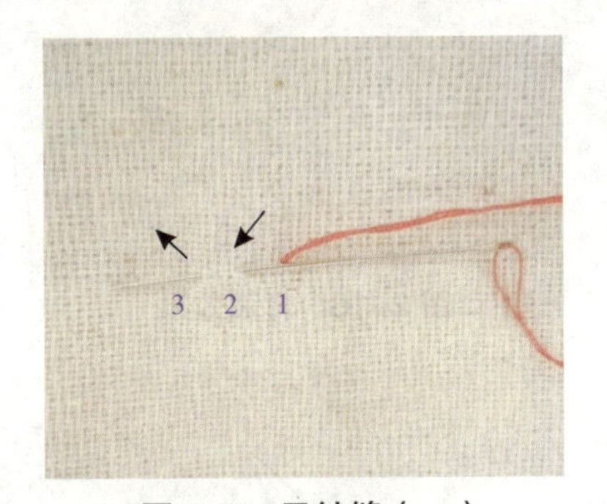

图 2-9　平针缝（一）

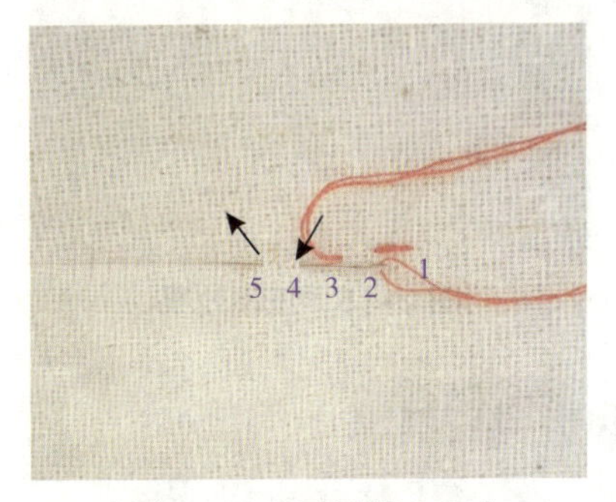

图 2-10　平针缝（二）

用途：主要用于试衣前的假缝和袖山、衣摆、袋底等圆角部位的缩缝。要求缝制过程中保持针杆稳直，缝完后缝片上下层平服，针迹疏密均匀、顺直。

正面和背面的效果分别如图 2-11、图 2-12 所示。

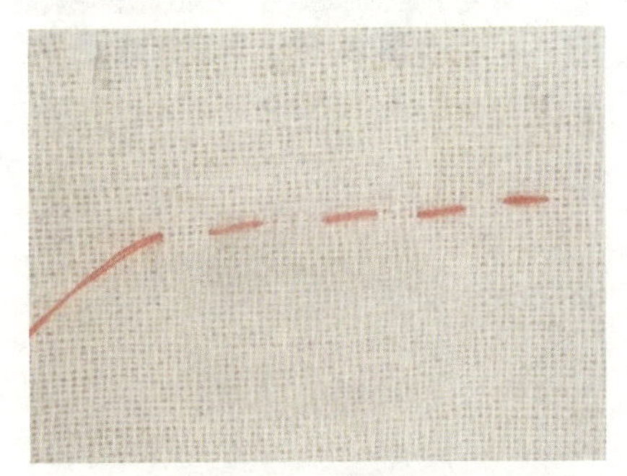

图 2-11　正面效果

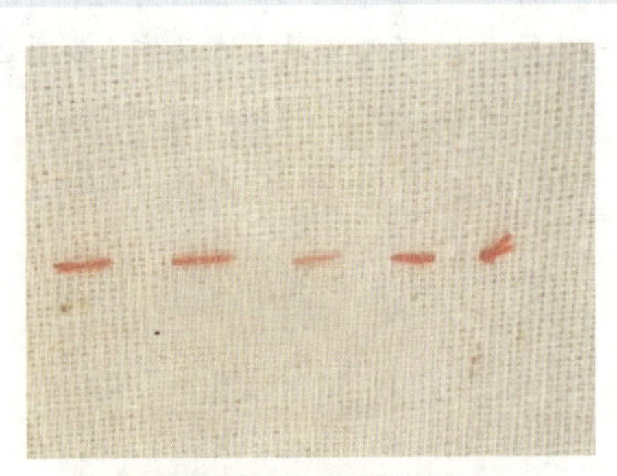

图 2-12　背面效果

2. 回针缝

回针的缝合路径是从右往左缝，在正面向右回退一个针距，然后在背面向左前进两个针距。其具体操作方法如图 2-13、图 2-14 所示。

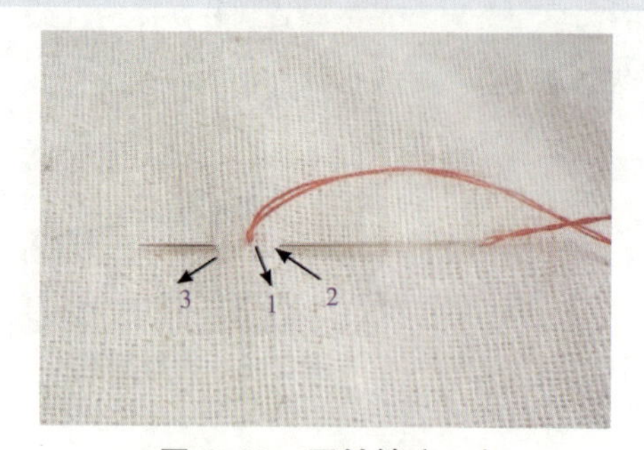

图 2-13　回针缝（一）

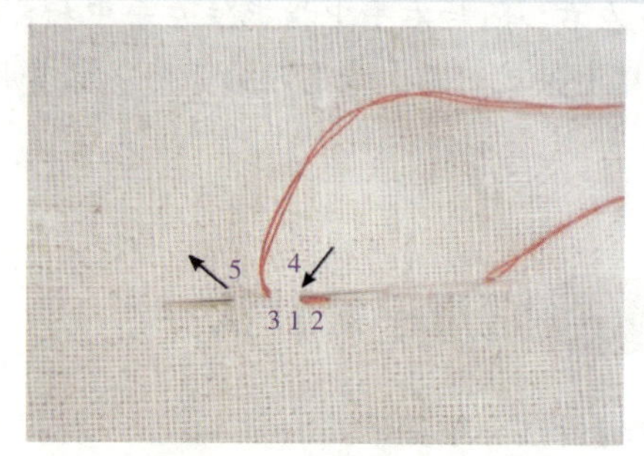

图 2-14　回针缝（二）

正面和背面的效果分别如图 2-15、图 2-16 所示。

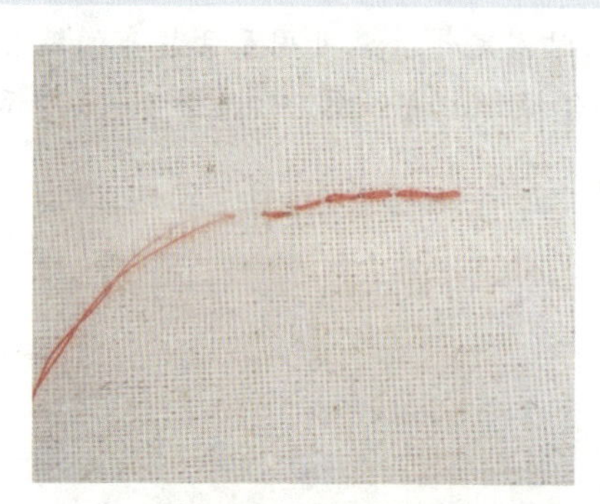

图 2-15　正面效果

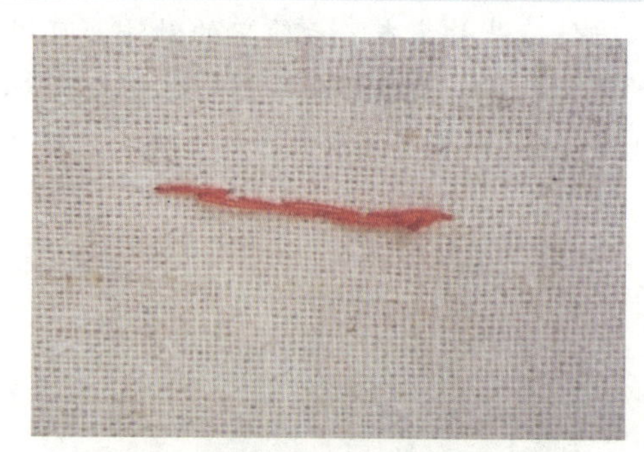

图 2-16　背面效果

3. 半回针缝

半回针和回针的区别在于回退的长度不同，半回针只回退 1/2 针距，一般半回针缝用于两片布料的缝合，它针脚细密，不易脱线，可以缝得很结实。如图 2-17 所示，针线打结后从 1 穿出，从 2 穿进，再从 3 穿出，重复第一次，从 1~3 中间的位置 4 穿进，从 5 穿出来（如图 2-18 所示）。不断重复上述动作（如图 2-19 所示）。

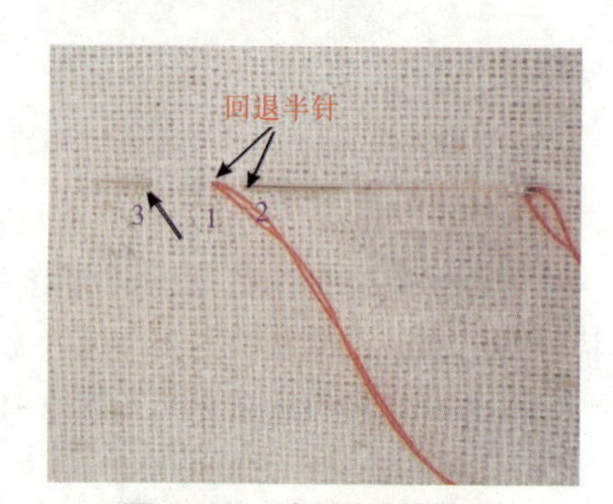

图 2-17　半回针缝（一）

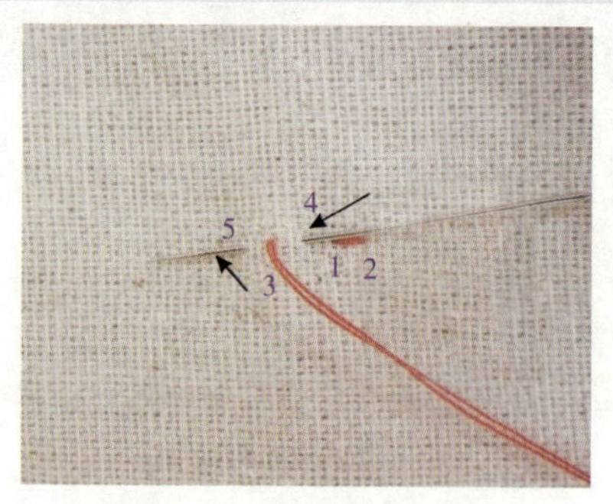

图 2-18　半回针缝（二）

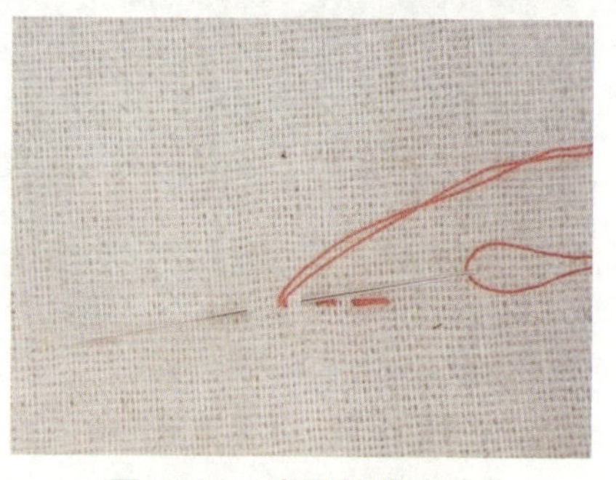

图 2-19　半回针缝（三）

正面和背面的效果分别如图 2-20、图 2-21 所示。

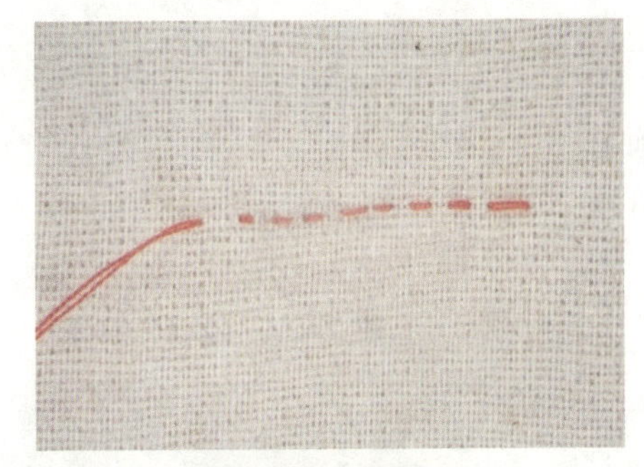

图 2-20 正面效果

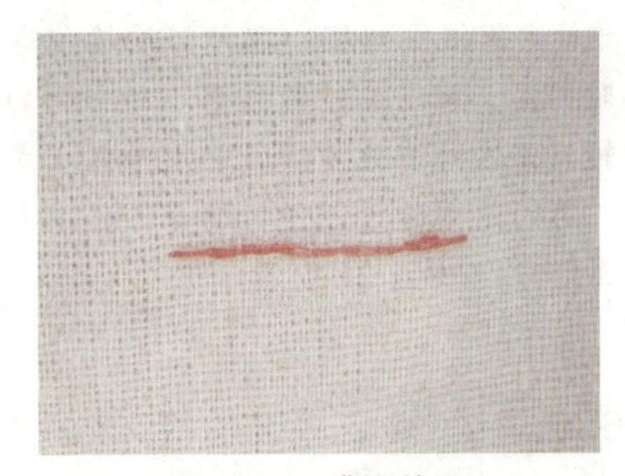

图 2-21　背面效果

4. 藏针缝

这是一种很有用处的针法，因缝好后看不到针脚，所以叫作“藏针缝”，多用于从正面缝合布上的返口（布料大部分开始缝时从反面缝，然后留一个口翻回正面，这就是“返口”）。藏针缝从布料的正面缝。如图 2-22 所示，要用藏针的两片布，把布料的缝份（多留出来的布边）向内折，然后从某一片布的反面入针，正面出针，此为第一针。如图 2-23、图 2-24 所示，针穿过对面的布边，从 2 穿进，从 3 穿出，然后从 4 穿进，从 5 穿出，不断重复上述动作。

图 2-22　藏针缝（一）

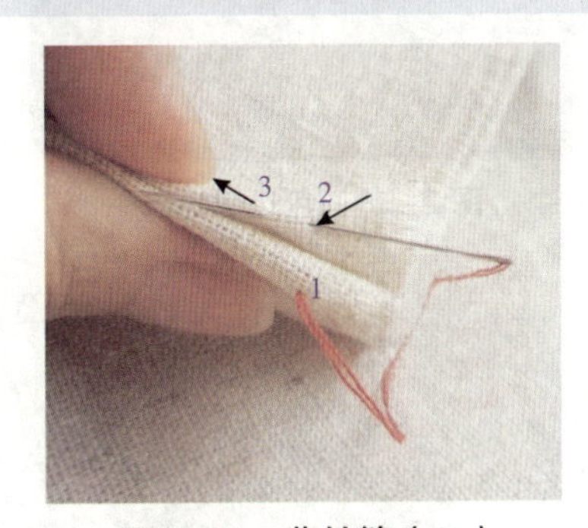

图 2-23　藏针缝（二）

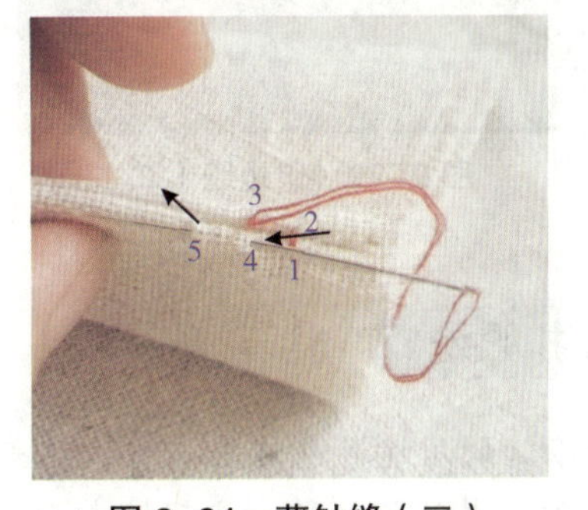

图 2-24　藏针缝（三）

缝后效果：手放松时的效果（此处是为了方便大家看到线的走法），如图 2-25 所示。拉紧时是几乎看不到针迹的，应用与布相类似色的线缝制，这样就不容易看到针迹，如图 2-26 所示。

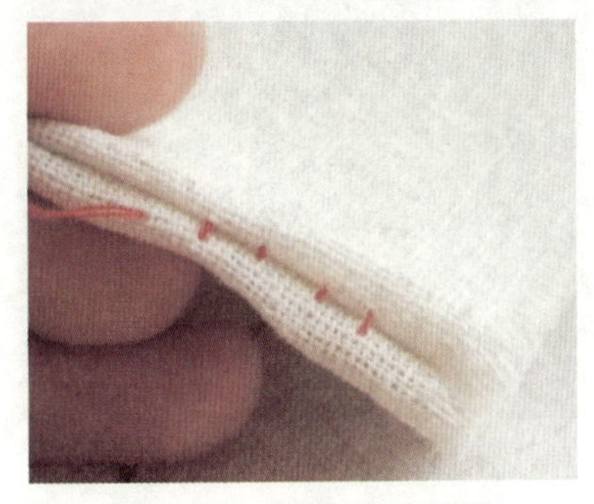

图 2-25　手放松时效果

图 2-26　拉紧时效果

5. 疏缝、假缝

疏缝、假缝也叫绷，即稀疏地缝住或用针别上，起到临时固定，就是珠针的作用。和平针的针法一样，但针距较大，这种手缝方法通常用来做正式缝合前的粗略固定，为的是方便下一步的缝合，作用类似于用珠针做临时固定用。（如图 2-27 所示）

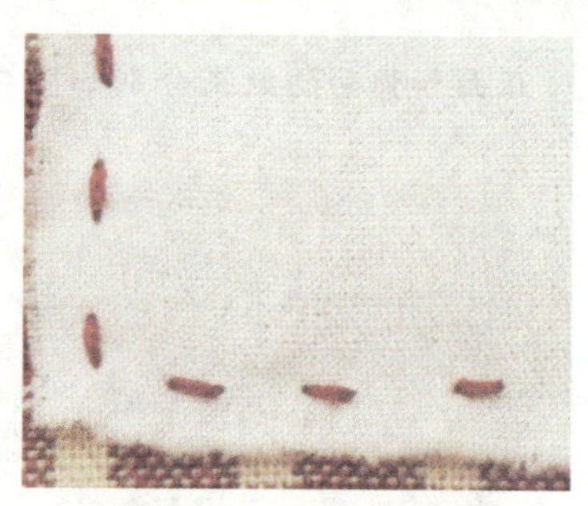

图 2-27　疏缝、假缝

6. 包边缝

包边缝亦称包边针、锁针，是修饰布料毛边、防止松散的常用针法，亦可用于贴布。先横挑针，再竖挑针，缝线从竖挑针下穿过，以此重复至所需长度。锁边针可以有多种变化形式。（如图 2-28~ 图 2-30 所示）

图 2-28　包边缝（一）

图 2-29　包边缝（二）

图 2-30　包边缝（三）

7. 扣眼缝

扣眼缝的用途和包边缝一样，这是两种极为相似的缝法，但后者的装饰性和实用性都要更强一些，多用于内部缝合。（如图 2-31~ 图 2-33 所示）

图 2-31　扣眼缝（一）

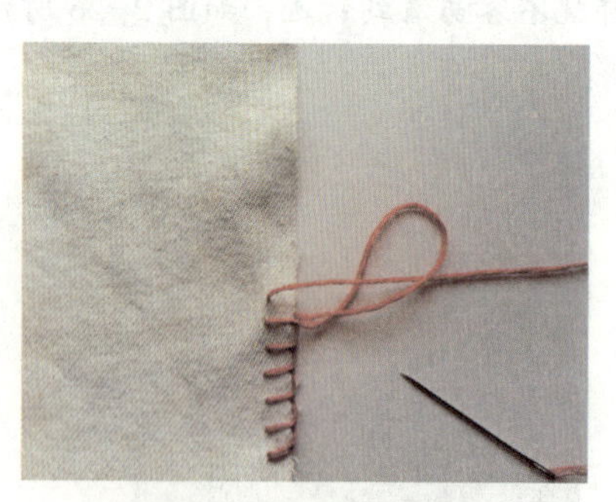

图 2-32　扣眼缝（二）

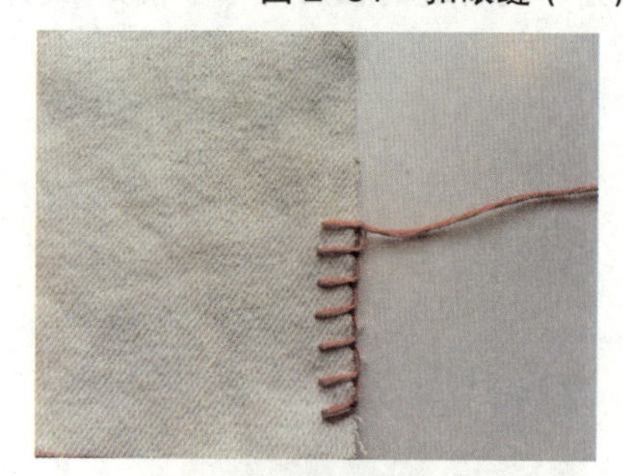

图 2-33　扣眼缝（三）

8. 立针

立针又叫贴布缝或直缲，不同的名称，解释了立针不同的用途，它可以在贴布缝合或者缲边（比如绲边条）时使用。立针的针法很简单，在底下一层布入针，然后同时穿过所有的层出针，出针的位置尽量靠近上层折边边缘，这样针迹才不会太明显，而且再次入针的位置要和前一次出针位置处于一条垂直线上。（如图2-34、图2-35所示）

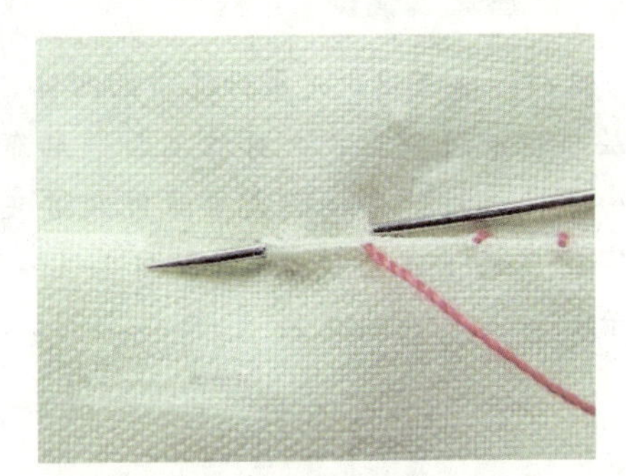

图2-34 立针

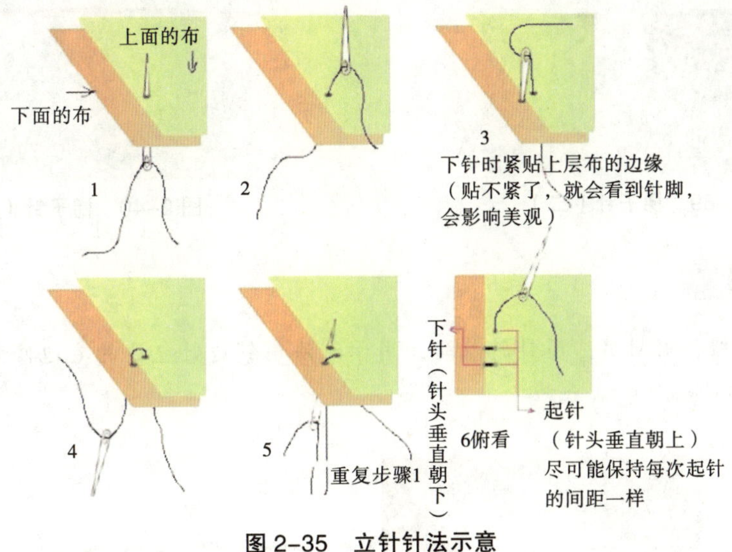

图2-35 立针针法示意

9. 立针与藏针缝的区别

立针和藏针缝的区别，看了下面的正反面对比图就明白了，显然藏针缝的隐蔽性更好一些，很多人喜欢用藏针缝来缝合贴布，这样更漂亮，但缝合立针的速度明显要比藏针缝快。（如图2-36、图2-37所示）

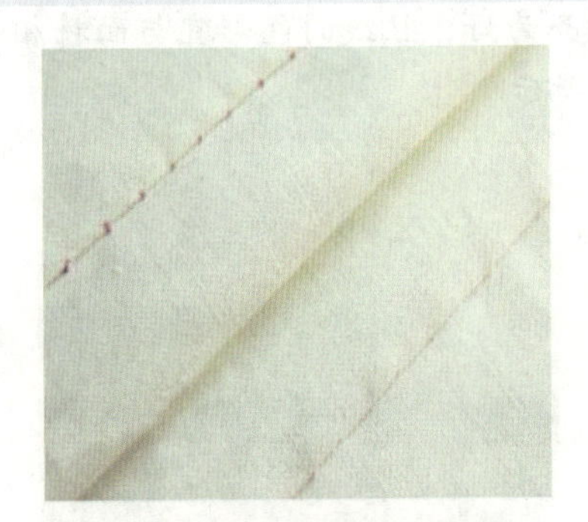

图2-36 藏针缝正反面对比

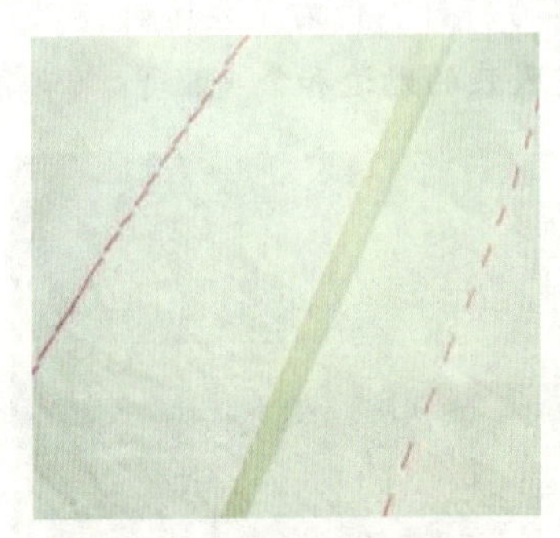

图2-37 立针正反面对比

10. 梯子针

这种针法可以说是藏针缝中的回针。在底下一层布往前缝一大步，再从上面一层布中回退一小步，这种针法在既需要藏匿线迹又需要保证牢固度的情况下使用。（如图 2-38~ 图 2-40 所示）

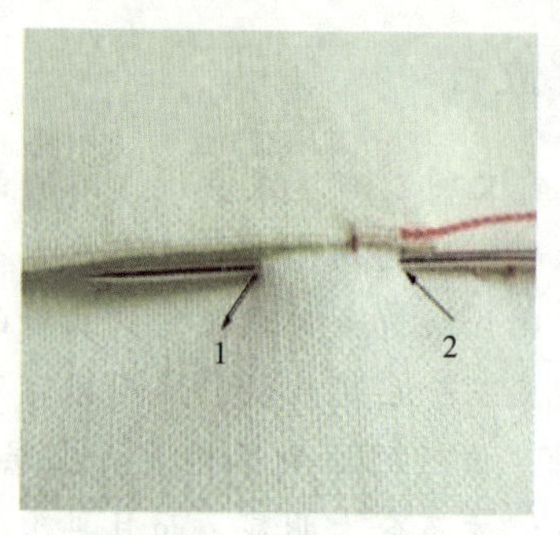

图 2-38　梯子针（一）

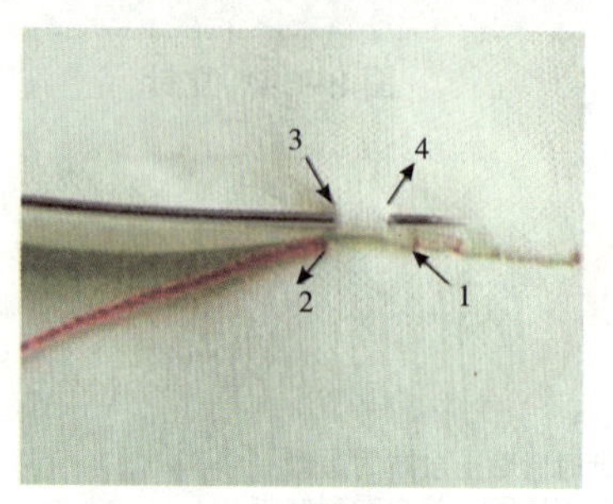

图 2-39　梯子针（二）

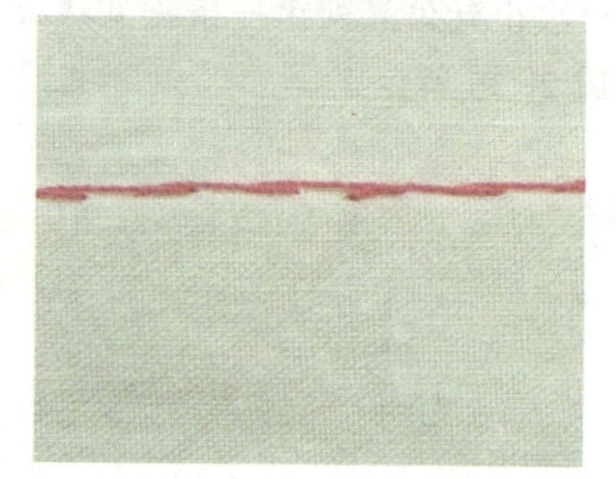

图 2-40　梯子针（三）

11. 卷针缝

卷针缝也称缭、甩针缝：用针斜着缝，用于无法用锁边针包边的毛边修饰，针迹呈斜形（如图 2-41 所示）。

图 2-41　卷针缝

12. 缲针缝

缲针缝也称为缲：把布边往里卷进去，然后藏着针脚缝。以直针斜线浅挑，针迹为斜势，故亦称其为斜针。由右至左运针，以正面的线迹小而整齐为好，且线的色彩宜与面料相近，多用于固定服装的贴边和袋夹里等。（如图 2-42~ 图 2-45 所示）

图 2-42　缲针缝（一）

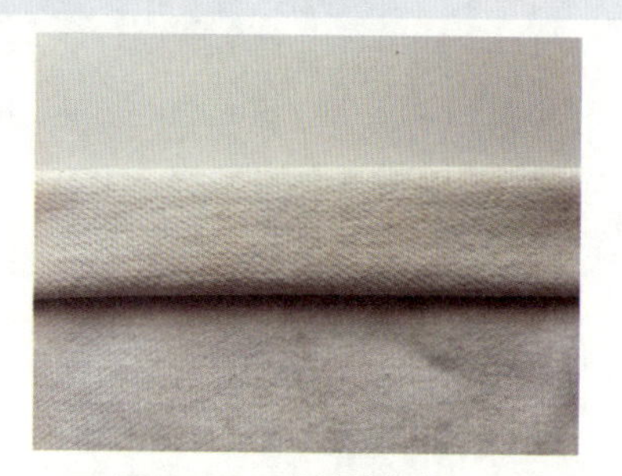

图 2-43　缲针缝（二）

图 2-44 缲针缝（三）

图 2-45 缲针缝（四）

13. 三角针

三角针，亦称千鸟缝、花绷，俗称狗牙针。用于固定衣服的袖口边、底边及裤边等。从左至右运针，正面不露线迹，反面针迹呈交叉之势。（如图 2-46~ 图 2-50 所示）

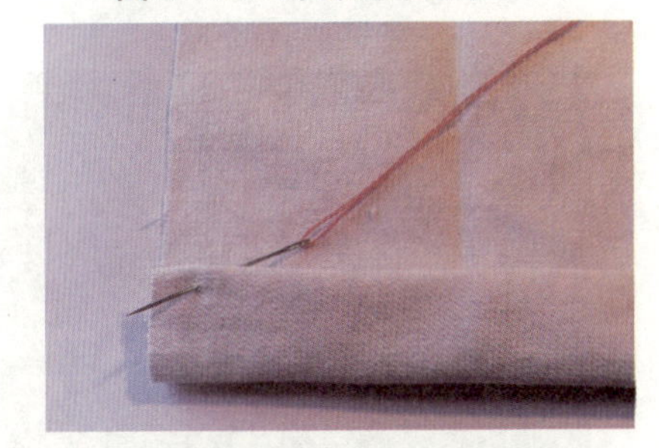
图 2-46 三角针（一）

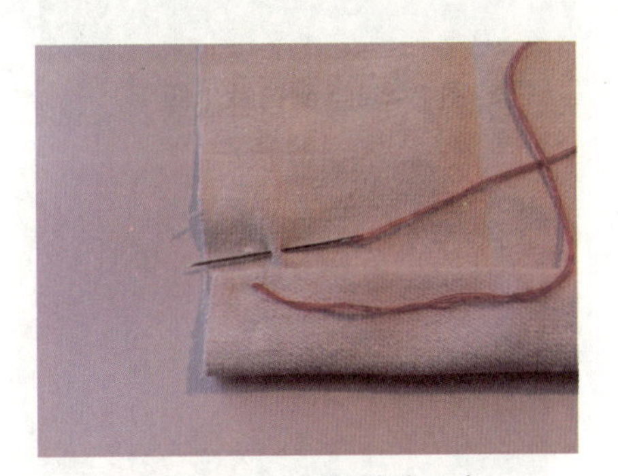
图 2-47 三角针（二）

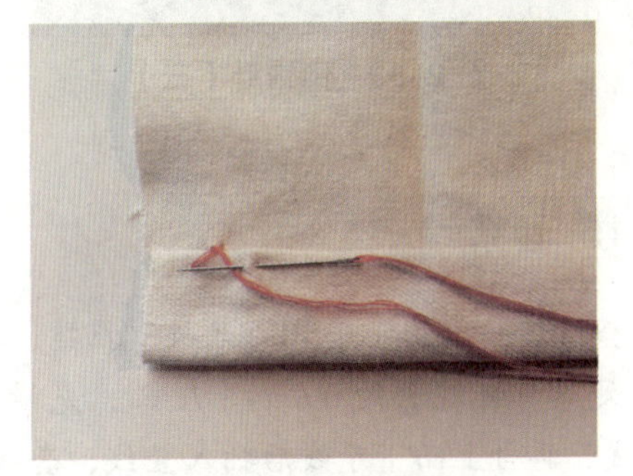
图 2-48 三角针（三）

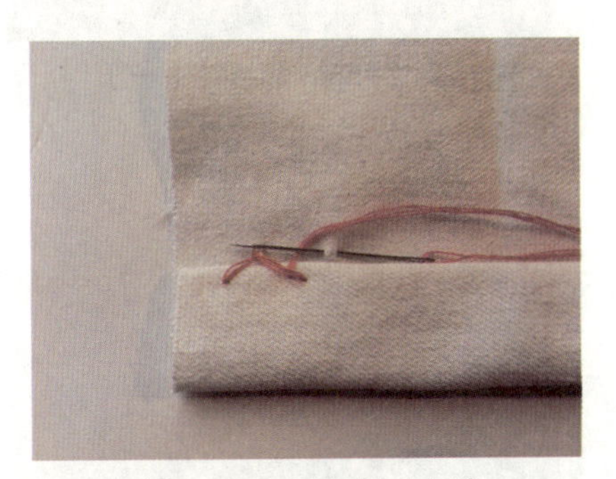
图 2-49 三角针（四）

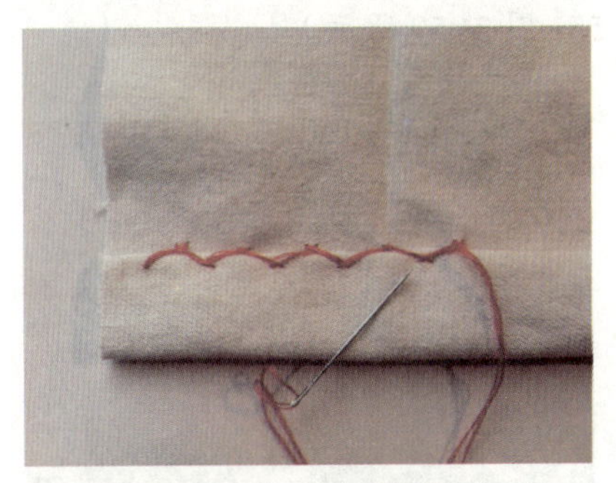
图 2-50 三角针（五）

14. 倒钩针

倒钩针俗称扣针，又称缉针。先向前运一针（针迹约 0.3 厘米），然后后退一针（约 0.9 厘米），针迹略为斜势。由于此针法比较牢固，所以拼合裤后缝、装袖窿时常用。（如图 2-51~ 图 2-54 所示）

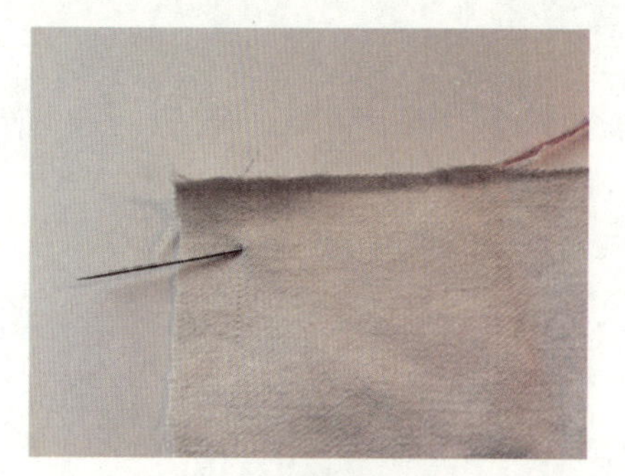

图 2-51　倒钩针（一）

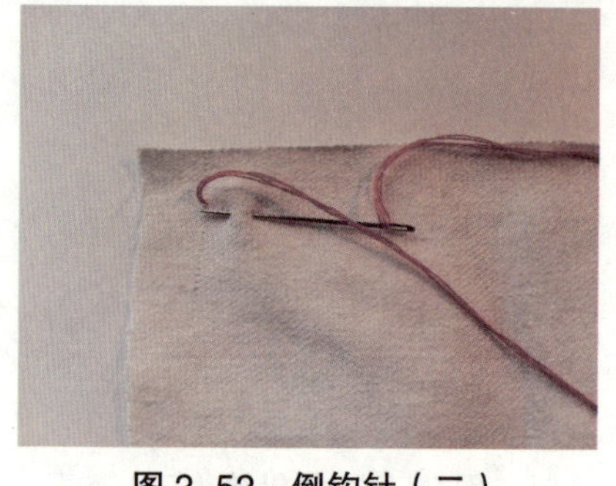

图 2-52　倒钩针（二）

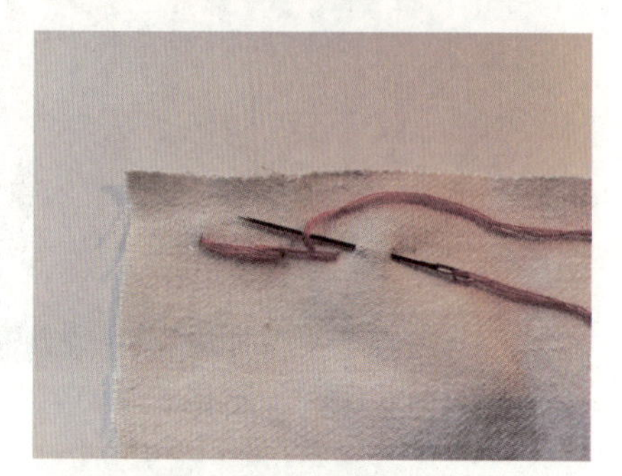

图 2-53　倒钩针（三）

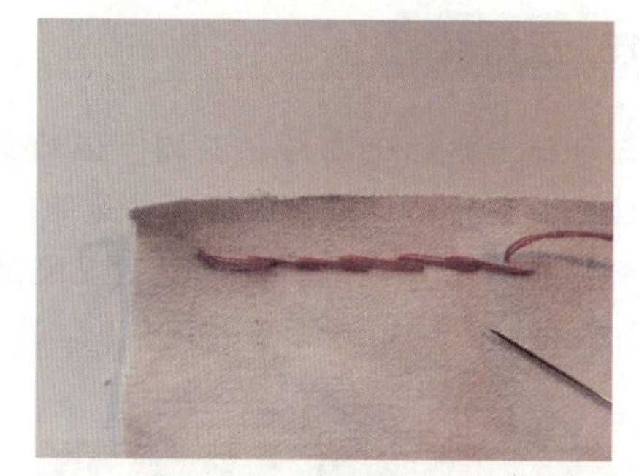

图 2-54　倒钩针（四）

15. 套结针

套结针一般用于服装的开衩、拉链、插袋的止口处等。针迹长约 0.6 到 1 厘米，先横挑 2 或 3 道线，再自上而下于线后插入竖线，套线上抽，重复至横挑线长度，竖线线迹需密而整齐。（如图 2-55~ 图 2-59 所示）

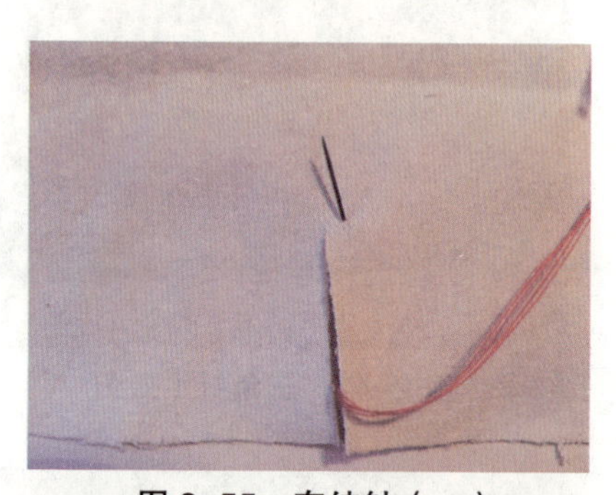

图 2-55　套结针（一）

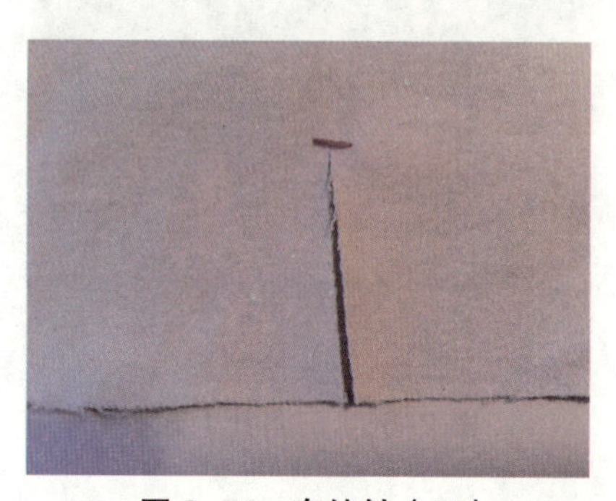

图 2-56　套结针（二）

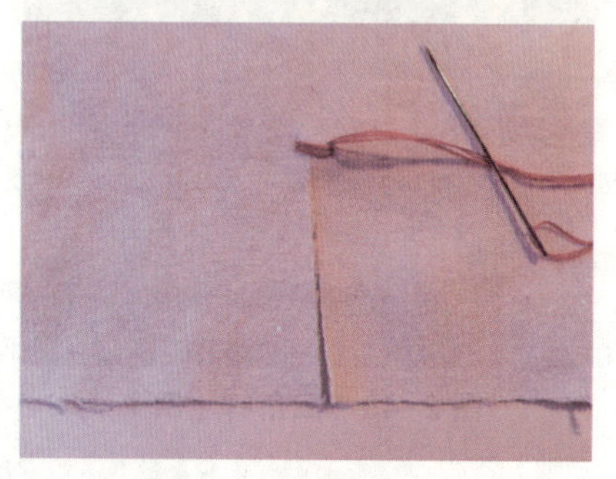

图 2-57　套结针（三）

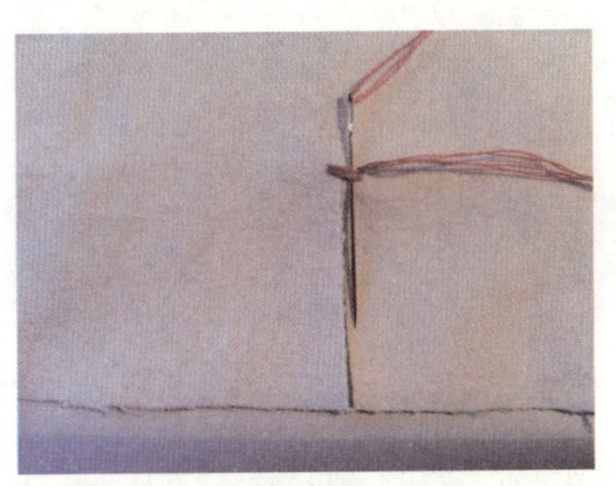
图 2-58　套结针（四）

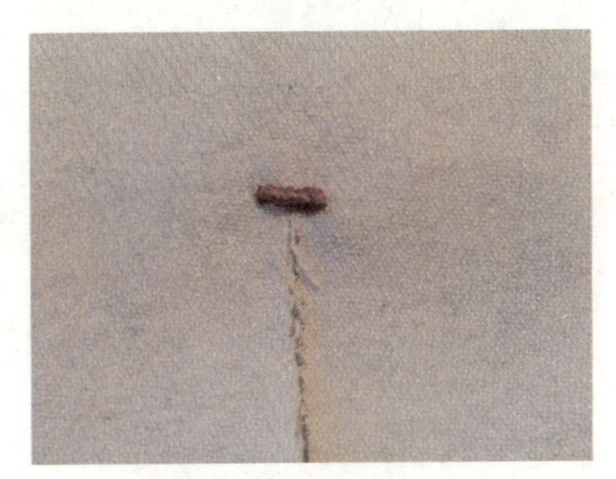
图 2-59　套结针（五）

16. 一字针

此针法用于拼接衣料，接缝平薄。自衣料反面起针，正面针迹呈一字状，反面针迹呈斜势，从下向上运针，上下需对齐。（如图 2-60~ 图 2-63 所示）

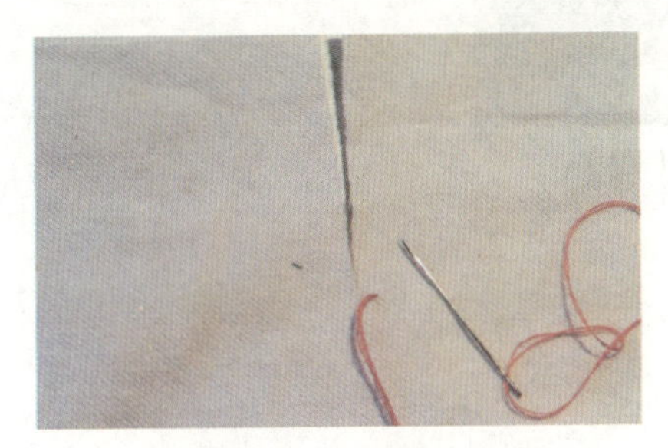
图 2-60　一字针（一）

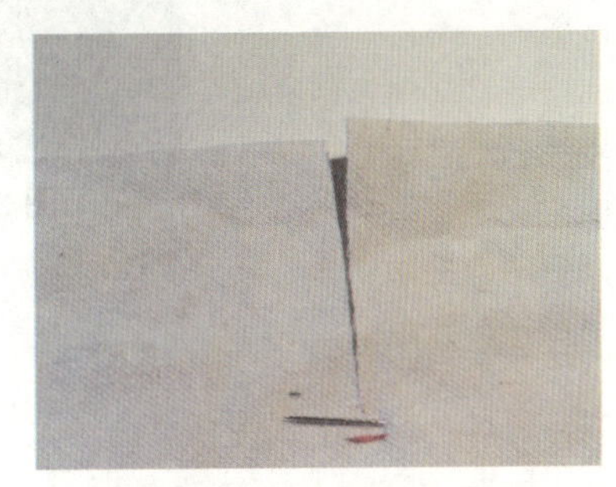
图 2-61　一字针（二）

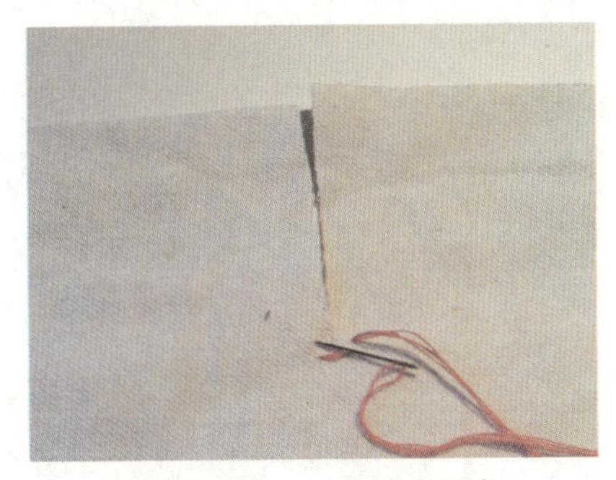
图 2-62　一字针（三）

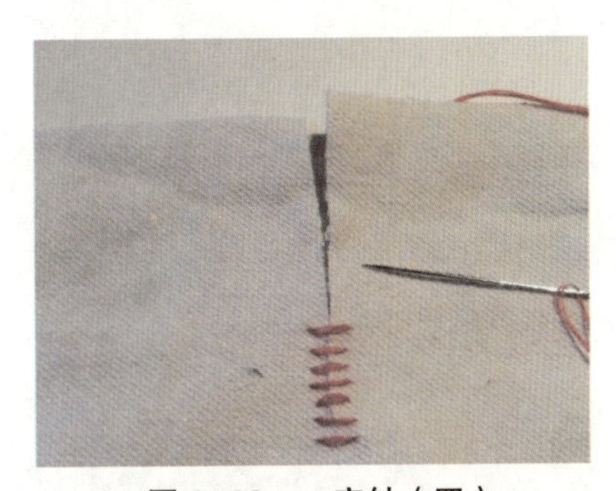
图 2-63　一字针（四）

17. 八字针

八字针亦称作人字针、纳针、扎针。斜针针迹 0.8 厘米左右，针距约 1 厘米，横竖对齐，正面以一根线挑牢。（如图 2-64~ 图 2-67 所示）

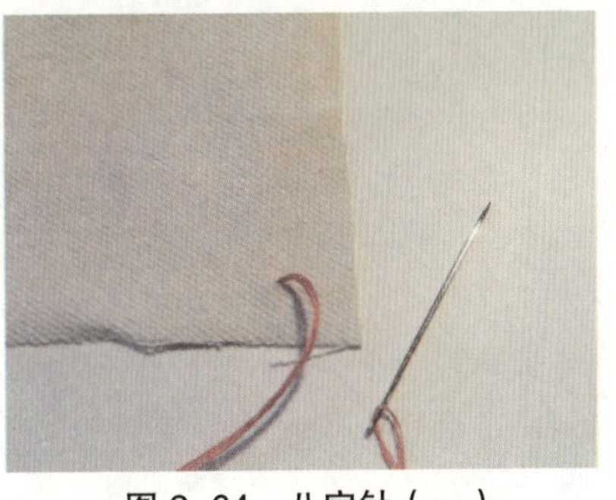
图 2-64　八字针（一）

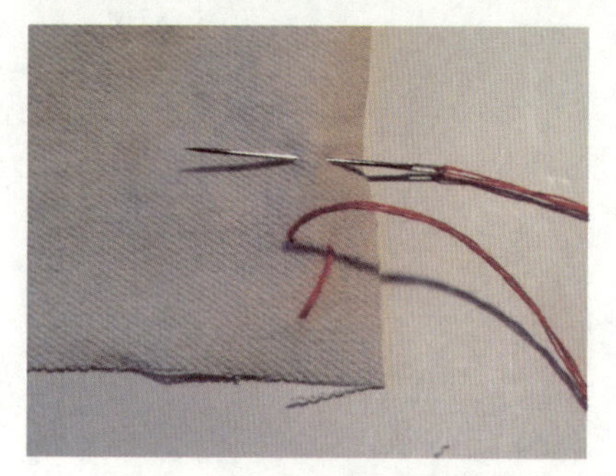

图 2-65　八字针（二）

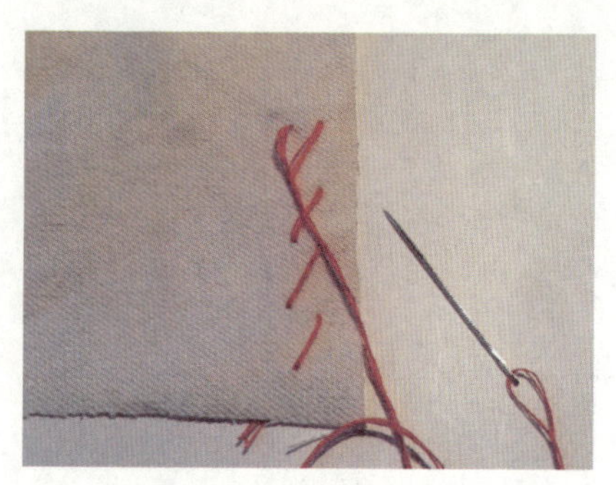

图 2-66　八字针（三）

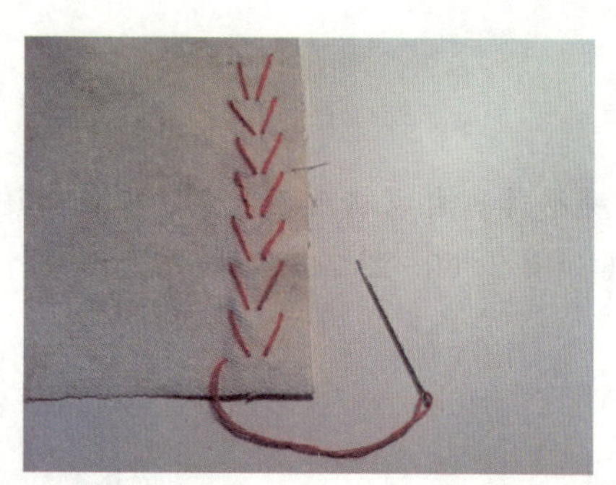

图 2-67　八字针（四）

第三节 装饰工艺

装饰工艺是服装制作工艺的一个重要组成部分，它是在基本针法的基础上发展演变出的各种类型线迹，运用在服装上，可以给服装增添华丽典雅的装饰美。

装饰工艺种类繁多，按装饰技法划分，常用的有手针装饰工艺、绣花装饰工艺等，还有一些其他装饰工艺。

一、手针装饰工艺

1. 串针

（1）针法简介

串针是用绣针做绗针针迹，多用于女装和童装的门襟、止口及袋口处做装饰。

（2）操作要点

先用绣线缝出绗针针迹，再用另一根绣线在其间穿过。此种针法可用两种颜色的绣线绣。（如图 2–68 所示）

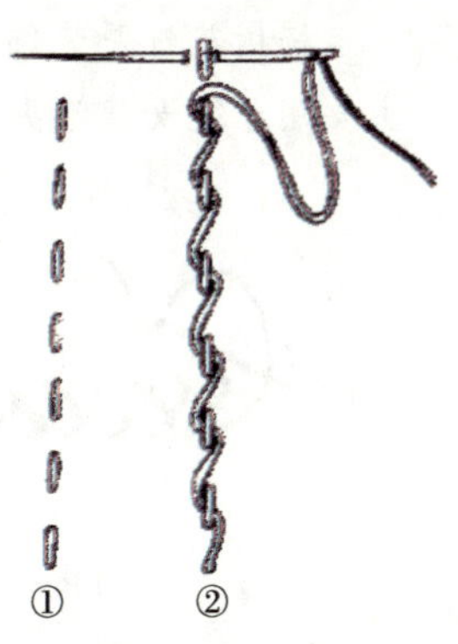

图 2–68　串针

2. 旋针

（1）针法简介

旋针一般多使用于内窄外宽的物象，如花瓣、石山及部分衣服等都宜适用。

（2）操作要点

旋针的针法是隔一定距离打一套结，再向前运针，周而复始，形成涡形线迹。（如图 2–69 所示）

图 2–69　旋针

3. 竹节针

（1）针法简介

因所绣线形很像竹节而得名，适宜绣制各类图案的轮廓边缘，或枝、梗等线条，或用于育克边缘的装饰。

（2）操作要点

针法和针迹与三角针相似，只是在斜形针迹的两端加一回针，做法是随着图案中的线条，每隔一定距离打一线结，并和衣料一起绣牢。（如图2-70所示）

图 2-70　竹节针

4. 杨树花针

（1）针法简介 

杨树花针是装饰女装的一种花色针法，可分为3种花型：一针花型、二针花型、三针花型。主要用于缝女装活夹里底边及毛料裙子或裤子的腰里等。（如图2-71、图2-72所示）

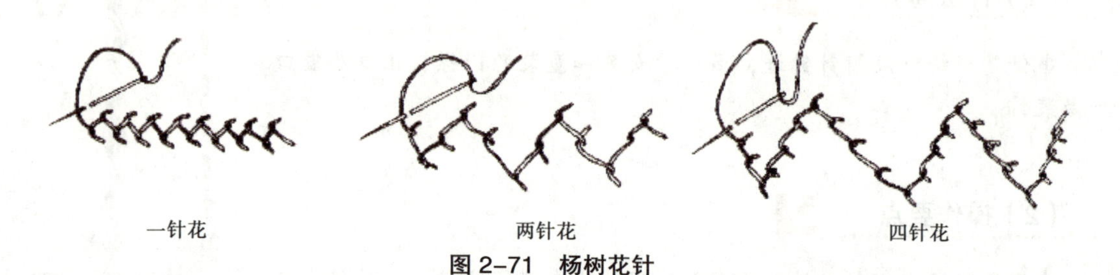

图 2-71　杨树花针

（2）操作要点

将针一上一下地向上挑起，将线顺套在针的前面，然后将针拔出，即完成一个叉，此为一针花型；二针花型为二上二下地向上挑起；三针花型为三上三下挑起。注意事项：挑针时绣线必须在针尖下穿过。

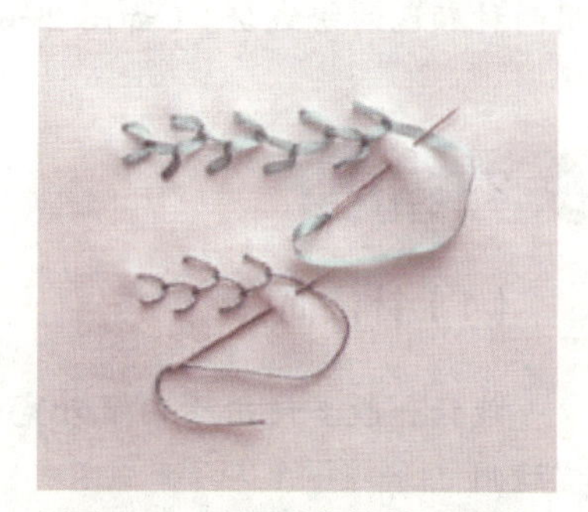

图 2-72　杨树花针针法小样

5. 链条针

（1）针法简介

链条针也称锚链针。针法有正套和反套两种，可用作育克或图案的轮廓线装饰。

（2）操作要点

将线迹一环紧扣一环如锚链状，正套就是先用绣线绣出一个线环，再将绣针压住绣线后运针，做成链条状；反套是先将针线引向正面，在前一针并齐的位置将绣针插入，压住绣线，然后在线脚并齐的地方绣第二针，逐针向上做成。（如图 2–73 所示）

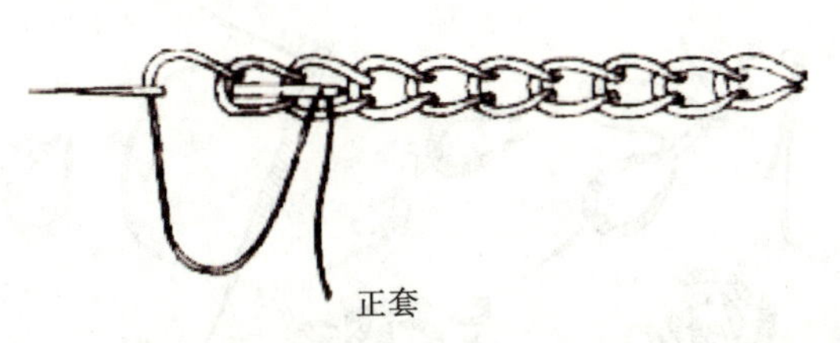

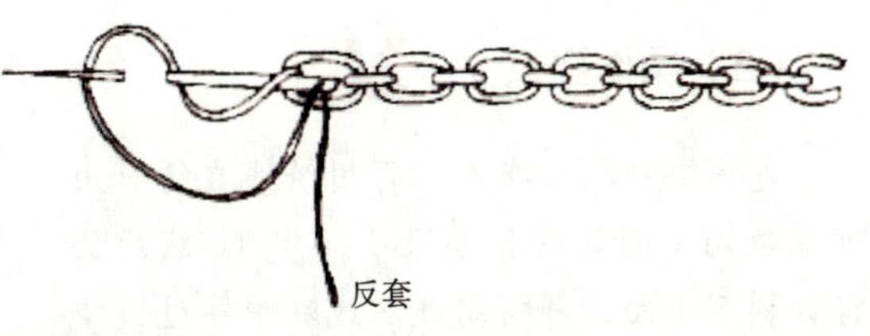

图 2–73　链条针

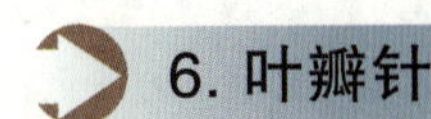

6. 叶瓣针

（1）针法简介

叶瓣针是一种装饰性针法，因针法绣成的形状类似叶瓣而得名，多用于服装边缘部位的装饰。

（2）操作要点

该针法是将套环的线加长，使连接各套环的线成锯齿形。（如图 2–74 所示）

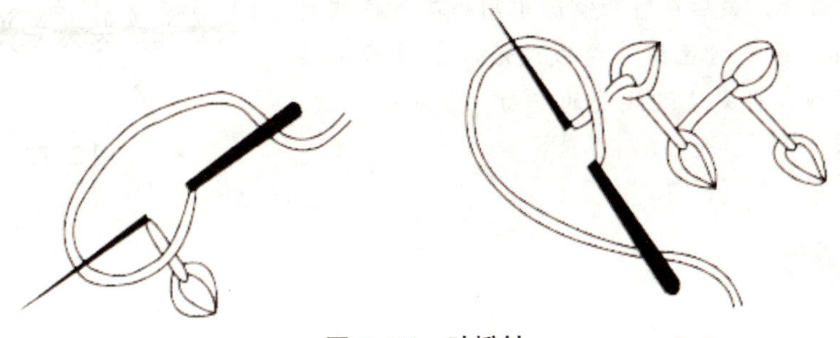

图 2–74　叶瓣针

7. 山形针

（1）针法简介

山形针是一种装饰性针法，因绣成的形状很像山而得名，多用于育克或服装的边缘部位装饰。

（2）操作要点

该针法与线迹和三角针相似，只是在斜绗针针迹的两端加一回针。

8. 绕针

（1）针法简介

绕针也称螺丝针，常用于花蕾或小花朵刺绣，要求线环扣得结实紧密。

（2）操作要点

先将绣针挑出布面，再用绣线在绣针上缠绕数圈（圈数视花蕊大小而定），然后仍将针刺下布面，并将绣线从线环中穿过，绕成的线环结可成长条形或环形。（如图 2–75 所示）

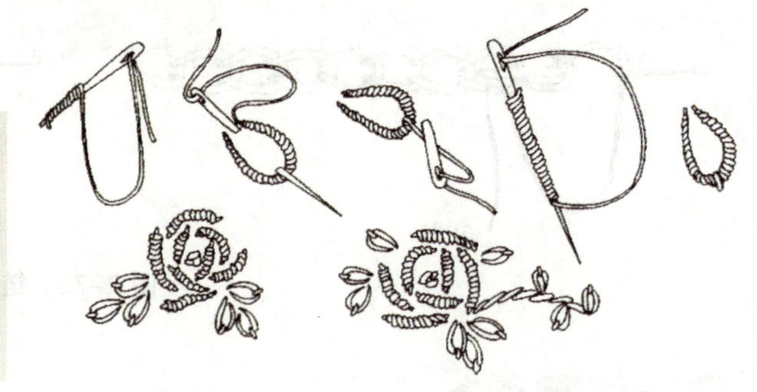

图 2–75　绕针

9. 穿环针

（1）针法简介 

穿环针法是一种装饰针法，常用于服装边缘起装饰作用，形态如环环相扣的连环状。

（2）操作要点

刺绣时先用绗针，然后在针距空隙中用第二种色线补成回形针状，再用第三种色线穿绕成波浪状，最后用第四种色线绕针穿线，补充波浪线迹的空白，组成连环状。（如图 2–76 所示）

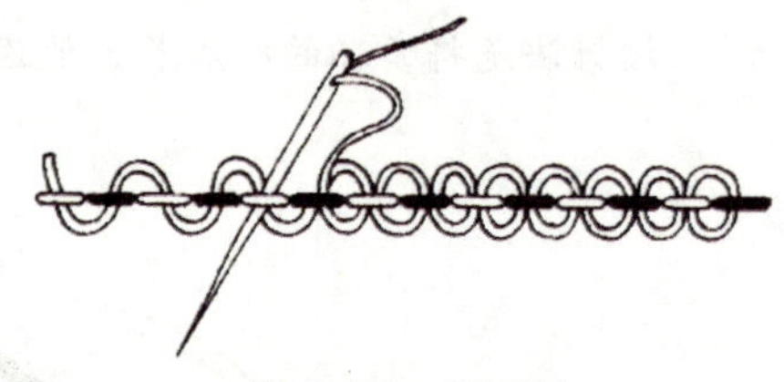

图 2–76　穿环针

10. 水草针

（1）针法简介

水草针属装饰性针法，因绣线形状如水草而得名。一般用于服装的边缘部位，起装饰作用。

（2）操作要点

水草针一般是先绣下斜线，再绣横线和上斜线，线迹长短、宽窄一致，形成水草图形。（如图 2–77 所示）

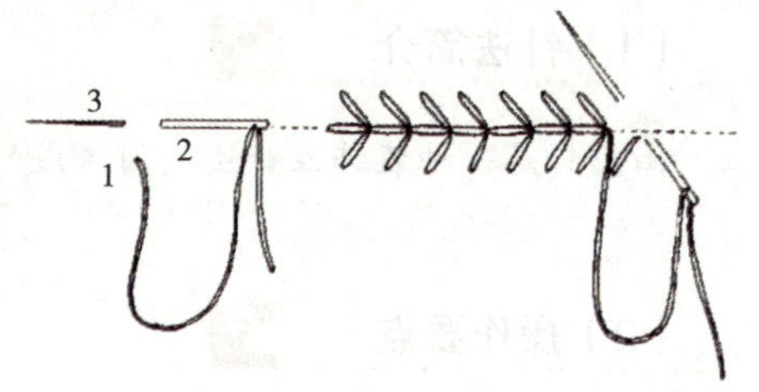

图 2–77　水草针

11. 十字针

（1）针法简介

十字针亦称十字绣、十字挑花，是我国的传统针法之一。按预先设计的图案，用许多小而呈对角交叉的十字形针迹绣成，线色有单色和多色之分。常用于女衬衫、针织套衫和童装的装饰。

（2）操作要点

十字针针法有两种：一种是将十字对称针迹一次挑成；另一种是先从上到下挑好同一方向的一行，然后再从下到上挑另一方向的一行。在此基础上还可成“米”字形的双十字针。（如图 2-78 所示）

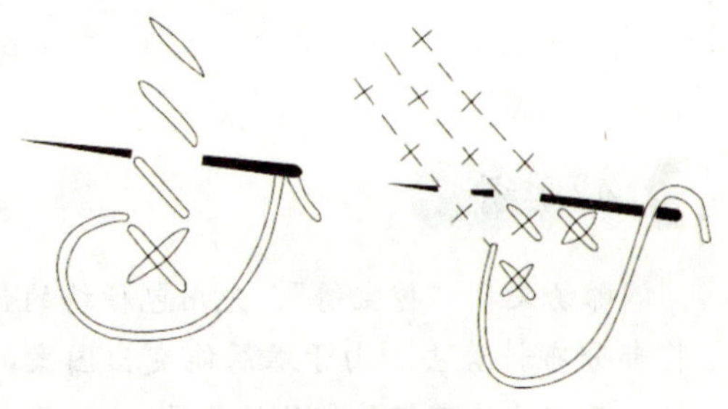

图 2-78 十字针

二、手绣装饰工艺

手绣是以描绘的图案为底稿，将手针按一定的规律运行线迹，勾画出装饰图案的一种工艺形式。我国的手绣历史悠久，色彩丰富，刻画细腻，技巧性高。流派上有苏、湘、蜀、粤四大名绣，形式上有线绣、平面绣、立体绣、花线绣、劈丝绣、雕绣、贴布绣、包梗绣、十字绣、板网绣等，针法上更是种类繁多。现介绍一些常用的手绣形式及针法。

1. 盘肠绣

刺绣时先按等距离做成回形线迹，再用另一绣线在回形针迹中穿绕做成盘肠线迹，要求绕线松紧一致。（如图 2-79 所示）

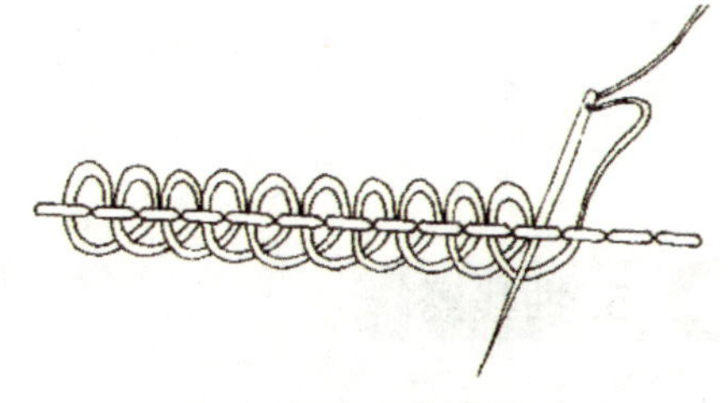

图 2-79 盘肠绣

2. 贴线绣

贴线绣又称“钉线绣”，是以固定的针法将绣花线、金银线或毛线等环绕或填充图案，勾勒出图案轮廓的绣法，绣线和钉线的颜色可选用同色或对比色。贴线绣常在衣服上起点缀或装饰作用，如戏剧服装龙袍上的盘镶图案就是采用贴线绣工艺。（如图 2-80 所示）

图 2-80 贴线绣

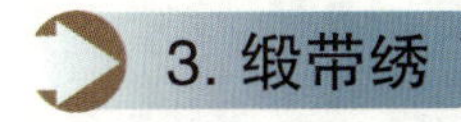

3. 缎带绣

缎带绣又称“扁带绣”，是用细丝代替绣花线进行刺绣的工艺，因丝带具有一定宽度，宜选择粗线条绣花图案。缎带绣常用作晚礼服、睡袍、套衫和童装的装饰。（如图 2-81 所示）

图 2-81 缎带绣

4. 雕绣

雕绣又称“挖宝绣”，先用包梗绣的针在布上将图案的轮廓绣成立体状的线迹，然后沿线迹将部分布料剪去。由于雕绣能突出图案的立体效果，所以通常用于无领连衣裙和衬衫的领口、袖口及裙子的下摆等部位的装饰。（如图 2-82 所示）

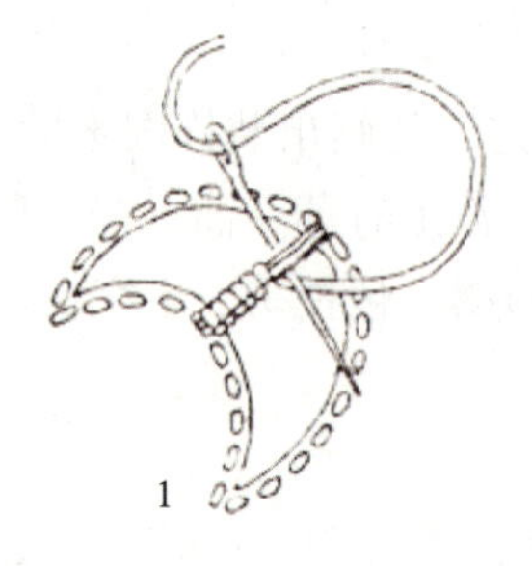

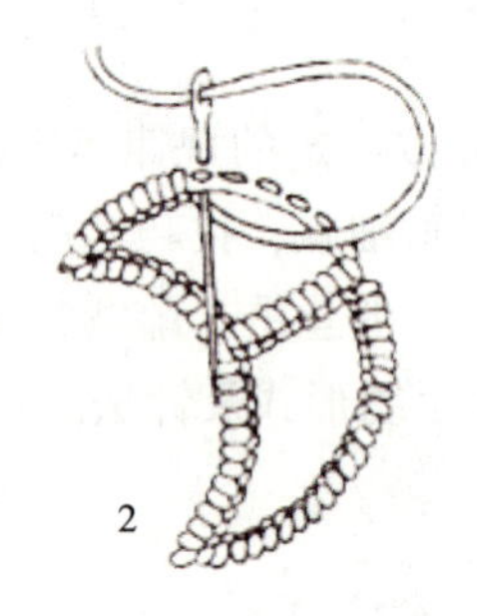

图 2-82 雕绣

5. 抽线绣

抽线绣是在布料上抽去一定数量的经纱或纬纱，然后再用线在两边或四周做封针或扎牢，使布料纱线不致松散，最后将剩余的布料纱线编绕成各种图案。由于该工艺有透明感，能表现出一种古典美，故常用于衬衫和连衣裙的前胸、领口和育克等部位的装饰。（如图 2-83 所示）

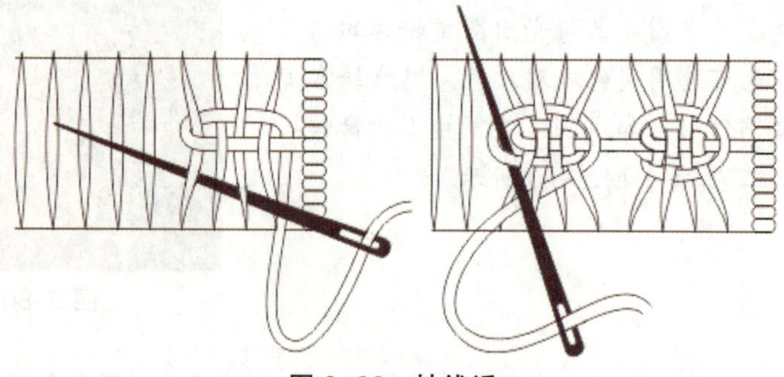

图 2-83 抽线绣

6. 打揽

打揽亦称司麦克或扳网，它是运用手针缝的方法将布料收拢成蜂窝、珠粒、格纹等造型。常用于妇女、儿童的衬衫或连衣裙的育克、领口、袖口和腰节等部位。

首先在布料上确定装饰部分，用线拱上一行针距约为 0.3 cm 的短绗针；其次将其收拢，两边线头留长一点，套住后固定；最后用单色或多色绣线按设计花纹进行打揽。（如图 2-84 所示）

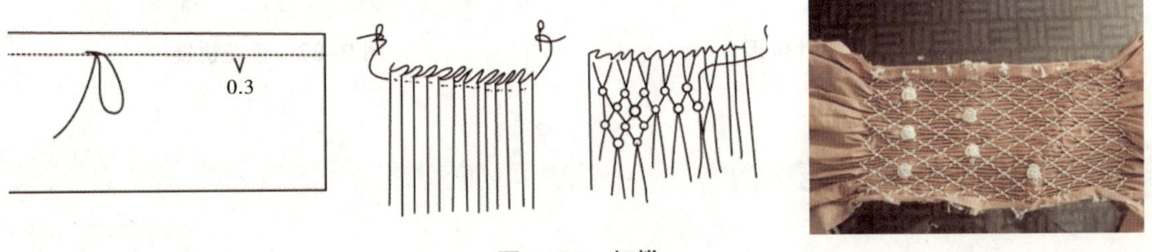

图 2-84　打揽

7. 钉珠绣

根据图案要求可分散地用回针刺绣，也可用串针法将成串的珠子装钉在图案上。大珠粒图案可用双线钉，扁形的珠粒或珠片可用环针针法，也可加上一颗珠粒作为封针。常用于夜礼服、演出服等高档服装的装饰。（如图 2-85 所示）

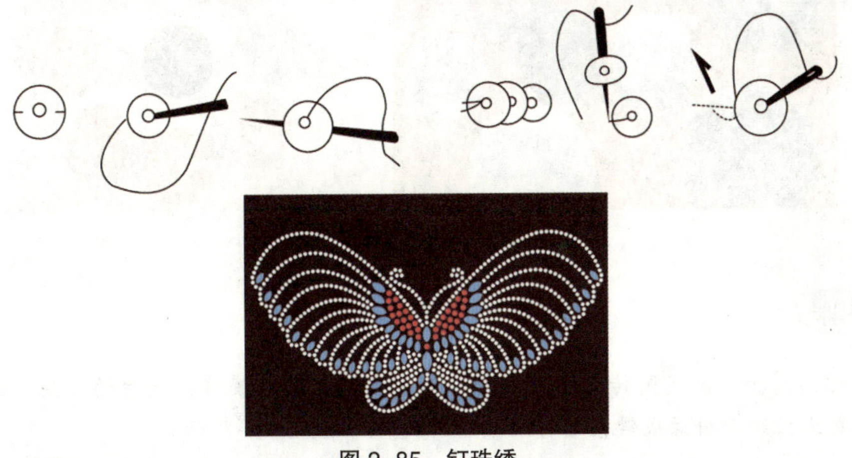

图 2-85　钉珠绣

8. 花样拼接

这是缝接两块布料的工艺，即在两块布料平行的空间，运用各种装饰性的针法，将两块布连接起来。它的主要拼接形式是编辫拼接、“人”字针拼接（如图 2-86 所示）、盘花拼接（如图 2-87 所示）等。花样拼接主要用于女装和童装的领口、袖口、育克和裙摆等部位。

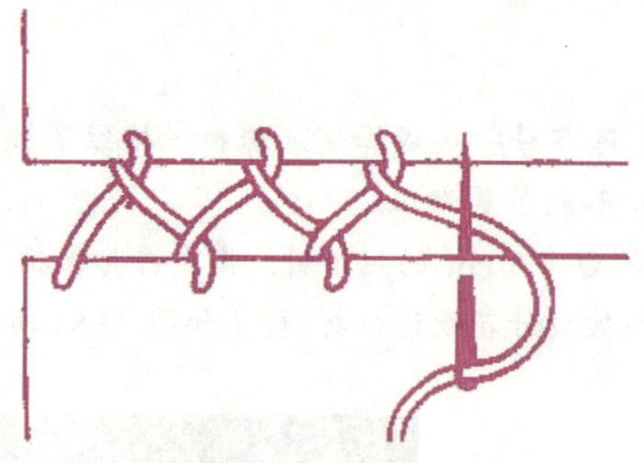

图 2-86 “人”字针拼接

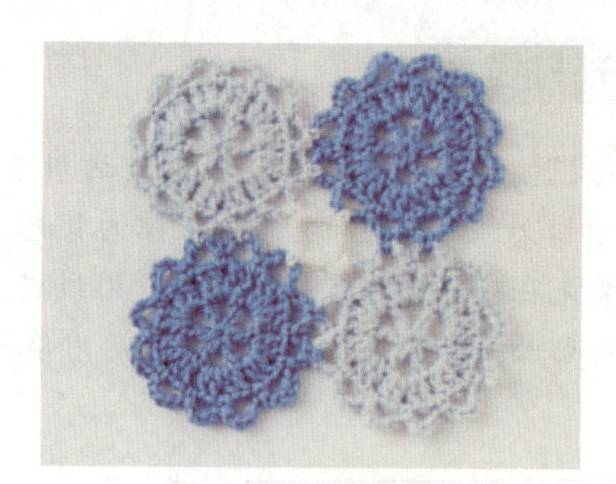

图 2-87 盘花拼接

三、其他装饰工艺

1. 布包扣

布包扣一般用在女外衣、大衣上，能搭配服饰，对服装起协调点缀作用，又具有实用功能，用途较广。(如图 2-88 所示)

图 2-88 布包扣

2. 盘扣

盘扣又称葡萄扣，是我国传统中式纽扣，不但实用，还有装饰、点缀的作用。它利用裁衣服的边角斜料或丝绒面料缲成绊条后再经编结而成。(如图 2-89 所示)

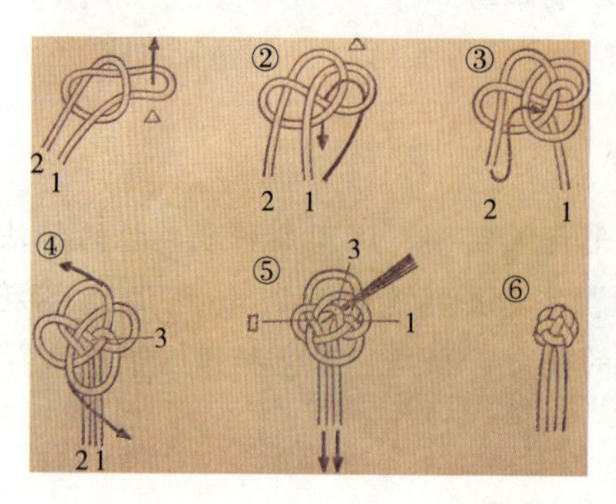

图 2-89 盘扣

近几年，盘扣作为一种传统的衣饰手段又风靡开来。旗袍盘扣的做法可按图 2-89 进行，为使纽扣盘坚硬、匀称、美观，可借助镊子帮助盘紧，注意盘扣旁边不要暴露缝线。

3. 蝴蝶结

蝴蝶结是将布料缝合，抽缩形成装饰性较强的形同蝴蝶的布花，可增加服装的美观和活泼感。制作蝴蝶结时要注意根据服装的款式、规格来确定蝴蝶结的尺寸，颜色视设计需要而定，蝴蝶结还可配上飘带。（如图 2-90 所示）

图 2-90　蝴蝶结

4. 补花

用剪成各种形状的棉、麻、丝绸花片粘贴在底布上，组成图案，经缝缀而成。补花的工艺过程是：①剪花，按照图稿将布料剪成各种形状的花片。②粘贴，将花片粘贴在底布上组成图案。③拔花，将花片的毛边用针拔窝进去，要求边角整齐。④缝缀，又称锁边，将花片四周用锁针锁满。⑤洗熨。（如图 2-91 所示）

图 2-91　补花

5. 纽扣装饰

将各种材质的纽扣缀缝于服装的某些部位起扣合和装饰作用。纽扣装饰的关键是扣类的选择和制作。扣类材质品种繁多，如铜、金、木、皮革、包纽和中式纽等。其中中式纽扣工艺独特，雍容华贵，具有显著的民族特色。

6. 花边装饰

花边装饰是在装饰服装的某些部位用，同一种面料折裥成花边或用其他质料的花边进行缀缝装饰。其工艺简单，装饰富有韵律感和浮动感，常用于女装和童装。花边种类很多，常用的有环形花边、粒状花边、网形花边、木耳花边、百叶裥花边等。

7. 立体花装饰

立体花装饰是按图案和设计意图将布、呢料、花边、绒线和纽扣等材料，采用剪贴、折叠和盘绕等方法做成有立体感的花形和图案。此工艺可以与手绣和机绣结合使用，常用于女装和童装的上衣、衬衫、连衣裙等服装某部位，起点缀、装饰的作用。（如图 2-92 所示）

图 2-92　立体花装饰

第四节 机缝工艺

一、机缝

随着服装工业的迅速发现，缝纫机的种类也日益增多。一般按用途可分为家用缝纫机、工业用缝纫机、专业用缝纫机、电脑缝纫机等。针对不同的缝纫机，常用的机缝方法也多种多样。

1. 平缝

平缝也叫勾缝或合缝，就是把两层面料正面叠合，按一定的缝份进行缝合。平缝是缝纫机工艺中最基本的缝制方法，应用最广，如上衣的肩缝、侧缝、袖子的内外缝、裤子的侧缝、下裆缝等部位。

平缝时一般要用右手稍拉下层，左手稍推上层（如图 2–93 所示），避免发生上层“赶”、下层“吃”的现象，使上下层衣片保持平整。缝制开始和结束时都要做倒回针，以防线头脱散。平缝缝份宽为 0.8~1.2 cm，线迹密度一般为 4 针 /cm，若将缝份烫倒向一边称坐倒缝，缝份分开烫平称为分缝。（如图 2–94 所示）

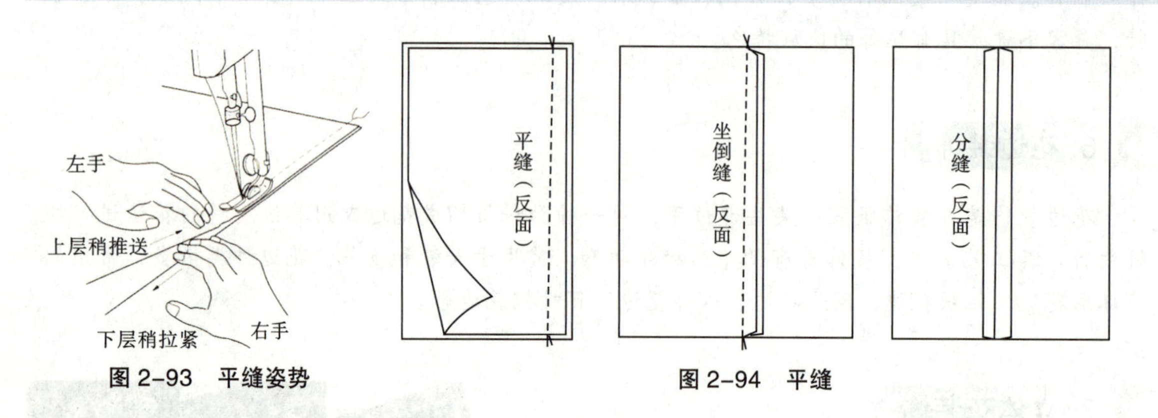

图 2–93　平缝姿势

图 2–94　平缝

2. 搭接缝

搭接缝指缝头互相搭接，所放缝头平行缉合，一般应用于领衬中缝、腰衬、棉衣衬衣等暗藏部位。操作方法及要求：将缉缝处互相搭接，所放缝头平行缉缝，叠缝量一般为 0.4 cm。要求缝线顺直，松紧一致。（如图 2–95 所示）

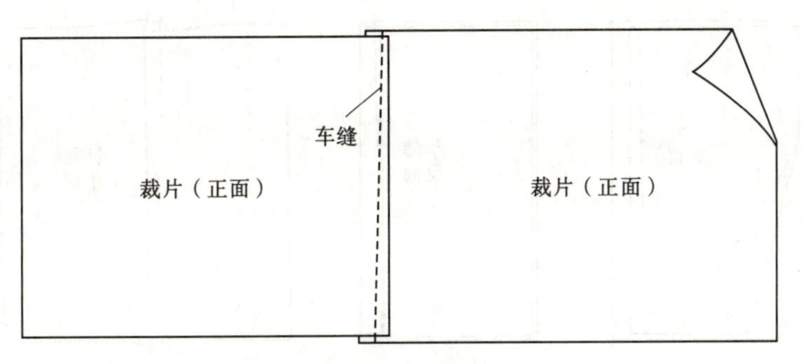

图 2-95 搭接缝

3. 来去缝

来去缝可分来缝和去缝两步进行。

第一步做来缝时，将两块衣料反面与反面叠合，缉 0.3 cm 宽的缝份。

第二步做去缝时，将第一步缝份修齐，反折转，正面叠合缉线宽 0.5~0.6 cm，一般用于薄料衬衫的肩缝、坐倒缝、袖缝及衬裤等部位。（如图 2-96 所示）

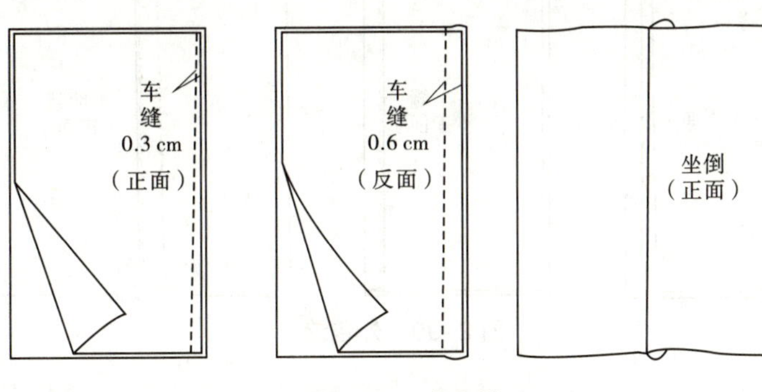

图 2-96 来去缝

4. 扣缝

扣缝又称扣压缝，常用于男裤的侧缝，衬衫的覆肩、贴袋等部位。先将面料按规定的缝份扣倒烫平，再按规定的位置搭接，分别缉宽 0.1 cm、0.6 cm 的明线。（如图 2-97 所示）

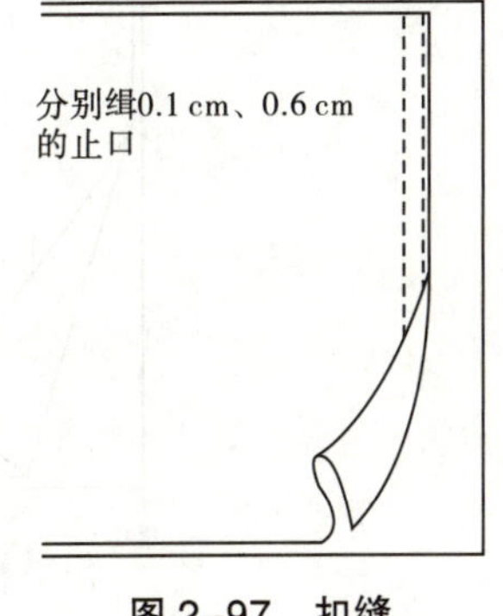

图 2-97 扣缝

5. 内包缝

内包缝又称反包缝，常用于肩缝、侧缝、袖缝等部位。

将面料的正面相对重叠，在反面按包缝宽度做成包缝。包缝的宽窄是按正面的线迹宽度为依据，有 0.4 cm、0.6 cm、0.8 cm、1.0 cm 等。然后依包缝的宽度在边缘缉 0.1~0.2 cm 宽的一道线，将缝份包转扣齐，翻到正面压第 2 道线。（如图 2-98 所示）

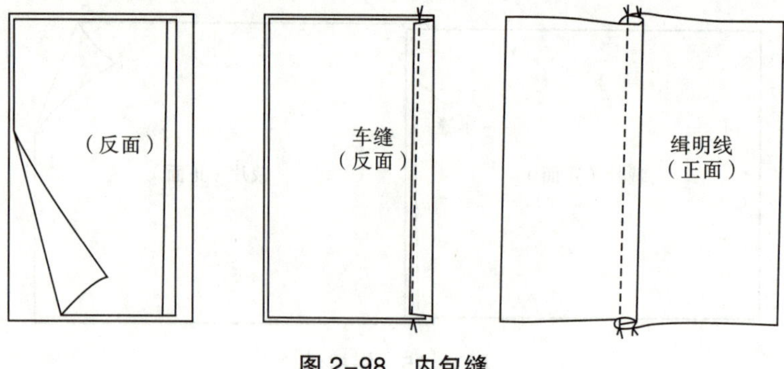

图 2-98　内包缝

6. 外包缝

外包缝又称正包缝，常用于夹克衫、西裤等。先将面料反面与反面叠合，按包缝宽度做成包缝，然后距包缝的边缘 0.1 cm 缉一道明线，扣转，再在正面沿转边缉缝 0.1 cm 的线。（如图 2-99 所示）

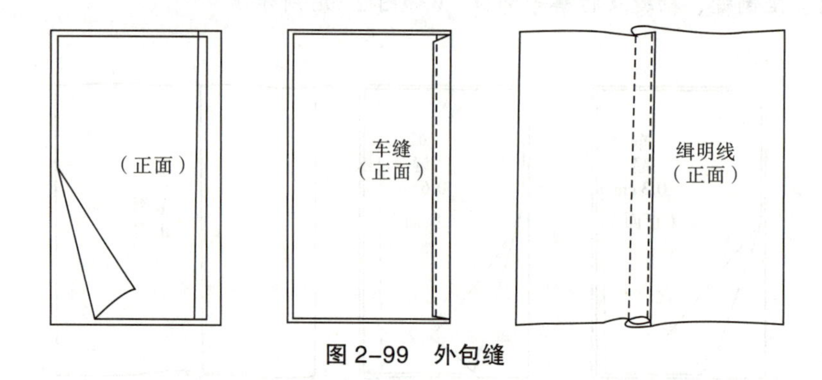

图 2-99　外包缝

7. 分压缝

分压缝亦称劈压缝，常用于裤裆缝、内袖缝等部位，起加固和平整缝份的作用。

先把两层面料正面相对做一道平缝，将缝份向两侧分开，衣片的上下层倒向一侧，再在分开缝的基础上加压一道明线。（如图 2-100 所示）

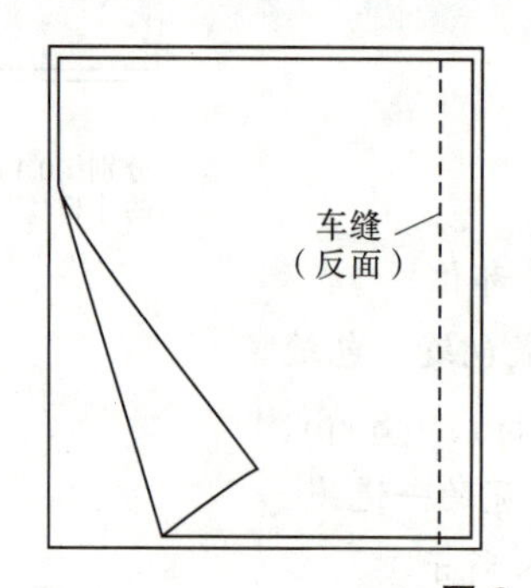

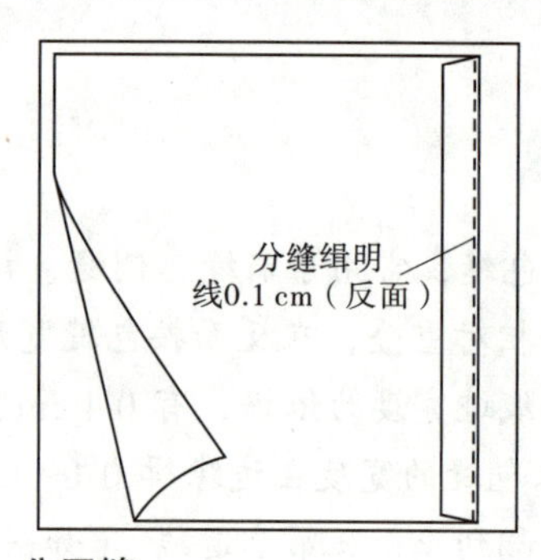

图 2-100　分压缝

8. 卷边缝

卷边缝又称包边缝，是一种把布料两次翻折卷光后缉缝的缝型，有宽卷边与窄卷边之分，用途较广，各种简单的袖口、裤口、下摆均可用此缝法。

先将衣片反面朝上，把毛边折转 0.5 cm 左右，再根据所需宽度再次折转，沿折边缉 0.1 cm 的线。要求缉明线时，必须一面推送上层面料，一面稍拉紧下层面料，保证线迹平服整齐不起涟形。（如图 2–101 所示）

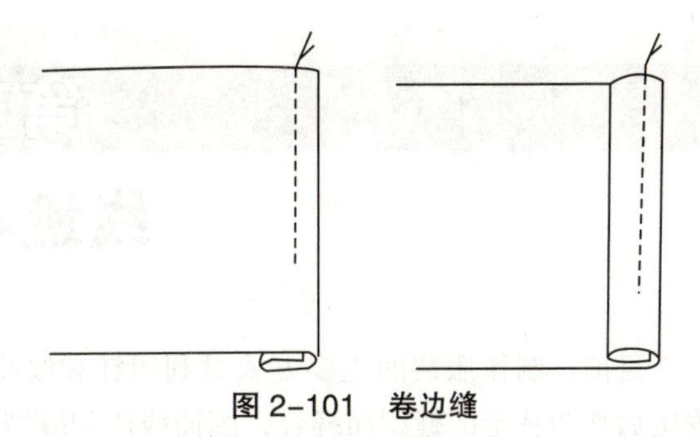

图 2–101 卷边缝

9. 骑缝

骑缝也称闷缝，是一种经两次缝缉，将两层布料的毛边包转在内的缝型。一般用于装领、装腰及男衬衫的后肩缝等。

先将零部件正面的一边缝份烫平，如领面的领脚处，裤腰面的下口等；然后将零部件夹里所留放的缝份与大身用平缝缝合第一道线；最后将平缝坐倒，零部件面子盖沿第一道缝线闷缉 0.2 cm 止口。（如图 2–102 所示）

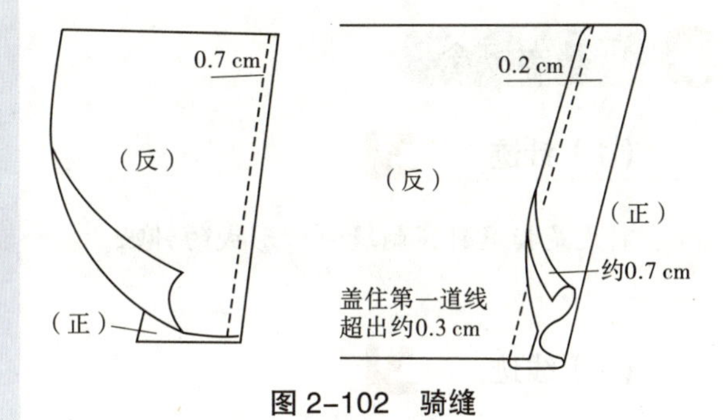

图 2–102 骑缝

10. 漏落缝

漏落缝是一种将线迹暗藏于折边旁或分缝槽内的缝型。线迹暗藏在折边旁的，也称沿边缝或倒缝漏落，多用于裤、裙腰头、里襟或其他要求不见明线而需固定住下层衣片的缝制。（如图 2–103 所示）

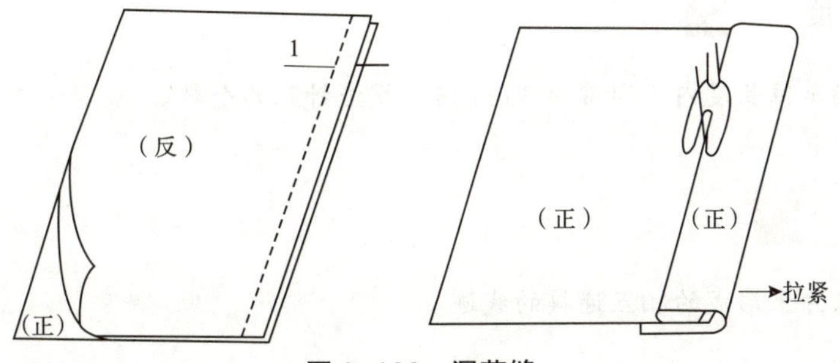

图 2–103 漏落缝

第五节
线迹与缝型

目前，制作服装的主要方式是利用针和线将衣片缝合。缝合是将服装部件用一定形式的线迹固定后作为特定的缝型而缝合，因而线迹和缝型是缝合衣服的两个最基本要素。

一、线迹

1. 基本概念

（1）针迹

针迹是指缝针穿刺缝料所形成的针眼。

（2）线迹

线迹是指在缝料上相邻两个针眼之间的缝线组织。

（3）线数

线数是指构成线迹的缝纫线条数。

（4）线迹密度

线迹密度是指单位长度内（通常为 3 cm 内）线迹针孔的个数。

（5）缝迹

缝迹是指在衣片上形成的相互连接的线迹。

2. 线迹的作用

线迹的主要功能是将裁片缝合成服装。此外，还有如下作用：

（1）保护作用

各种包缝线迹可保护面料的边缘不脱散，并具有一定的拉伸性。

（2）加固作用

用线迹对服装某些部位进行加固，以保持该部位形状的稳定性，如领子、袖口处的明线，西服制作中的纳驳头等。

（3）辅助加工作用

用某些线迹在面料上进行抽褶或做标记和定位等。

（4）装饰作用

各类露在服装表面的线迹（即明线）都有装饰、美化服装的作用，能使服装结构鲜明突出，增加特色。

3. 线迹类型

缝纫机线迹种类繁多，变化复杂。为了使用方便，可根据线迹的形成方法和结构变化将线迹分成各种类别和型号。国际标准 ISO4915 对线迹类型做了统一规定。国际标准的线迹图形，共分以下 6 级：

100 级——链式线迹。（如图 2-104 所示）

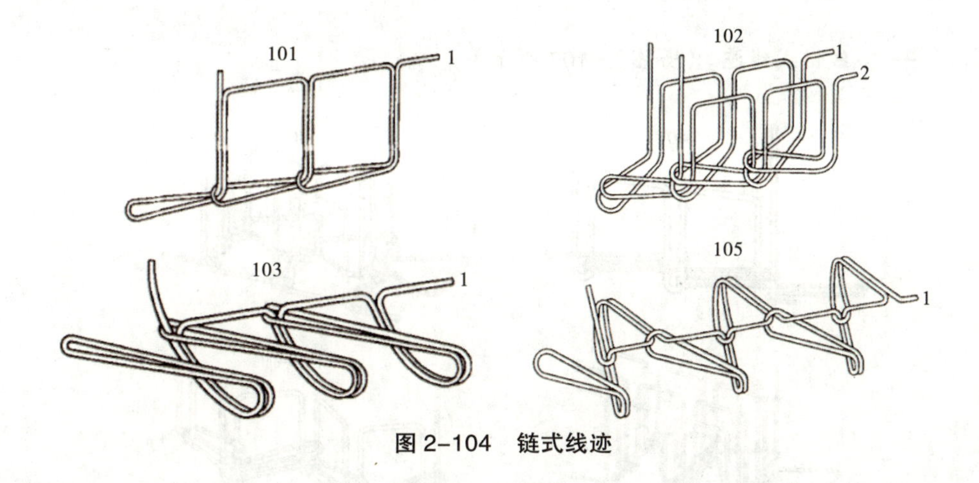

图 2-104　链式线迹

200 级——仿手工线迹。（如图 2-105 所示）

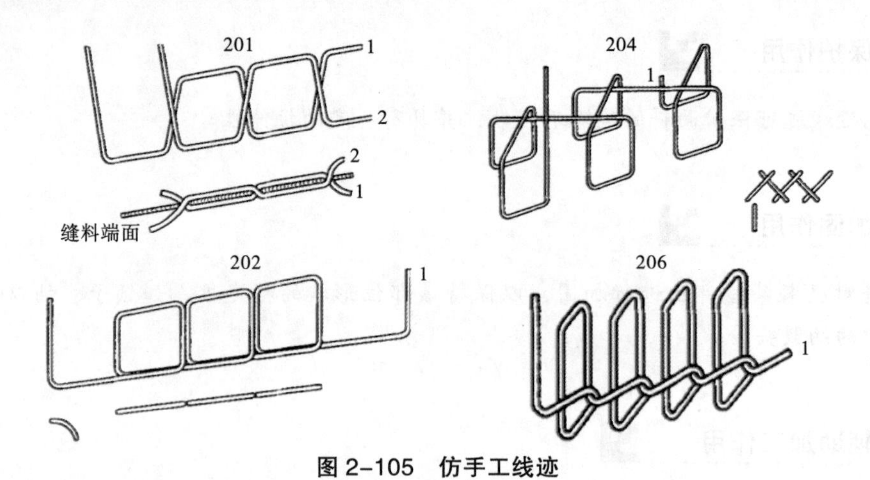

图 2-105　仿手工线迹

300 级——锁式线迹。(如图 2-106 所示)

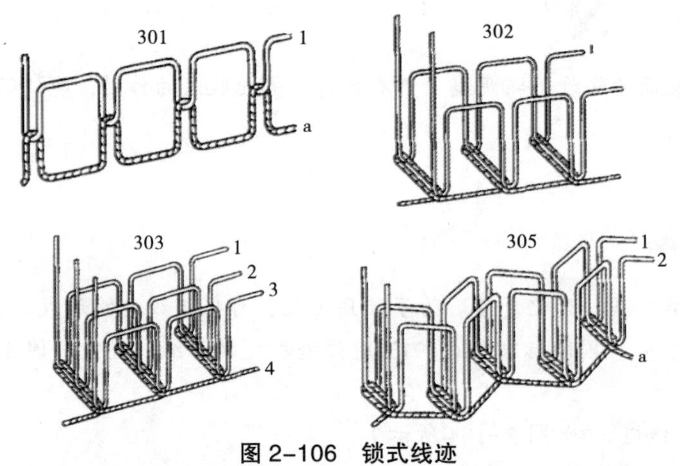

图 2-106　锁式线迹

400 级——多线链式线迹。(如图 2-107 所示)

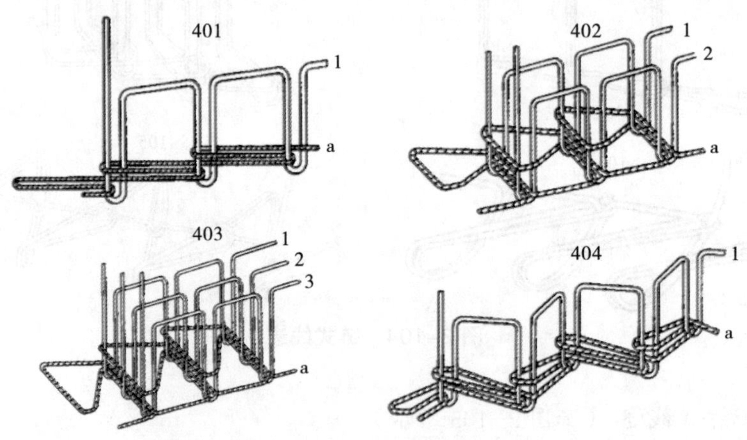

图 2-107　多线链式线迹

500 级——包缝线迹。(如图 2-108 所示)

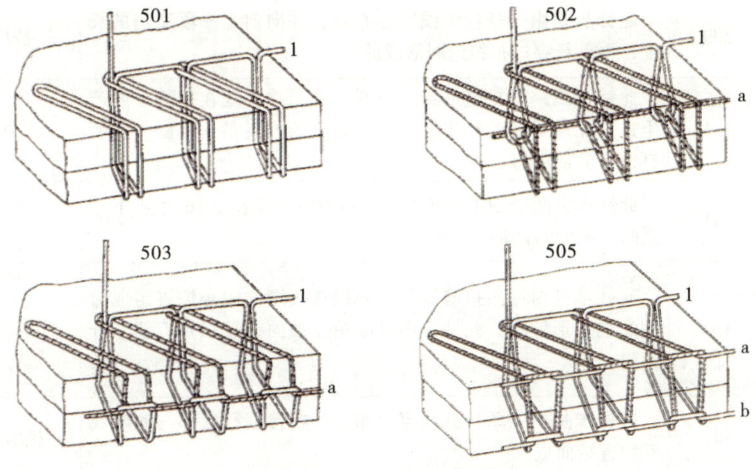

图 2-108 包缝线迹

600 级——复合线迹。(如图 2-109 所示)

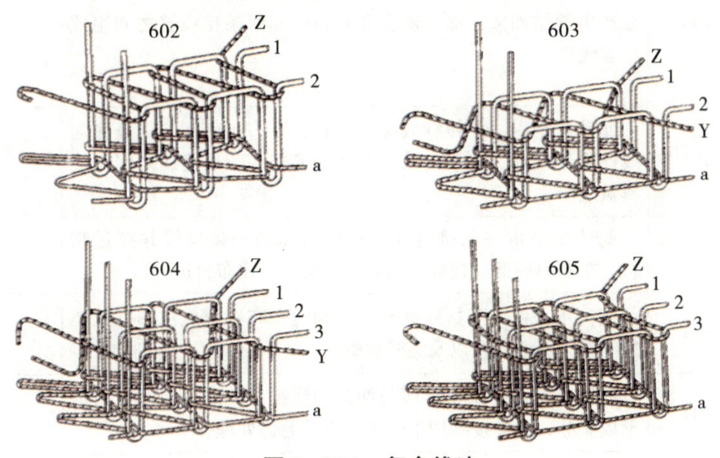

图 2-109 复合线迹

4. 常用线迹的性能与用途

常用线迹的性能与用途，见表 2-1。

表 2-1 常用线迹的性能与用途

线迹类型	ISO 编号	结构描述	一般用途
单线链状线	101	此针步是由一条接缝线穿过布料，加上配线器的帮助，自我缠结所形成，因为此种针步容易拆，所以不是非常普遍，401 针步比此针步应用更普遍	用于西装样的服装；袋的封口
单针暗缝（挑脚）	103	此种针步是由一条接缝线形成，接缝线在布的表面自我缠结。接缝线穿过面布，横穿底布，但是没有完全通过	暗缝衣脚；折缝；裤耳

续表

线迹类型	ISO 编号	结构描述	一般用途
手针针步	209	此针步是由一条接缝线穿过布料，并向前走一段适当的长度，再重新穿过布料返回形成的	被用于夹克的包边
单针平车针步	301	此针步由一条接缝线穿过布料，并与梭芯线在接缝中间产生连锁而形成，此针步的布面与布底的外观是一样的，是所有针步最常见的一种	面线； 单针平车针步； 直线缝
双针平车针步	301	此针步由两个 301 针步组成，有效针距是在 3/16 寸到 1 寸之间，典型的针距是 1/4 寸	双针车缝
人字形平车针步	304	此针步是由一条接缝线与梭芯线在接缝的中心位置组成对称的之字形针步，此外，还可以用作加固针缝以及钉钮与开钮门	内衣裤； 运动服； 婴儿服； 练习服
单针锁链状针步	401	此针步是由一条接缝线穿过布料，在接缝线底部与底勾线互相缠结而成	梭织产品的主要接缝
双针锁链状针步	401	此针步是由两条接缝线穿过布料，在接缝线底部分别与底勾线互相缠结而成	双针锁状针步用于牛仔裤、衬衫等的折缝
双针网车针步 带一条勾线	406	此针步是由两条接缝线穿过布料，在布料底部与一条线圈线产生缠结而成，而线圈会在布料底部两条接线缝之间组成覆盖线步	双针衣脚接缝； 绲边条； 覆盖接缝； 弹性裤头带； 裤耳
三针网车针步 带一条勾线	407	此针步是由 3 条接缝线穿过布料，在布料底部与一条底勾线产生缠结而成，而勾线会在布料底部 3 条接缝线之间组成覆盖线步	用于男装及男童装的 内裤上弹性带
双线及骨针步	502	此针步是由一条接缝线穿过布料面的一条勾线并穿过物料，在布料底部与钩线缠结而成，勾线包住布料边	包边
双线及骨针步（一条针线，一条勾线）	503	此针步是由一条接线缝与一条勾线在布边形成流苏。此类接缝用于毛边处理以及暗缝衣脚	包边； 暗缝边
三线及骨针步	504	此针步是由一条接缝线与两条勾线组成，两条勾线在布边形成流苏，此类接缝用于包边接缝及毛边处理	单针包边接缝
三线及骨针步	505	此针步是由一条接缝线与两条勾线组成，两条勾线在布边形成流苏，此类接缝只用于毛边处理	包边与布边双流苏
四线安全针步	512	此针步是由两条接缝线与两条勾线在布边形成流苏，512 针步只是右方接缝针会穿过上线圈，此针步不易造成无布车缝	针织与梭织之接缝
四线及骨针步	514	此针步是由两条接缝线与两条线圈线组成，两条线圈线在布边形成流苏，514 针步是两条接缝针都会穿过上线圈，建议使用此针步因为它比 512 针步较易造成无布车缝	针织与梭织之接缝
四线安全针步	515	同时结合单针链状缝线 401 和双线包边 503 针步	针织与梭织的安全线接缝
五线安全针步	516	同时结合单针链状缝线 401 和三线包边 504 针步	针织与梭织的安全线接缝
双针网车针步 带虾苏	602	此针步是由两条接缝线、一条表面虾苏线与一条底勾线组成，两条接缝线穿过布料面上的虾苏线并穿过布料，与布料底的勾线缠结，包住布料	衬衫与婴儿服的镶边等

续表

线迹类型	ISO 编号	结构描述	一般用途
三针网车针步带虾苏	605	此针步是由 3 条接缝线、一条表面虾苏线与一条底勾线组成，3 条接缝线穿过布料面上的虾苏线并穿过布料，与布料底的勾线缠结，包住布料	搭（接）缝；缝接缝；针织物的镶边
四针网车针步带虾苏	607	此针步是由 4 条接缝线、一条表面虾苏线与一条勾线组成，建议使用 607 针步，因为机器较易保养	平式或搭接缝、针织内衣、羊毛衣等

二、缝型

由于缝制时大衣的数量和配置形式及缝针穿刺形式的不同，使缝型变化较之线迹更为复杂。为了逐步推行缝型的标准化，国际标准化组织于 1981 年 3 月拟订出缝型标号的国际标准（ISO4916）。

在缝型的国际标准（ISO4916）中，缝型代号用 5 位阿拉伯数字表示。各个数字的含义如下：

第一位数字：表示缝型分类，共分 8 类。

第二、三位数字：合起来表示缝料排列形态，用 01、02……99 等两位数表示。

第四、五位数字：合起来表示缝针穿刺缝料的部位和缝针的穿刺状态，也是用 01……99 等两位数字表示。

1. 缝型分类

（1）一类缝型 

由两片或两片以上一侧为有限边，一侧为无限边的缝料组成，这些缝料的有限边都位于同一侧。在此还可增加两边都是有限边的缝料。（如图 2-110 所示）

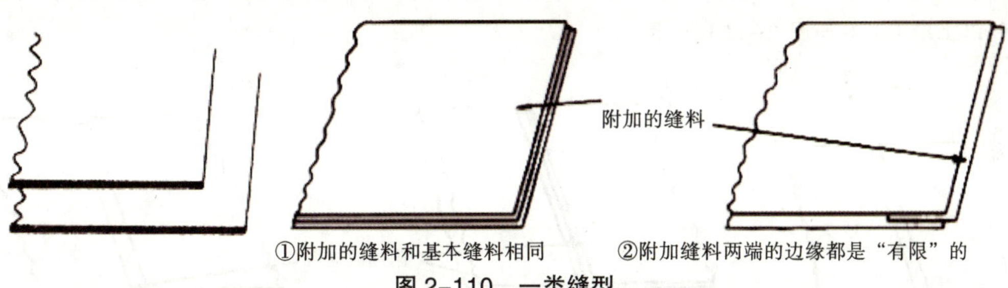

图 2-110　一类缝型

（2）二类缝型

由两片或两片以上缝料组成，其中一片缝料的有限边处在一侧，另一片缝料的有限边处在另外一侧，两片缝料的有限布边相互重叠配置。在此基础上，还可以增加两边都是有限边的缝料。（如图 2-111 所示）

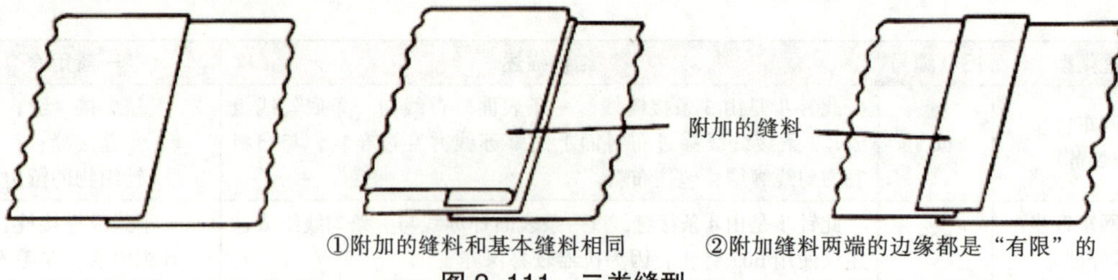

图 2-111　二类缝型

（3）三类缝型

由两片或两片以上缝料组成，其中一片缝料的一侧是有限边，另一片缝料的两侧都是有限布边。两片缝料的配置为一侧是有限布边的缝料夹在两侧都是有限布边的缝料之中。在此基础上还可增加任意一种以上缝料。（如图 2-112 所示）

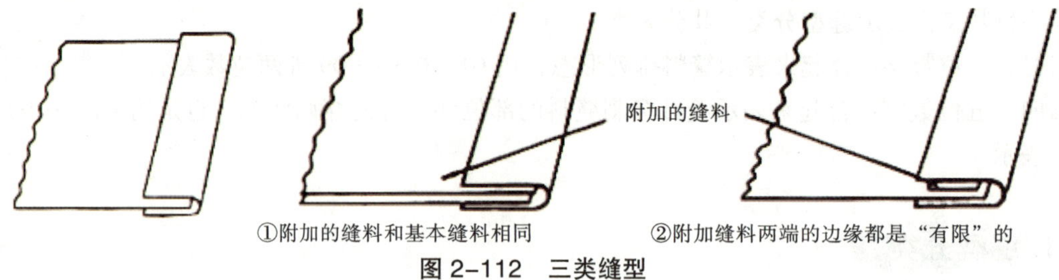

图 2-112　三类缝型

（4）四类缝型

由一片或一片以上左边为无限边，右边为有限边和一片或一片以上左边为有限边，右边为无限边的缝料组成。两片缝料的有限布边平行并置于同一平面上。在此基础上，还可以增加任意一种以上缝料。（如图 2-113 所示）

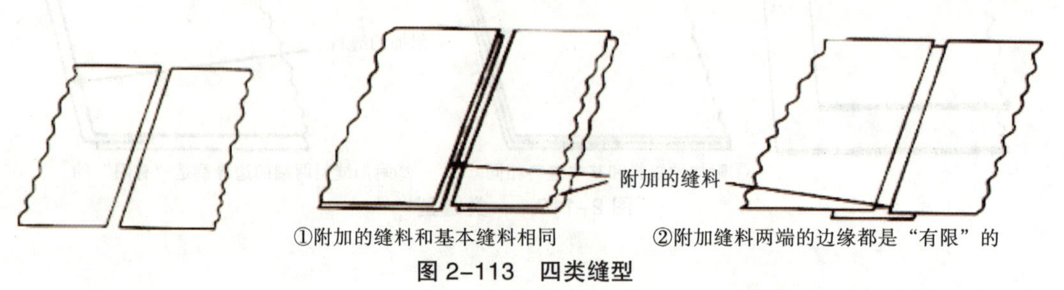

图 2-113　四类缝型

（5）五类缝型

由至少一片两边都是无限边的缝料组成。在某些基础上，还可以增加一侧为有限边的缝料，或两边都是有限边的缝料。（如图 2-114 所示）

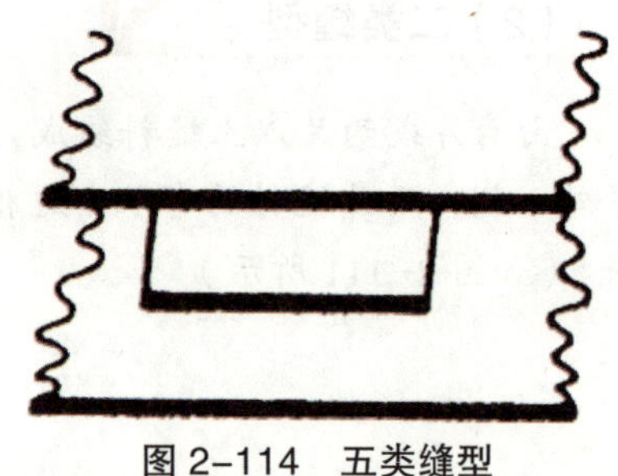
图 2-114　五类缝型

(6) 六类缝型 

只由一片一侧为有限边，另一侧为无限边的缝料组成，不能再增加缝料。因此，各种形态的缝料的总数就只有一片。(如图 2-115 所示)

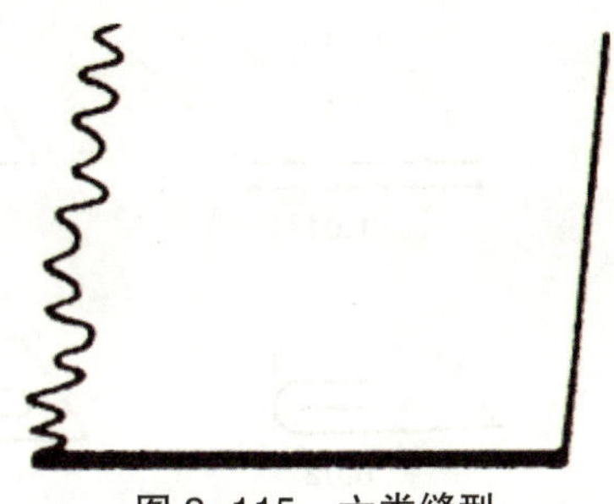

图 2-115 六类缝型

(7) 七类缝型

由两片或两片以上缝料组成，其中只有一片缝料的一侧为有限边，另一侧为无限边，其余所有缝料的两侧都是有限布边。在此基础上，只能增加两侧都是有限边的缝料。因此，各种形态的缝料总数为两片或两片以上。(如图 2-116 所示)

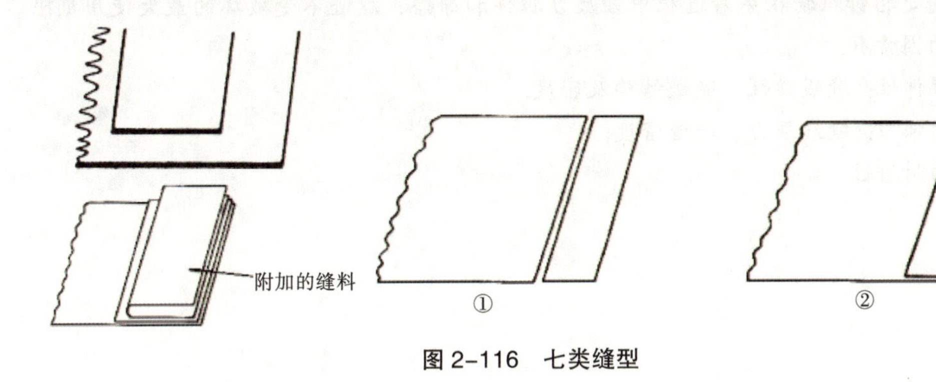

图 2-116 七类缝型

(8) 八类缝型 

由一片或一片以上两边都是有限边的缝料组成。如果再增加缝料，缝料的两侧也都必须是有限布边。因此，各种形态的缝料总数为两片或两片以上。(如图 2-117 所示)

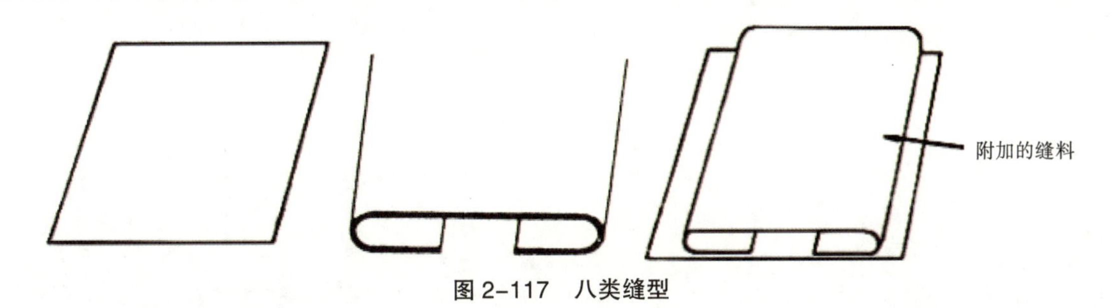

图 2-117 八类缝型

2. 缝料的排列形态

每一类缝型都有很多种不同的排列形态，针织服装缝制中常用的几种缝料的排列形态及其标准代号如图 2-118 所示。

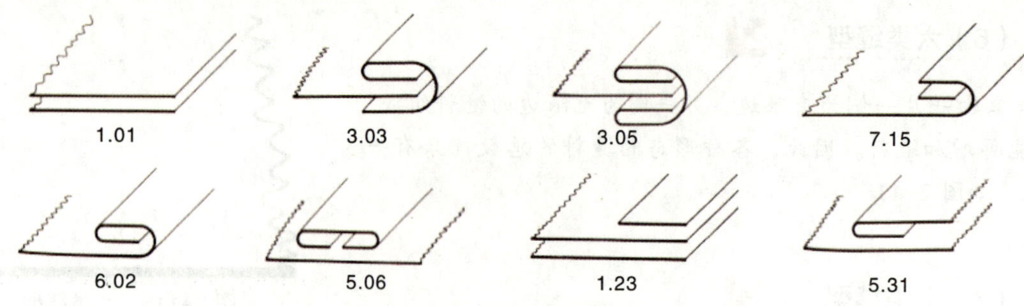

图 2-118 缝料排列形态

3. 影响缝迹牢度的因素

缝迹牢度是指针织物在穿着过程中经反复拉伸和摩擦，缝迹不受破坏的最大使用期限。影响缝迹牢度的因素有：

①缝迹拉伸性：缝线弹性、缝迹结构及密度；

②缝迹的强力：缝线强力、缝迹密度；

③缝迹的耐磨性。

第三章　服装制作常用设备、配件和常用材料

知识目标

了解服装行业内工艺服装制作的常用设备、常用配件以及常用的材料；掌握服装制作基本设备的使用方法，熟悉各类服装制作的常用配件（特别是各类压脚），能辨识常用的服装面料、辅料、衬料并了解其性能。

技能目标

掌握各类高速（电脑）平缝机、包缝机、绷缝机、锁边机等的使用方法，根据单边压脚、锁边压脚、卷边压脚等配件的性能特点，熟练掌握运用方法。要求学生能够辨识各种面料与服装款式。

情感目标

培养学生对常用设备及常用配件灵活运用的能力，达到能够熟练操作常用设备的要求。

指导学生灵活运用各种配件以及掌握各常用材料。

思维导图

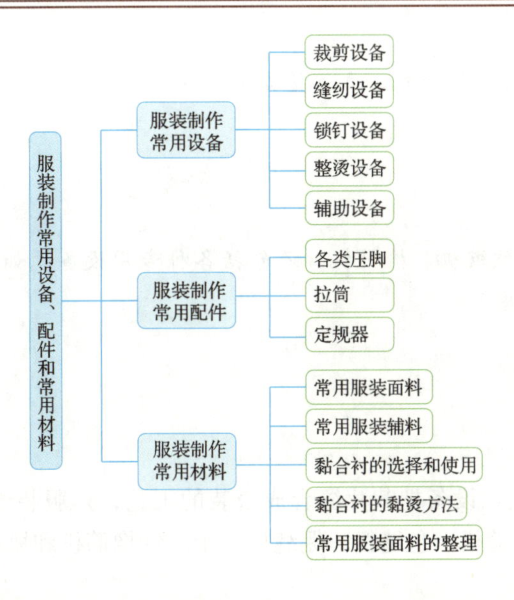

第一节 服装制作常用设备

服装制作常用设备的种类按用途的不同大致可分为：裁剪设备、缝纫设备、锁钉设备、整烫设备、辅助设备五大类。

1. 裁剪设备

用于衣片的裁剪，设备主要有裁床、铺布机、电剪刀、带式裁布机、单片切割厚衬布用的冲床、定位用的钻孔机等。

2. 缝纫设备

用于衣片的缝制，设备主要有高速（电脑）平缝机、包缝机、绷缝机、曲折缝机、撬边机、橡筋机、链缝机、裤袢机、绱袖机、开袋机等。

3. 锁钉设备

用于服装锁眼、钉扣，设备主要有平头锁眼机、圆头锁眼机、钉扣机、大白扣机、套结机等。

4. 整烫设备

主要有普通烫台、熨斗、黏合机、立体整烫机等。

5. 辅助设备

主要有验布机、面料预缩机、检针机，还包括各种专用设备，如绣花机、珠片机、外曲牙机等。

一、缝纫设备

缝纫师选择适当的工艺、设备把裁片缝合成服装的工艺，是服装缝制成型过程的重要组成部分。常用缝纫设备主要有平缝机、包缝机、绷缝机、十二针橡筋机和撬边机等。

1. 平缝机及其线迹

平缝机是服装生产中最基本的机械设备，用于各种梭织、针织、皮革制品的缝制。平缝机系列通常有以下一些品种：普通高速平缝机、电脑高速平缝机、高速带刀平缝机、高速双针平缝机、双针链式缝纫机、珠边机等。（如图 3-1 所示）

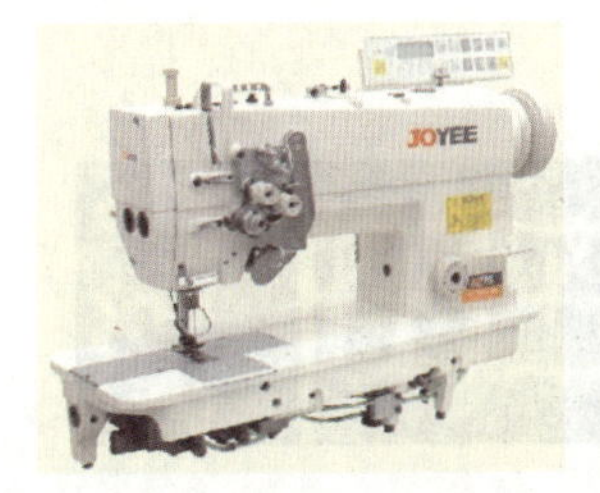

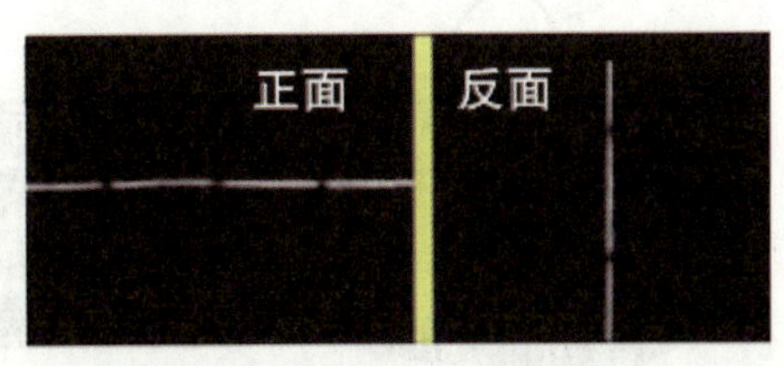

图 3-1　高速平缝机及平缝线迹

2. 包缝机及其线迹

包缝机又称拷边机、锁边机，是服装生产中基本设备。主要用于面料边缘的包缝，以防布丝散脱；也可以进行衣片合缝，若配以辅助夹具可进行针织衣片的折边。包缝机的品种和型号有很多种，以下简单介绍其各自的特点：

（1）三线包缝机及其线迹

三线包缝机是由一根直针、两根弯针穿套形成线迹的缝纫机，因具有线迹美观、包覆性好、弹性好等优点，广泛应用于梭织衣片的包缝，是服装行业最常用的机种。（如图 3-2 所示）

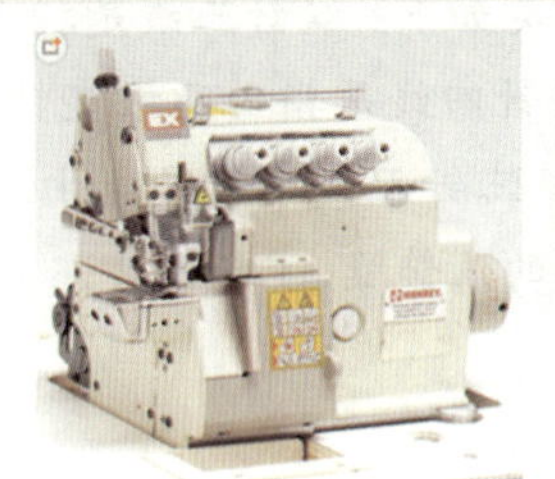

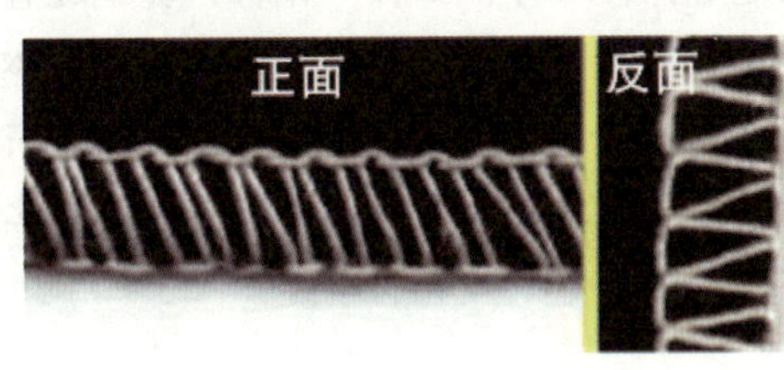

图 3-2　三线包缝机及正反面线迹

（2）四线包缝机及其线迹

四线包缝机是由两根直针、两根弯针穿套形成线迹的缝纫机，由于四线包缝缝迹牢度较大、抗脱散能力较强，主要用于针织面料的缝合。（如图 3-3 所示）

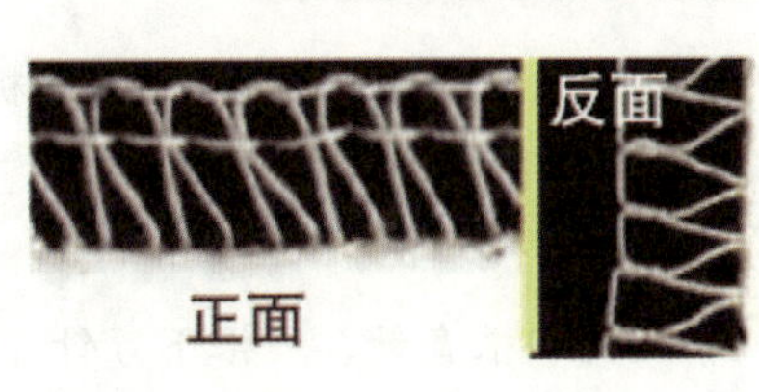

图 3-3　四线包缝机及正反面线迹

（3）五线包缝机及其线迹

五线包缝机是由两根直针、三根弯针穿套形成线迹的缝纫机，其线迹是双线和三线包缝的复合。用于衣片的链缝拼合加包缝的联合加工，可极大地提高缝制效率与缝纫质量。（如图 3-4 所示）

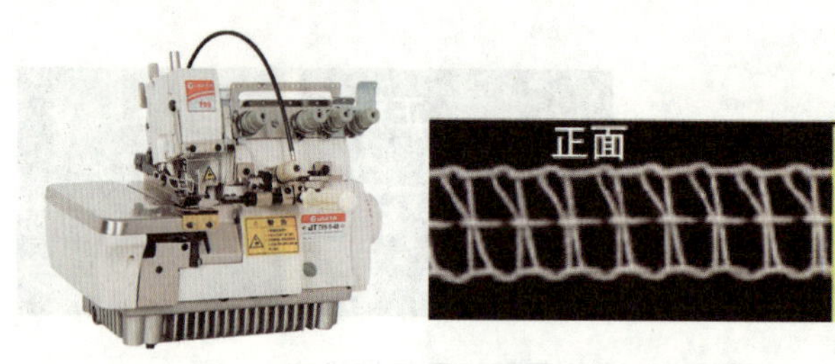

图 3-4　五线包缝机及正反面线迹

3. 绷缝机及其线迹

绷缝机的主要功能是拼接、绲边、边口松紧带缝制、花边装饰缝等，由于绷缝机所形成的各种绷缝线迹具有良好的弹性和延伸性、强度高、拉伸性好、线迹平整美观、能有效防止面料边缘的脱散等特点，常用于运动衫、T 恤衫、休闲内衣等多种针织服装的成衣加工，是针织服装企业的常用设备。按机器形状分为平台式、小方头式及圆筒式，按针数分为双针、三针、四针等几种类型。

（1）多功能绷缝机及其线迹

多功能绷缝机是单针、双针、三针一体机，其线迹种类如下：双针三线是指由两根直针、一根下弯针形成的线迹，一般用于下摆的折边、绲领等；双针四线是指由两根直针、一根下弯针、一根上绷针形成的线迹，一般用于针织服装上的装饰缝；三针五线绷缝是指由三根直针、一根下弯针、一根上绷针形成的线迹，一般用于针织内衣裤上的装饰缝。（如图 3-5 所示）

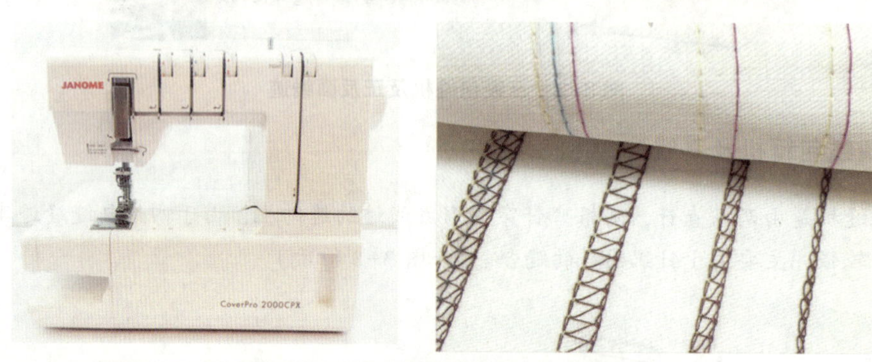

图 3-5　多功能绷缝机及正反面线迹

（2）四针六线绷缝机及其线迹

四针六线绷缝机是由四根直针、一根下弯针、一根上绷针形成线迹的缝纫机，用于针织运动服装上的拼缝、装饰缝等。（如图 3-6 所示）

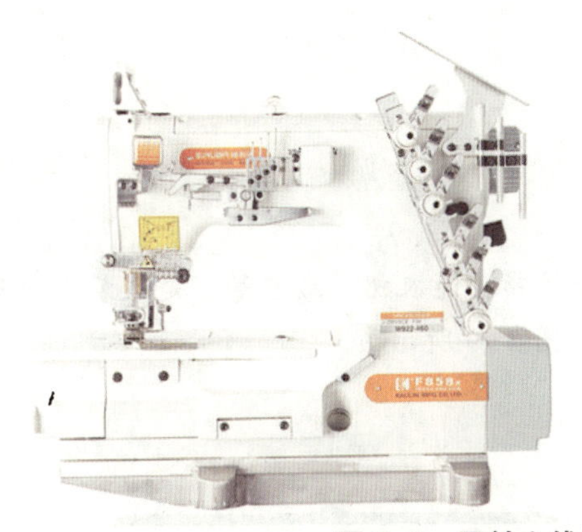

图 3-6　四针六线绷缝机及线迹

4. 十二针橡筋机及其线迹

用于各种服装的松紧带缝制，能产生立体花样效果。（如图 3-7 所示）

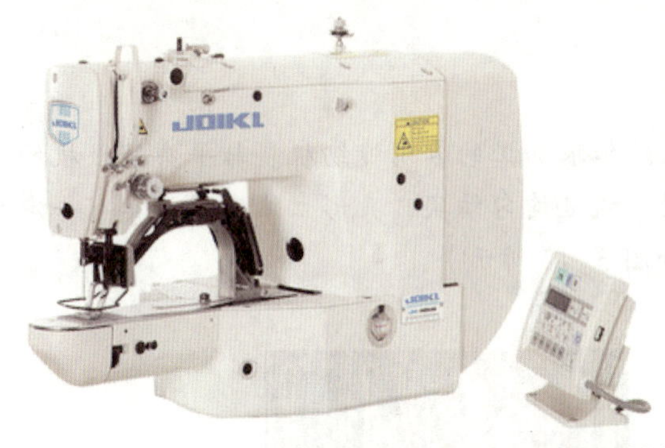

图 3-7　十二针橡筋机及线迹花样

5. 撬边机及其线迹

撬边机是专门用于衣摆贴边、袖口贴边、裤脚贴边和裙摆贴边等部位的暗缝撬边作业的缝纫机，装上专用附件后可用于西服驳头的门襟衬加工，即扎驳机。撬边机可将服装的折边与衣身缝合，而且服装正面不露缝线，大大提高了功效，同时达到人工所不能及的效果。（见图 3-8）

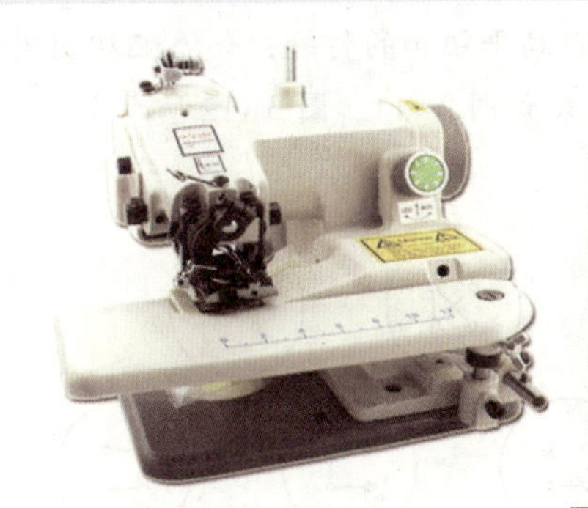
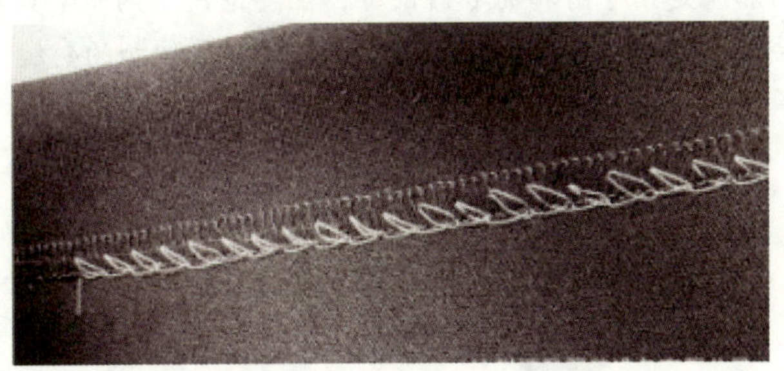

图 3-8　撬边机及其线迹

二、锁钉设备

1. 平头锁眼机

平头锁眼机用于薄料服装的扣眼锁钉，如衬衫、连衣裙、睡衣等，是服装厂生产中必不可少的主要缝纫设备之一，扣眼两端呈方形。（如图 3-9 所示）

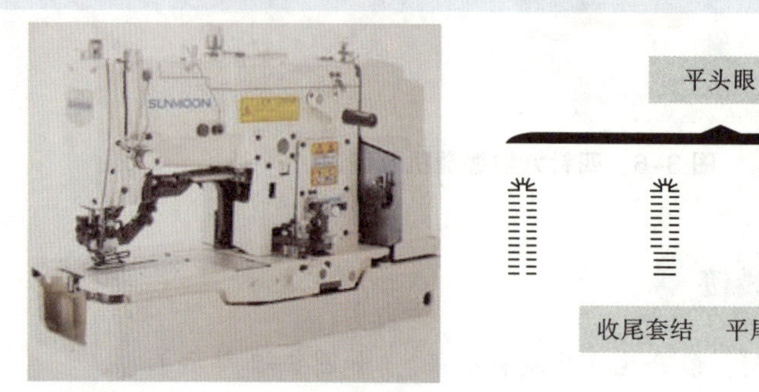

图 3-9　平头锁眼机及平头眼

2. 圆头锁眼机

圆头锁眼机是适用于缝制中厚料、厚料服装的扣眼加工的专用缝纫机。与平头锁眼机的区别是缝锁的扣眼前端呈圆形。圆头扣眼形状美观，线迹均匀结实，孔形立体感强，具有一定的装饰效果，常用于外套、西服、大衣等服装。（如图 3-10 所示）

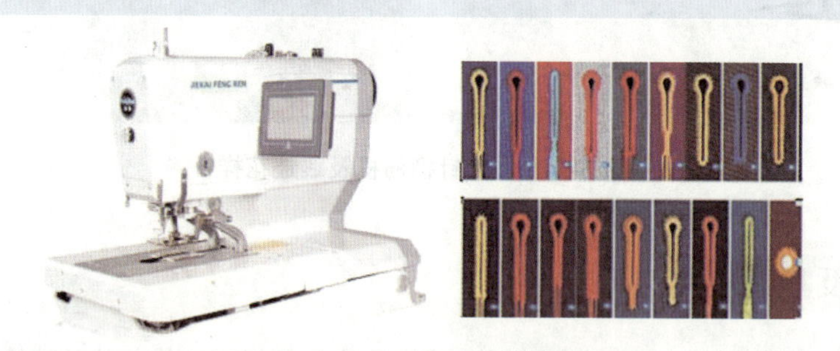

图 3-10　圆头锁眼机及圆头眼

3. 钉扣机

钉扣机是用于钉扣的专门设备，主要适用于两眼和四眼扁平纽扣的钉缝，如添配相应附件，可完成带柄纽扣、子母扣、风纪扣、缠绕扣等纽扣的钉缝。（如图 3-11、图 3-12 所示）

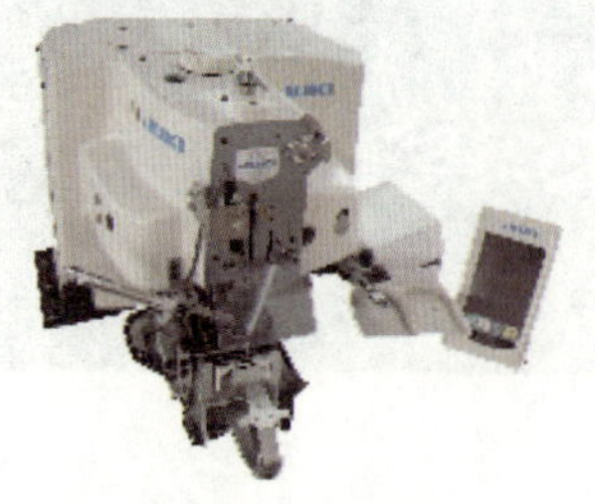

图 3-11　钉扣机

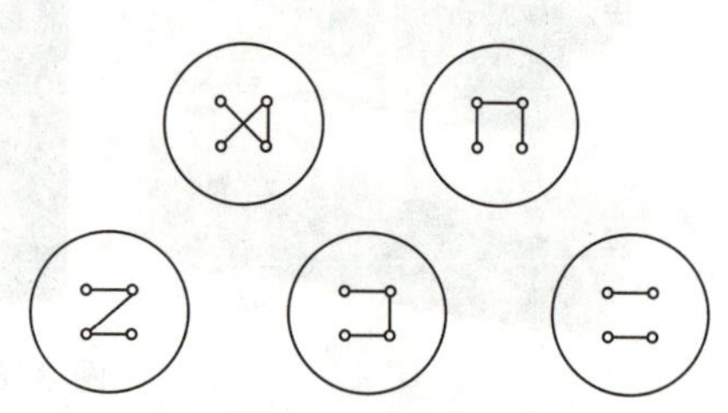

图 3-12　常见纽扣缝型

4. 套结机

套结机又称打结机或扎结机，是一类用于服装和其他缝制品受力较大部位加固缝的专用缝纫机的总称，适用于袋口、裤带袢、腰袢、裤（腰）门襟、背带等受拉力部位的套结，提高这些部位的耐用程度，在起加固作用的同时，套结的各种缝迹又有一定的装饰审美效果。根据套结的缝迹不同，可分为平缝套结和花样套结。（如图 3–13、图 3–14 所示）

图 3–13　直驱电脑平缝套结机

图 3–14　平缝套结小样

5. 拷扣机

适用于各类梭织服装中钉缝金属扣，也适用于鞋帽、皮革、塑料、帆布制品钉缝各种金属扣。（如图 3–15、图 3–16 所示）

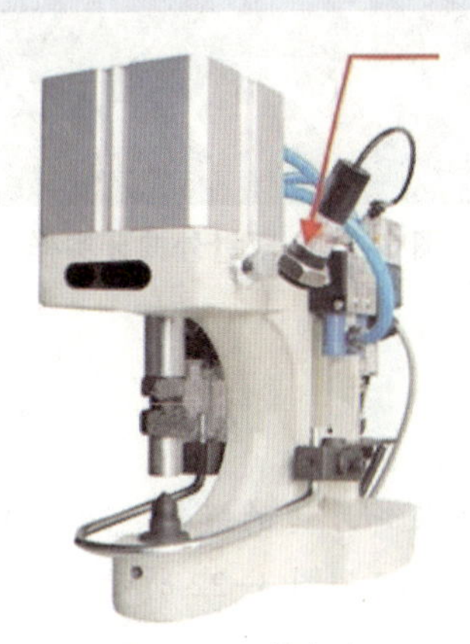

图 3–15　拷扣机

图 3–16　拷扣实样

三、辅助设备

1. 超声波花边机

利用超声波加热及特制钢轮加压之后，在化纤布料或化纤混纺布、尼龙布、无纺布、喷胶棉、热塑性薄膜、塑料片及各种人革、皮革等材料上切边、修边、镂空、烫金印纹、熔接、分条、成型等工艺，应用于服装裁片、家居装、童装、裙子或饰品上花边的轧制。（如图 3–17、图 3–18 所示）

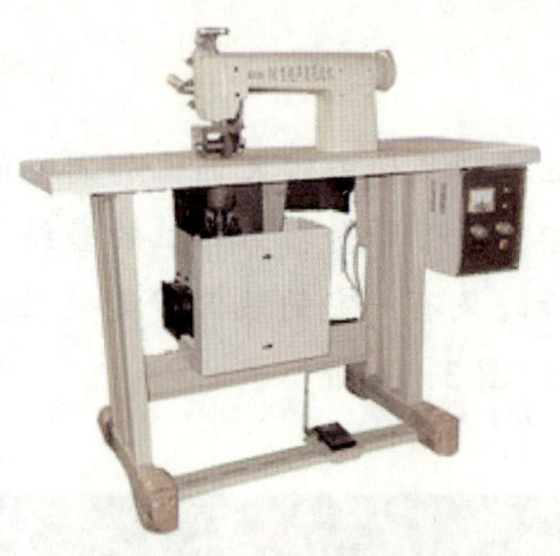

图 3-17　超声波花边机

图 3-18　花边机花轮

2. 外曲牙机

用于女士内衣裤、手绢、礼服、童装、运动装、枕套等各种装饰缝。（如图 3-19、图 3-20 所示）

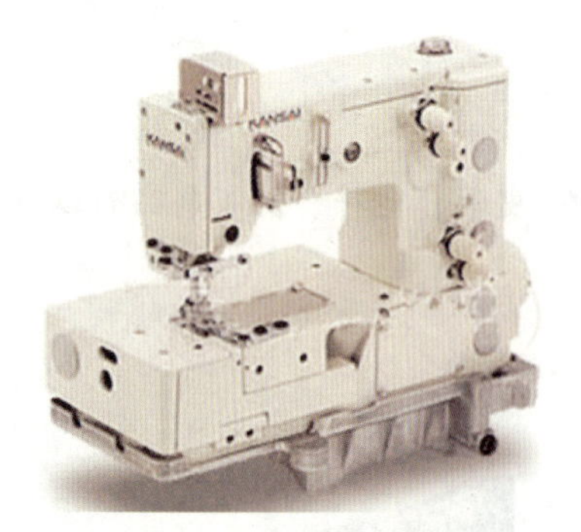

图 3-19　外曲牙机

图 3-20　双针外曲牙实样

3. 内曲牙机

内曲牙机适用于女式针织服装、儿童服装、手绢等各种装饰牙边的缝制。通过压脚、导纱位置的更换，能缝出 2 点、3 点、4 点、5 点内曲牙。（如图 3-21、图 3-22 所示）

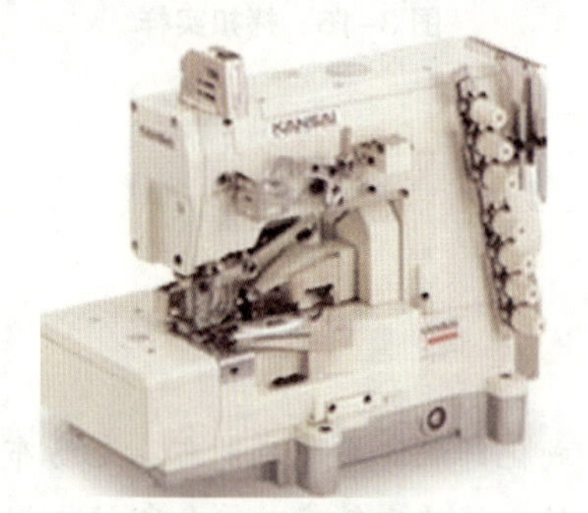

图 3-21　内曲牙机

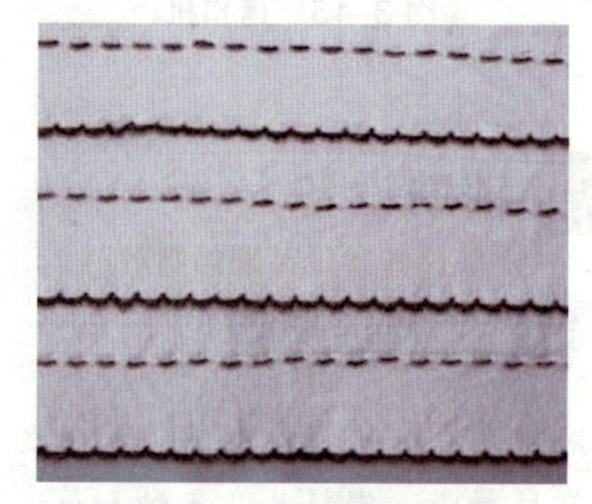

图 3-22　内曲牙缝制实样

第二节

服装制作常用配件

1. 自由绗缝压脚

使用绗缝压脚可以进行自由织补、自由绣花、自由绗缝等自由运动。（如图 3-23 所示）

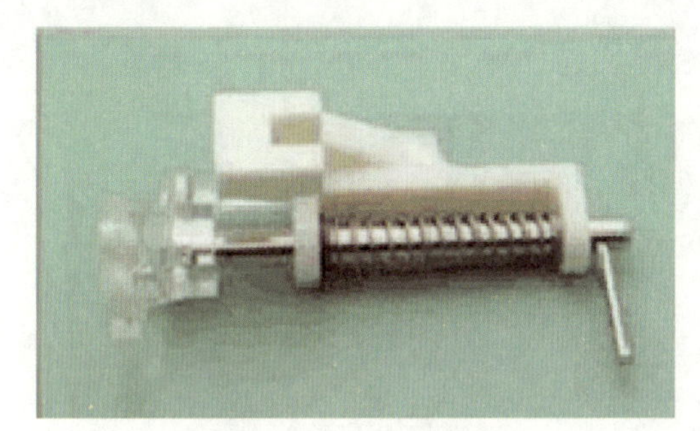

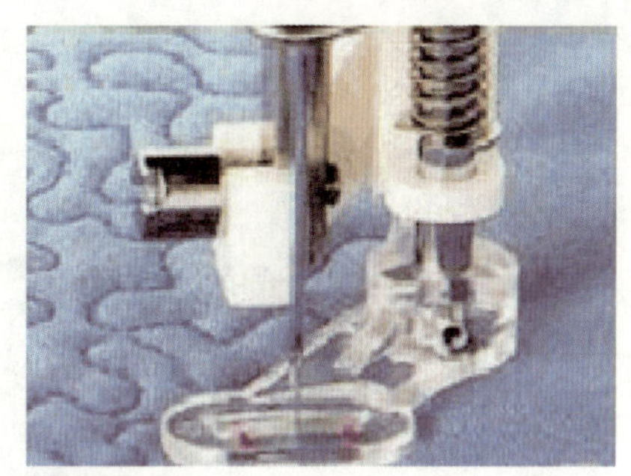

图 3-23　自由绗缝压脚及效果图

2. 单边压脚

用来安装开放式拉链和绲条、绲边，可以沿着硬条的边缘进行紧贴式缝制，如沙发套边缘的硬条绲边处理等。压脚上带有可调式装置，能够随时调整压脚的左右位置和距离来适应各种绲边缝制。（如图 3-24 所示）

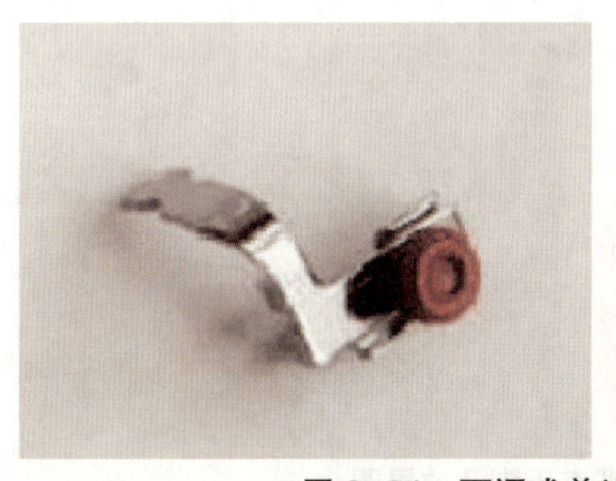

图 3-24　可调式单边压脚及效果图

3. 贴布绣开口压脚

开口压脚的开口大，并有刻度，方便沿着布贴的边缘缝制曲折线迹，以达到贴布绣的效果。（如图 3-25 所示）

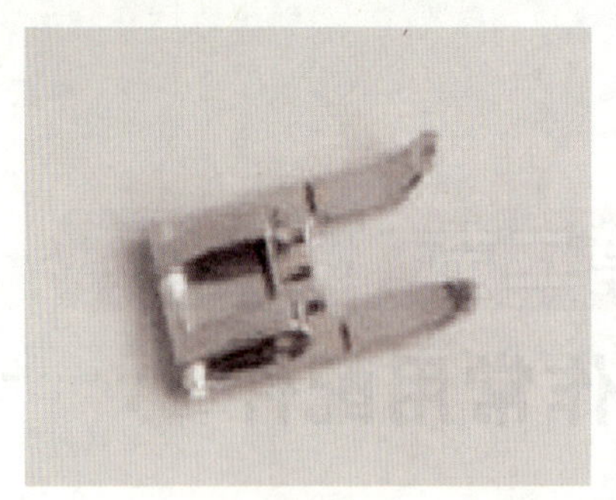

图 3-25　贴布绣开口压脚效果图

4. 打摺压脚

上下两层布料缝合时，底层布料自动走出抽摺效果，适合细花边和褶边的效果缝制。（如图 3-26 所示）

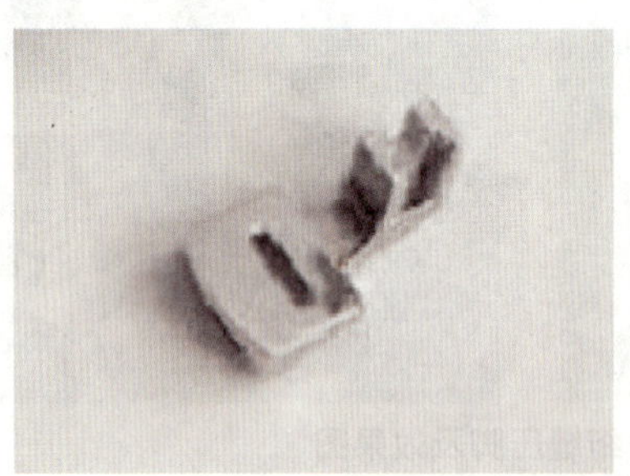

图 3-26　打摺压脚及效果图

5. 塔克压脚

压脚上带有特殊的等距离槽孔，配合机器自带的双针可以在薄料上缝出美观的等距离抽褶线迹。（如图 3-27 所示）

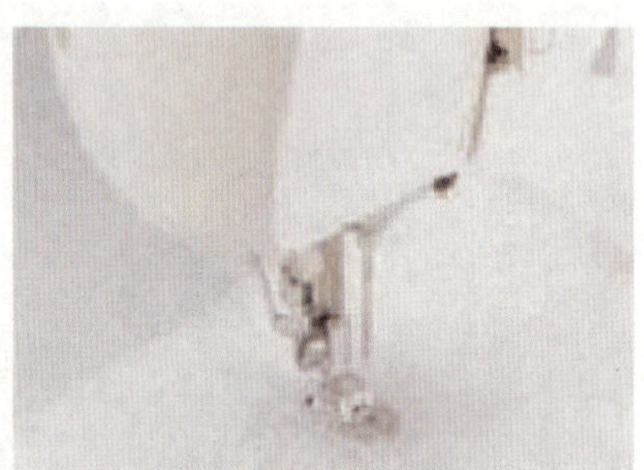

图 3-27　塔克压脚及效果图

6. 带尺压脚

压脚上带有等距离的刻度标尺方便进行精准的定位及缝制导向，可以轻松完成等距离的缝边，还可以轻松缝制等距离的平行线或者缝制特定距离的缝边。（如图 3-28 所示）

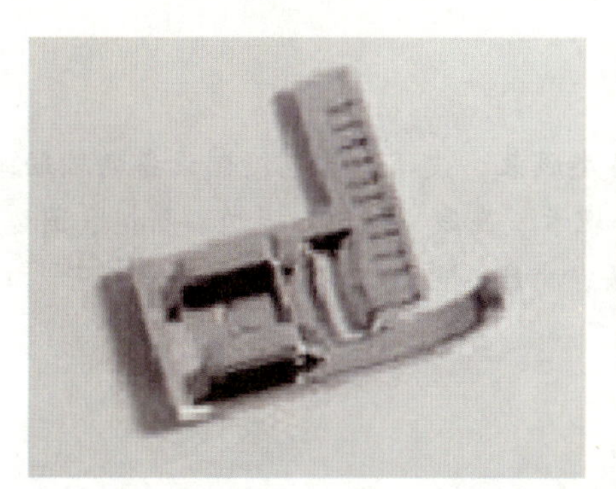
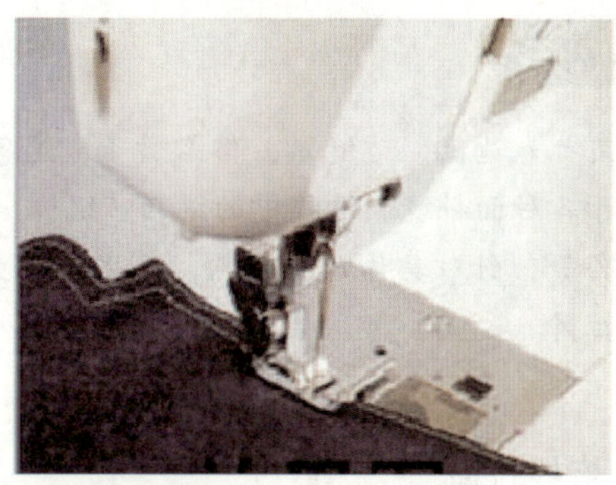

图 3-28　带尺压脚及效果图

7. 锁边压脚

压脚上带有特殊导板用来对齐布边，可缝制出美观的包边线迹。（如图 3-29 所示）

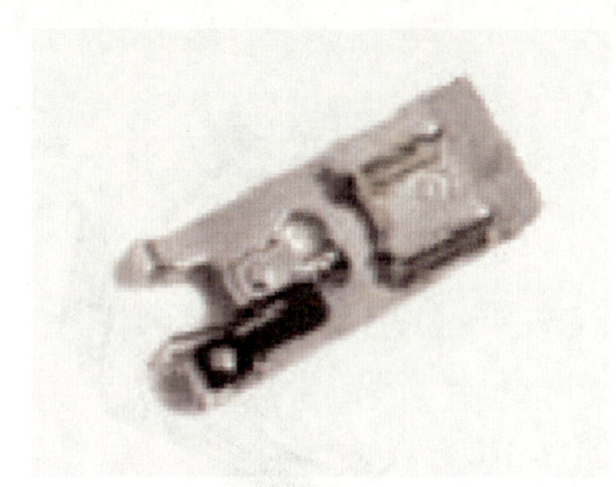
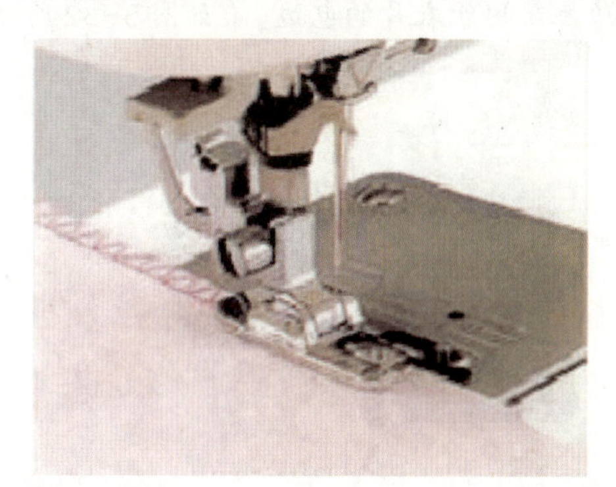

图 3-29　锁边压脚及效果图

8. 卷边压脚

用来辅助完成专业效果的筒状卷边，可以将布料边缘卷起细小的筒状波浪边，并用曲折缝针迹进行缝合。经常用在一些轻薄的织物上制作贝壳状的卷边效果，美观又实用。（如图 3-30 所示）

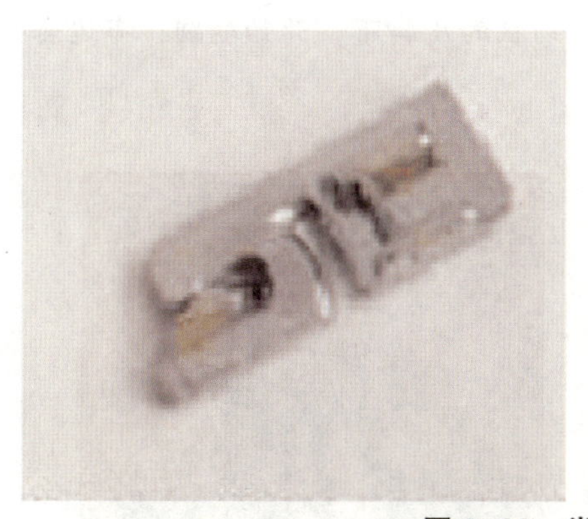
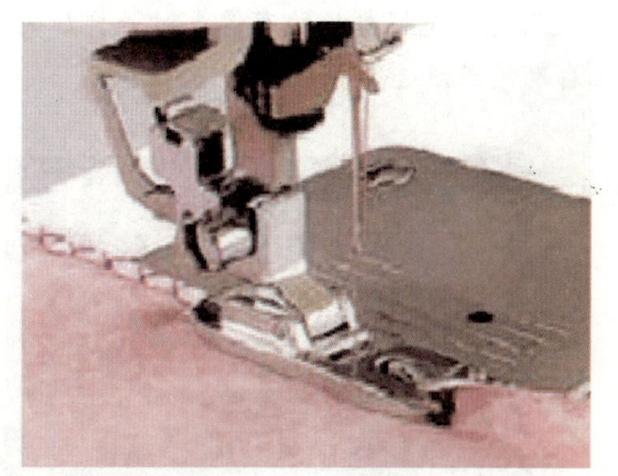

图 3-30　卷边压脚及效果图

9. 拉筒

拉筒又称卷边器、边缝器，俗名嘴子，是各类服装、皮革、箱包缝制设备的辅助工具。拉筒主要用于各种面料缝制过程中的绲领、绲边、埋卡、嵌线、包边、卷边、折边、围边、拉脚、拉带、贴条等，针对具体产品结构，派生出裤头、裤腰、耳仔、高头、毛巾、绳子、口袋、裘皮等专业拉筒。

（1）嵌线拉筒

用于衣服的领边、门襟、分割缝等部位的装饰或家纺产品中拼接处的装饰。（如图 3-31 所示）

（2）包边拉筒

包边拉筒用于衣片的包边。（如图 3-32 所示）

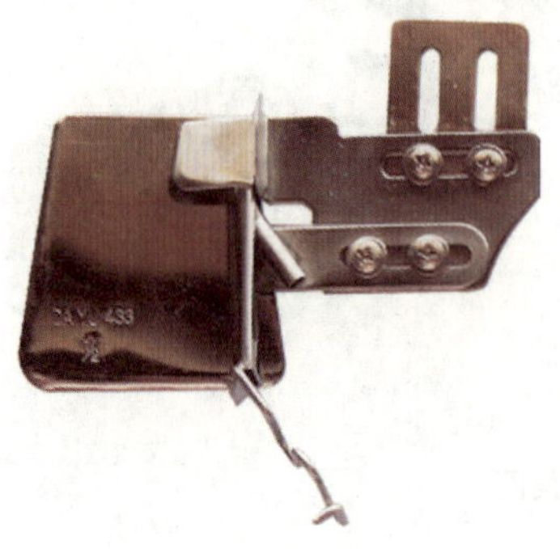

图 3-31 嵌线拉筒

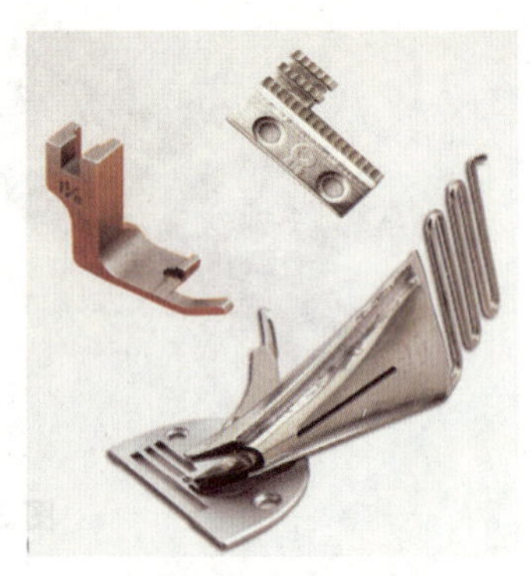

图 3-32 包边拉筒

10. 定规器

用于服装的辅助缝制，根据需要可设定不同宽度的缝份，使缝制物在缝制过程中的缝份宽度一致。使用时，先将要压的布像平时一样压到缝纫机的压脚下，开始缝纫，布边会靠在规块的挡边上自动修正线迹。（如图 3-33 所示）

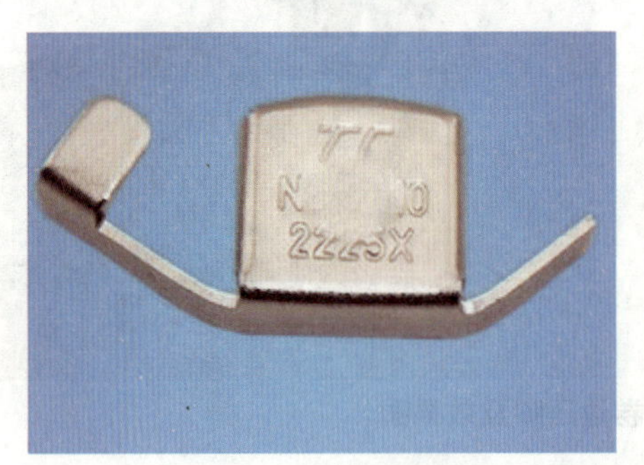

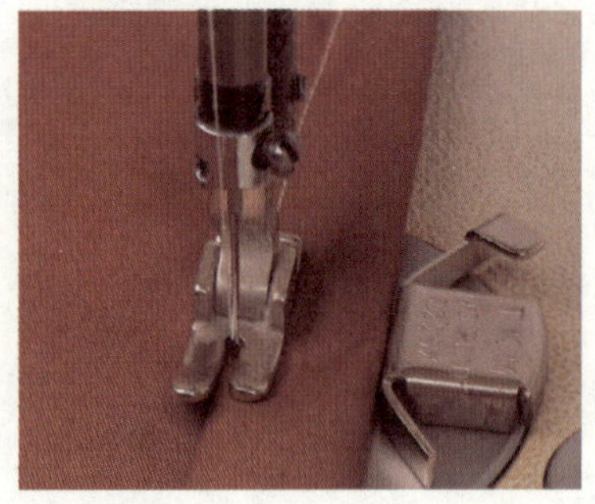

图 3-33 定规器及使用过程

第三节 服装制作常用材料

服装材料是构成服装的所有用料，包括服装面料和辅料。面料是体现服装主体特征的材料，是构成服装的基本用料和主要用料，不同的面料性能不一样，不同的服装对服装面料有不同的要求。辅料是服装的构成材料中除面料以外的其他服装材料及包装材料的总称，包括里料、衬料、填充料、扣紧材料、缝纫线、装饰材料等。辅料用来衬托服装，以达到设计要求，起着装饰、保暖、缝合、扣紧、衬垫等作用。

一、常用服装面料

服装面料品种繁多，按织造方法的不同可分为机织物、针织物、非织造布等。本节简单介绍机织物中的棉、毛、丝、麻、化纤、纯纺、混纺、交织物的类别及其特点，目的是能让初学者在服装制作中更好地运用面料。

1. 棉织物

棉织物即是一种以棉纱线为原料的机织物，由于组织规格的不同及后加工处理的方法不同而衍生出不同的品种。棉织物具有穿着柔软舒适、保暖、吸湿、透气性强、易于染整加工等特点。棉织物包括纯棉、棉混纺、棉交织及化纤棉织物等。（如图 3-34 所示）

图 3-34　棉织物

常用棉织物的主要特征、用途见表 3-1。

表 3–1　常用棉织物的主要特征、用途

类别		特征	主要用途
平纹组织	平布	表面平整，结构紧密，有粗平布、中平布、细平布之分。粗平布：表面粗糙、手感厚实、结实耐用。细平布：质地稀薄、布面均匀、手感柔软	上衣、裤子、衬衫及夏季服装等
	府绸	质地轻薄、结构紧密、布面光洁、手感滑爽	衬衣、风衣、外衣等
	麻纱	布面纵向呈现宽窄不等细直条纹的轻薄棉织物，条纹清晰，爽薄透气，穿着舒适	衬衣、裙子等
	巴厘纱	质地稀薄、布孔清晰、透明度强、手感轻盈挺爽，透气性好	衬衣、裙子等
	细纱	结构紧密、布面光洁、手感柔软、轻薄似绸	衬衣
斜纹组织	卡其	质地紧密、织纹清晰、手感厚实、挺括耐穿	工作服、制服、裤子、外衣等
	华达呢	多为纯棉或涤 / 粘中长纤维等混纺纱线织成。质地厚实、斜纹清晰	外衣、风衣、制服等
缎纹组织	贡缎	布面光洁、富有光泽、质地柔软。有直贡缎和横贡缎之分，是棉织物中的高档产品	上衣、裙子等
起绒织物	绒布	表面蓬松有绒毛，手感柔软、保暖性好、吸湿性强、穿着舒适。产品有单面、双面和厚薄之分	
	灯芯绒	布面呈现灯芯状绒条，绒条丰满、质地厚实、耐穿耐磨、保暖性好	
	平绒	织物布面有短密、平整的绒毛，质地厚实、光泽柔和、手感柔软、保暖性好、耐穿耐磨、不易起皱	
起皱织物	泡泡纱	布面全幅或部分呈现凹凸泡泡，状似胡桃壳、外表别致、立体感强、穿着不贴身，凉爽透气	女士外衣等
	绉布	布面有皱纹，质地较为轻薄、富有弹性，穿着舒适	妇女、儿童夏季服装等
	皱纹布	布面凹凸不平类似胡桃壳的起皱效果，手感柔软，外观厚实如呢，经丝光处理后光泽较柔和	衬衣、裙子、睡衣等
色织布	牛仔布	质地较为粗厚紧密、纹路清晰、坚牢耐穿、耐洗	男女牛仔衣裤、裙子等
	牛津布	有原色牛津布和染色牛津布之分。织物易洗快干、手感松软	衬衣
花色线织物	竹节布	采用竹节花色纱线织成。布面呈现不规则分布的“竹节”，具有类似麻织物外观的风格特征，手感较为柔软	女套装、衬衣等
	结子布	采用结子纱织成，布面不规则分布挺凸的结子，立体感强，伴有丰富的色彩效应	女套装、衬衣等
其他织物	烂花布	用耐酸的长丝或短纤维和不耐酸的棉或粘胶纤维的包芯纱或混纺纱织成平布，经烂花工艺处理，使布面呈现透明和不透明两部分，互相衬托出各种花型	女士或儿童的上衣、裙子等
	水洗布	采用染整生产技术使织物加工成类似洗涤后的风格	外衣、衬衣、裙子、裤子、睡衣等
	帆布	经纬纱都用多股线织成的粗厚织物，质地紧密结实、布面平整细洁、手感硬挺、坚固耐磨	外衣、包袋等

2. 麻织物

麻织物是指以各种麻类植物纤维制成的布，具有柔软舒适、透气清爽、耐洗、耐晒、防腐、抑菌等特点。麻织物是以亚麻、苎麻、黄麻、剑麻、蕉麻等各种麻类植物纤维制成的一种布料。一般用来制作休闲装、工作装，它的优点是强度极高、吸湿、导热、透气性甚佳。麻织物包括：纯麻、麻混纺、麻交织及化纤麻织物等。（如图 3-35 所示）

图 3-35　麻织物

常用麻织物的主要特征、用途见表 3-2。

表 3-2　常用麻织物的主要特征、用途

类别		特征	主要用途
苎麻织物	爽丽纱	纯苎麻细薄型织物，平纹组织。织物具有丝般的光泽和挺爽感，略呈透明，是国际市场上名贵紧俏商品	高档衬衣、裙子、抽纱底布等
	夏布	手工织制的纯苎麻布的统称，以平纹组织为主	衬衣、外衣、套装等
	麻交布	泛指麻纱线与其他纱线交织的织物。现专指苎麻精梳长纤维纺制的纱线与棉纱线交织的织物，又称棉麻交织布	衬衣、外衣、抽纱底布等
	涤 / 麻派力司	按毛织物“派力司”风格设计的涤 / 麻混纺色织物	衬衣、外衣、裤子、套装等
亚麻织物	亚麻细布	泛指细号、中号亚麻纱织成的麻织物，以平纹组织为主，紧度中等	衬衣、外套、抽纱底布等
	亚麻外衣服装布	专供制作外衣用的亚麻布。组织有平纹、人字纹、隐条等	外衣
	亚麻内衣服装布	专供制作内衣用的亚麻布。常用平纹组织，紧度中等	内衣

3. 丝织物

丝织物可分为蚕丝、柞蚕丝、人造丝等。丝织物的性能是有光泽，柔软平滑，拉力强，弹性好，不易折皱起毛，不导电，另外还有吸湿、遇水收缩卷曲的特点。真丝织物现在种类繁多，诸如双绉、碧绸、格子纺等，人造丝也有很多种类。丝织物的上述特点使它适于做夏季服装及高雅华贵的礼服。丝织物包括：纯桑蚕丝、化纤长丝及其交织织物。（如图 3-36 所示）

常用丝织物的主要特征、用途见表 3-3。

图 3-36 丝织物

表 3-3 常用丝织物的主要特征、用途

品种类别	特征	主要用途
洋纺	平纹组织，经密较高，质地细腻，平挺轻薄	衬里、饰品等
电子纺	桑蚕丝生织纺类丝织物，平纹组织	夏季服装面料、衬里等
有光纺	有光粘胶人造丝制的纺类丝织物。绸面光泽肥亮，织纹平整	衬衣、里料等
塔夫	平纹组织，高紧度，质地平整紧密，并有丝鸣的熟织丝织物	真丝类塔夫：高档礼服、衬衣、外衣
双皱	生织皱类桑蚕丝织物，平纹组织。织物外观呈现细微的皱效应，并隐约带有横向条纹，手感柔软，富有弹性，穿着舒适，但缩水率较大	衬衣、裙子、围巾等
顺纡皱	桑蚕丝生织皱类织物，平纹组织。织物布面有凹凸起伏不规则的直皱波纹，风格别致，吸湿透气，富有弹性，穿着不贴身	夏季衬衣、裙子等
冠乐皱	织物布面立体感强，弹性、透气性好	衬衣、裙子等
乔其	质地轻薄透明，有明显的皱效应，手感柔软而富有弹性，有良好的透气性和悬垂性	女士上衣、裙子等
双宫绸	平纹组织，绸面呈现均匀不规则的粗节，质地紧密挺括，光泽柔和	衬衣、女士套装等
四维呢	织物表面柔软，富有弹性，光泽柔和，具有明显的横棱效应	衬衣等
锦绸	绸面粗犷、丰厚少光泽，锦粒分布随机又均匀，手感柔糯	衬衣、裙子
素皱缎	纯桑蚕丝织物，缎纹组织，布面富有光泽，有良好的弹性和吸湿透气性，手感柔软光滑	女士晚礼服、衬衣、裙子
金银人丝织锦缎	缎面细洁紧密，花部光泽闪烁，富丽豪华，质地较厚	民族感较强的女士秋冬季外衣、旗袍
乔其绒	有乔其立绒、烂花乔其绒等品种。乔其立绒，织物绒毛耸密挺立，手感柔软，富有弹性，光泽柔和。烂花乔其绒，纱地轻薄柔挺透 明，绒毛浓艳密集，花纹凹凸分明，立体感强	女士衣裙、晚礼服、民族服装

4. 毛织物

毛织物又叫毛料，它是对用各类羊毛、羊绒织成的织物的泛称。它通常适用以制作礼服、西装、大衣等正规、高档的服装。它的优点是防皱耐磨，手感柔软，高雅挺括，富有弹性，保暖性强。它的缺点主要是洗涤较为困难，不大适用于制作夏装。毛织物包括：纯毛、毛混纺、毛交织及化纤仿毛织物等。（如图 3-37 所示）

图 3-37　毛织物

常用毛织物的主要特征、用途见表 3-4。

表 3-4　常用毛织物的主要特征、用途

类别		特征	主要用途
精纺毛织物	凡立丁	平纹组织，呢面条干均匀，织纹清晰、光洁平整，手感柔软、滑爽、活络有弹性，透气性好	夏季衣、裤、裙子等
	派力司	平纹组织，外观夹花细纹。织物手感滑、挺、薄、活络、弹性好，呢面平整	夏季西裤、套装等
	哔叽	斜纹组织，斜纹角度约 45°。呢面光洁平整、斜向清晰，紧度适中，悬垂性好，但长期受摩擦部位易产生极光	制服、套装等
	华达呢	斜纹组织，斜纹角度约 60°。呢面斜纹清晰，质地厚实挺括而不硬，耐磨而不易折裂，有一定的防水性能，极易产生极光	外衣、风衣、制服、便服等
	啥味呢	中厚型斜纹组织，有绒面效应，纹路隐约可见，斜纹角度约 45°，呢面平整、毛绒均净、齐而短，混色均匀，光泽柔和，手感柔软、丰满、弹性好、有身骨，不起极光	春秋季套装、裤料、便装等
	马裤呢	急斜纹厚型毛织物。呢面有粗壮突出的斜纹纹路，斜纹角度 63°~76°，结构紧密，手感厚实而有弹性、丰满、保暖	大衣、便装等
	花呢	综合运用各种设计方法，使织物外观呈现点子、条子、格子以及其他花色效应的毛织物。织物光泽柔和，手感或紧密挺括，或丰满而柔糯，或疏松而活络	套装、上衣、西裤等
	驼丝锦	紧密细洁的中厚型高级素色缎纹毛织物。呢面平整、织纹细致、光泽滋润、手感柔滑、紧密、弹性好	西装、套装等
	精纺女衣呢	女装用料，多为各种联合、变化或提花组织。重量轻、结构松、手感柔软、色彩艳丽	上衣、套装、裙类等
粗纺毛织物	粗服呢	以棉经毛纬织成的毛织物。织物表面粗糙、结实耐磨价廉	工作服、学生制服等
	制服呢	一种较低级的粗纺毛织物。呢面可见不明显的底纹、色泽不够匀净，手感粗糙	秋冬制服、外套、夹克等
	海军呢	也称细制服呢。呢面基本上被绒毛覆盖，质地紧密，但身骨密实程度不如麦尔登，色泽净	军服、制服、外衣等
	学生呢	也称大众呢，是一种低档麦尔登。呢面平整、手感柔软、价廉，但易起球、落毛	学生制服等
	麦尔登	品质较高的高紧度粗纺或半精纺呢。织物结构紧密，表面有细密毛绒覆盖，不露底纹，手感丰厚，富有弹性。成衣挺括，不起球，防风、防水、抗寒	大衣、制服、外衣等
	大衣呢	以粗纺为主，表面有各种类型的绒毛覆盖（如平厚、顺毛、立绒、烤花等），质地丰厚、紧密、防风寒	大衣

续表

类别		特征	主要用途
粗纺毛织物	法兰绒	有平纹、斜纹等组织，结构偏松，绒面细腻，质地柔软，手感丰满	春秋季外衣、裤子、裙子等
	粗花呢	粗纺花呢的总称。采用各种组织织成条形、格形、圈圈、点子以及提花、凹凸等各种装饰效应的花式织物。有呢面型、绒面型、纹面型，产品有高、中、低三档	外衣、裤子等

5. 化学纤维织物

化学纤维织物是近代发展起来的新型衣料，种类较多。用化学纤维制造的面料统称为化纤面料，这里主要是指由化学纤维加工成的纯纺、混纺或交织物，也就是说由纯化纤织成的织物，不包括与天然纤维间的混纺、交织物，化纤织物的特性由织成它的化学纤维本身的特性决定。化学纤维具有强度高、耐磨、密度小、弹性好、不发霉、不怕虫蛀、易洗快干等优点，但缺点是静电大、耐候性差、吸水性差。化学纤维可根据原料来源的不同分为两大类：再生纤维和合成纤维。（如图 3–38 所示）

图 3–38 化纤织物

常用化纤织物的主要特征、用途见表 3–5。

表 3–5 常用化纤织物的主要特征、用途

类别	特征	典型品种举例		主要用途
粘胶织物	吸湿性、染色性好，手感柔软、色泽艳丽。普通粘胶织物的悬垂性很好，但刚度、回弹性、抗皱性、尺寸稳定性差，湿强低	人造棉织物	人造棉平布	夏季女衣裙、衬衣、童装等
			人造棉色织物	春秋季女衣裙、外套、夹克衫、童装等
		人造丝织物	富丝（春）纺等	棉衣、童装、夏季衣裙、衬衣等
			线绨等	外衣
			美丽绸、羽纱	里料
		粘胶混纺织物	粘 / 棉混纺布（粘 / 棉平布、富 / 棉细布等）	夏季女衣裙、童装等

续表

<table>
<tr><th>类别</th><th>特征</th><th colspan="2">典型品种举例</th><th>主要用途</th></tr>
<tr><td rowspan="2">粘胶织物</td><td rowspan="2">吸湿性、染色性好，手感柔软、色泽艳丽。普通粘胶织物的悬垂性很好，但刚度、回弹性、抗皱性、尺寸稳定性差，湿强低</td><td rowspan="2">粘胶混纺织物</td><td>毛／粘混纺布（华达呢、哔叽、粗花呢、制服呢、大衣呢等）</td><td>外衣、套装、制服、便服、大衣等</td></tr>
<tr><td>新型粘胶混纺织物（富纤仿棉布、高卷曲粘胶仿毛织物、中空粘胶针织物等）</td><td>礼服、衣裙、便服、内衣、童装</td></tr>
<tr><td rowspan="4">涤纶织物</td><td rowspan="4">有较高的强度和弹性恢复能力，坚牢耐用，挺括抗皱，易洗、快干、保形性好。但吸湿、透气性差，易产生静电，抗熔性较差</td><td colspan="2">涤纶仿真丝织物（涤丝双皱、涤丝乔其、涤丝缎等）</td><td>衬衣、裙子、礼服、饰品等</td></tr>
<tr><td colspan="2">涤纶仿毛织物（仿毛华达呢、仿毛哔叽、仿毛花呢等）</td><td>西装、套装、便服等</td></tr>
<tr><td colspan="2">涤纶仿麻织物（涤／棉平布、府绸、细布、卡其等）</td><td>套装、夹克衫、衬衣、裙子等</td></tr>
<tr><td colspan="2">涤纶仿麂皮织物（人造高级麂皮、人造优质麂皮、人造普通麂皮等）</td><td>上衣、夹克衫、礼服、风衣、饰品等</td></tr>
<tr><td rowspan="4">锦纶织物</td><td rowspan="4">耐磨性、弹性优异，质轻，强度高，吸湿性较好，但在小外力下易变形，服装褶裥定型较难，穿着易起皱，耐热性、耐光性均较差。品种主要分纯纺（织）、混纺和交织织物</td><td rowspan="2">锦纶纯纺织物</td><td>锦纶塔夫绸等</td><td>里料</td></tr>
<tr><td>锦纶绉等</td><td>衬衣、裙子等</td></tr>
<tr><td rowspan="2">锦纶混纺织物</td><td>棉／粘／毛花呢等</td><td>西服、套装、裙子、风衣等</td></tr>
<tr><td>尼／棉绫等</td><td>外衣、便服等</td></tr>
<tr><td rowspan="3">腈纶织物</td><td rowspan="3">耐光性很好，为户外服装的理想衣料。弹性、蓬松性可与天然羊毛媲美，挺括抗皱，保暖性、耐热性好，色泽艳丽，易保管，但吸湿性、耐磨性、多次拉伸变形后的弹性回复能力差。主要品种分腈纶纯纺和混纺两类</td><td>腈纶纯纺织物</td><td>腈纶女衣呢、腈纶膨体大衣呢等</td><td>女外衣、套裙、大衣、便服等</td></tr>
<tr><td rowspan="2">腈纶混纺织物</td><td>腈／粘华达呢、腈／涤花呢、腈／毛条花呢等</td><td>外衣、西服、套裙等</td></tr>
<tr><td>腈纶驼绒等</td><td>里子、童装、大衣等</td></tr>
<tr><td rowspan="4">氨纶织物</td><td rowspan="4">通常以棉、毛、丝、麻及其混纺包覆氨纶丝织制而成。各类氨纶织物均具有15%~45%的舒适弹性，其吸湿、透气性及外观风格均接近该织物其他原料的同类产品</td><td colspan="2">弹力劳动布、弹力卡其、弹力华达呢等（弹性率15%）</td><td>男女长裤、女士短裤、牛仔裤等</td></tr>
<tr><td colspan="2">弹力劳动布、弹力灯芯绒、弹力卡其、弹力华达呢等（弹性率 10%~20%）</td><td>夹克衫、工作服、牛仔服、紧身裤、紧身裙等</td></tr>
<tr><td colspan="2">弹力细布、弹力塔夫绸、弹力府绸等（弹性率20%~35%）</td><td>滑雪衫、运动服等</td></tr>
<tr><td colspan="2">弹力府绸、弹力细布、弹力纬平针织物、弹力经编织物等（弹性率 40%~45%）</td><td>内衣裤、女胸衣、紧身衣等</td></tr>
</table>

二、常用服装辅料

1. 黏合衬

黏合衬即热熔黏合衬，它是将热熔胶涂于基布上制成的衬。使用时需在一定的温度、压力和时间条件下，使黏合衬与面料（或里料）黏合，达到服装挺括美观并富有弹性的效果。因黏合衬在使用过程中不需繁复的缝制加工，极适用于工业化生产，又符合了当今服装薄、挺、美的潮流需求，所以被广泛采用，成为现代服装生产的主要衬料。

根据基布、热熔胶品种、性质、加工制作方法、性能、应用范围、黏合方法和效果等的不同，其品种多达上千种。服装上常用的黏合衬主要有三大类：机织黏合衬、针织黏合衬、非织造黏合衬。（如图 3–39 所示）

图 3–39　黏合衬

（1）机织黏合衬

机织黏合衬也叫有纺衬，其基布是机织面料。其特点是保湿性能好，能防止面料伸长，与面料黏合性能好。

（2）针织黏合衬

其基布是针织面料。针织黏合衬具有很好的弹性，与针织面料黏合后，能保持针织面料原有的特征。

（3）非织造黏合衬

非织造黏合衬又叫无纺衬，其基布是用一类纤维或混合纤维通过黏合而成的材料。特点是轻、有透气性、保形性好、洗后不皱。

2. 黏合牵条

黏合牵条用于服装缝制过程中某些部位的固定或归拢（如袖窿、领圈、前门襟等），使该部位缝制顺利或缝制后符合人体的立体形状。牵条有直丝黏合牵条和斜丝黏合牵条，根据缝制部位和要求的不同，加以选用。（如图 3–40 所示）

图 3-40　黏合牵条

3. 拉链

拉链是依靠连续排列的链牙，使物品并合或分离的连接件，由拉链头、拉链齿、限位码（前码和后码）或锁紧件等组成，大量用于服装、包袋、帐篷等制品中。（如图 3-41 所示）

拉链按材料的不同可分为：尼龙拉链、树脂拉链、金属拉链等。

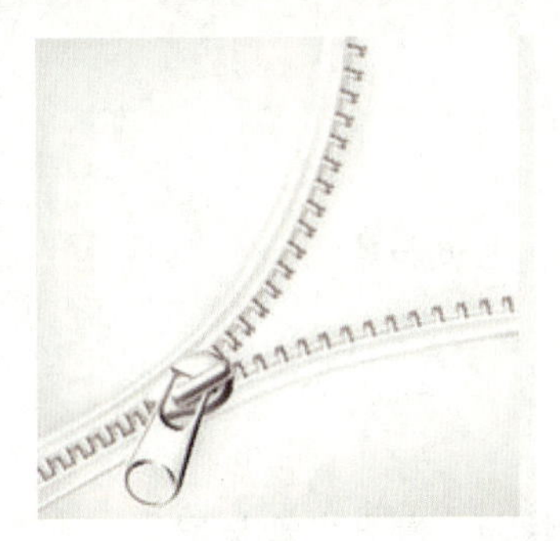
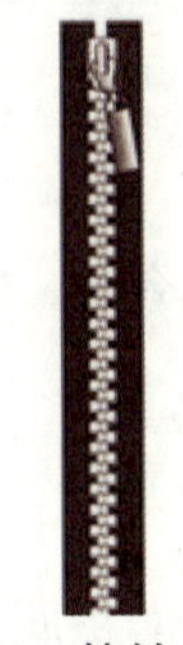
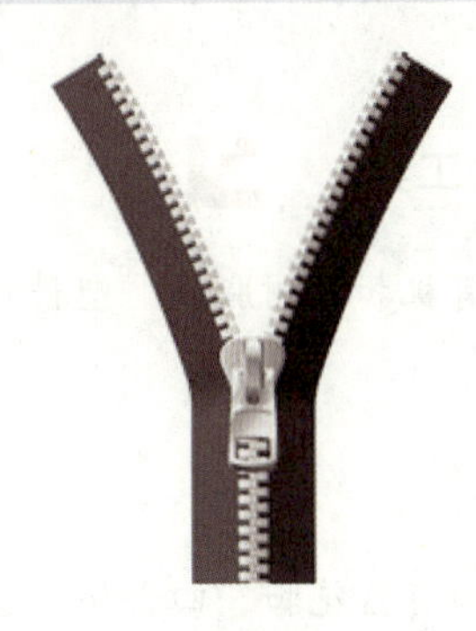

图 3-41　拉链

（1）尼龙拉链

尼龙拉链有隐形拉链、双骨拉链、编织拉链、反穿拉链、防水拉链等。

（2）树脂拉链

树脂拉链有金（银）齿拉链、透明拉链、半透明拉链、蓄能发光拉链、镭射拉链、钻石拉链等。

（3）金属拉链

金属拉链有铝齿拉链、铜齿拉链（如黄铜、白铜、古铜、红铜等）。

4. 纽扣

纽扣是套入纽孔或纽袢把衣服等扣合起来的小球状物或片状物。纽扣不仅能把衣服连接起来，使其严密保温，还可使人仪表整齐。别致的纽扣，还会对衣服起点缀作用。（如图3-42所示）

图 3-42　纽扣

纽扣按材料分类可分为：天然类纽扣、化工类纽扣及其他纽扣。

(1) 天然类

天然类纽扣有真贝扣、椰子扣、木头扣等。

(2) 化工类 

化工类有机扣、树脂扣、塑料扣、组合扣、喷漆扣、电镀扣等。

(3) 其他 

其他纽扣有盘花扣、四合扣、金属扣、仿皮扣、磁铁扣、激光字母扣等。

5. 蕾丝

蕾丝是一种舶来品，网眼组织，最早由钩针手工编织。欧美人在女装特别是晚礼服和婚纱上用得很多。

蕾丝的制作是一个很复杂的过程，它是按照一定的图案用丝线或纱线编织而成。当今服装上使用的所谓“蕾丝”泛指的是各种花边，多数是机器生产的。（如图 3-43 所示）

图 3-43　蕾丝小样

6. 衬垫

衬垫用于服装的特定部位，是为了补正人体体型，使某部位能够加高、加厚从而使服装的外观造型优美或达到某种特定造型而采用的一种成品材料。

常见的衬垫有胸垫与肩垫两种，有时也有臂垫，但不常用。肩垫最为常用，一般用于精做中山装、西装、套装及大衣中。

肩垫也叫垫肩，是垫在肩部的三角形衬垫，作用是加高加厚肩部，使肩部平整，以起到修饰体形的作用。肩垫的造型多样，常见款式如图 3-44 所示。

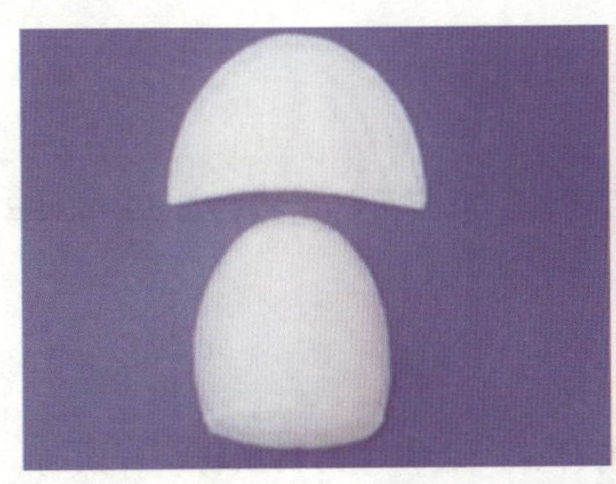

图 3-44　垫肩

垫肩有泡沫垫肩和化纤垫肩两种。泡沫肩垫外形似海绵状，颜色以白色和黄色居多，具有柔软、弹性好、使肩形美观的特点。化纤肩垫外形似棉花，多为白色，具有质地柔软的特点，但弹性稍差。泡沫肩垫不能用高温熨烫，否则容易皱缩变形。

三、黏合衬的选择和使用

黏合衬是指在基布的一面涂上一层热塑性的黏合树脂，通过一定的温度与压力，就可以与其他织物黏合在一起，它的作用有以下几点：

①控制和稳定服装关键部位的尺寸。

②能增强某些面料的可缝性。

③使服装外观挺括、造型优美。

④耐干洗、湿洗，水洗后平整，不起皱、不变形。

1. 黏合衬的结构

黏合衬的构成包括 3 个方面：

①基础材料：也叫基布。

②热塑树脂：一种合成树脂，当受热时熔化，冷却后又回复到其原始的固有状态。

③涂层：一定数量的黏性涂层使树脂能够安全地附在基布上。

图 3-45 展示了黏合衬的基本结构，图 3-46 说明了当黏合衬与其他面料黏合在一起时，树脂是如何粘上去的。黏合后的材料称为黏合布。

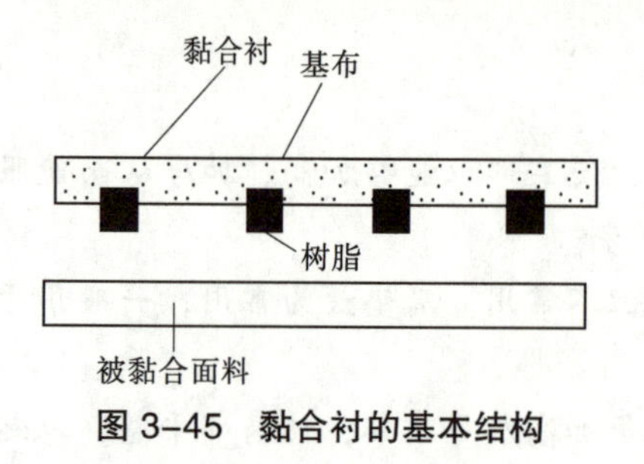

图 3-45 黏合衬的基本结构

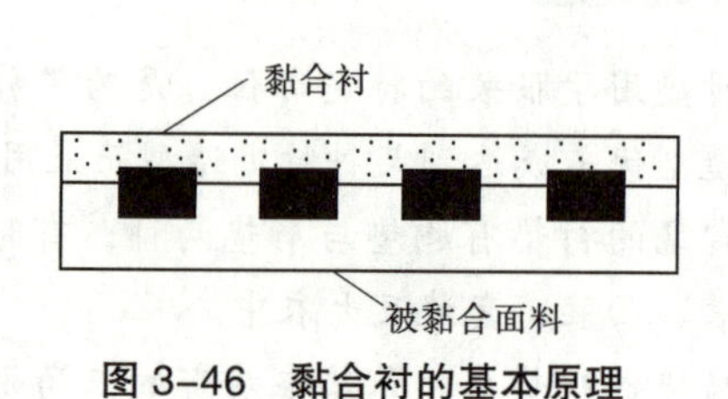

图 3-46 黏合衬的基本原理

2. 黏合衬的分类

（1）衬衫黏合衬

要求耐水洗、缩水率小，硬挺而富有弹性。底布用机织物，用 PE 或 PET 胶。

（2）外衣黏合衬

要求耐干洗及水洗，手感柔软，富有弹性。底布可用机织物、针织物、无纺织物，用 PA、PET 或 PVC 胶。

（3）皮革黏合衬

要求压烫温度低，手感柔软、耐洗性能差。底布用机织物、重纺织物，用 EVA 或 PA 胶。

（4）鞋帽及装饰黏合衬

要求压烫温度低，价格低廉，耐洗性差。底布用无纺织物、机织物或泡沫塑料，可用 EVA、PE 或 PVC 胶。

3. 黏合衬的选择

选择合适的黏合衬主要是为了解决面料与黏合衬的合理配合问题。由于黏合衬的品种繁多，且性能各异，面料在纤维、组织、密度、重量、厚度、手感等方面也千差万别，各有千秋。因此，必须按使用目的和材料选择黏合衬，从而正确地用好黏合衬，使服装达到完美无缺的结果。

黏合衬选择方法的基本思想在于保证使用黏合衬后，服装经消费者穿用不发生质量事故，黏合衬的选择可按下列顺序进行：

（1）预选黏合衬

首先确认所制服装的 4 个条件：服装所用面料、款式，用衬部位要求及服装档次和用途，然后预选黏合衬。

（2）设定黏合工艺参数

根据面料纤维的种类和产品设计的要求，设定适合该面料的黏合温度（例如，天然纤维为 160 ℃，合纤为 140 ℃）；根据面料组织设定压力（例如，机织物为 0.3 kg/cm²，针织物为 0.3 kg/cm²）；根据面料重量、厚度设定压烫时间（参照黏合厂指定的面料重量、厚度限制选定衬布，设定符合该黏合衬标准的黏合时间、条件）。

（3）黏合检测

参照上述设定的温度、压力及标准黏合时间，对所选黏合衬进行如下诸项严格测试：黏合力、剥离强度、黏合剂渗漏情况、手感变化、面料缩水情况、面料外观变化（变色、发毛、印痕、烫光等）。上述测试项目中，当发生异常情况时，要改换黏合衬或黏合条件，再度进行黏合试验。

（4）中间整烫检测

黏合测试结果正常时，对中间和成品压烫主要核实黏合剂渗漏、逆渗漏指标，发生异常时，重复上述测试。

（5）洗涤试验

做符合产品设计要求的洗涤试验测试：黏合力、黏合剂渗漏、手感、缩水率等。异常时，重复上述测试。

（6）决定合适的衬布和使用条件

若上述测试结果无任何问题，则可决定最终黏合衬和黏合条件。

4. 黏合衬的使用部位及技巧

服装用衬部位可分成一般黏合部位和特殊黏合部位两大类。一般黏合主要是为了增强被黏合部位的挺括度和平整度，或起到定形补强作用，所选用的黏合衬按需要而定。特殊黏合主要是为了防止被黏合部位的拉伸变形，其作用跟传统工艺中的牵带作用相同（称之为黏合衬牵带）。

（1）一般部位黏合

一般黏合部位大致有以下 4 个方面：

①边口部位

门里襟、领口、袖口、衩、袋口、底边（指毛呢服装）等部位，这些部位的黏合衬常粘在边口的贴边处。（如图 3-47 所示）

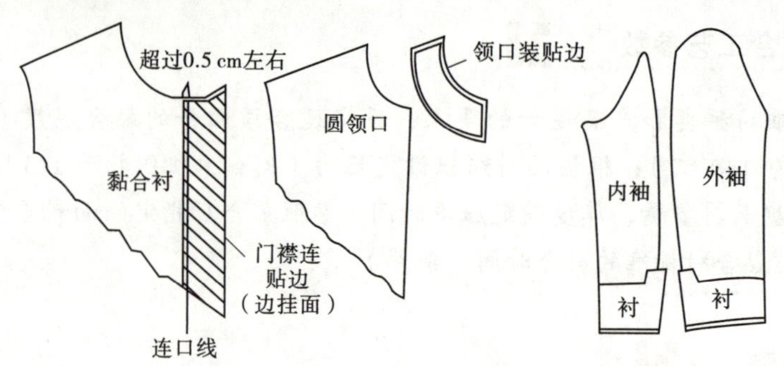

图 3-47　边口部位的黏合衬

②零部件

如领头、驳头、袖克夫、夹克衫登闩、腰带、腰头、袋盖、袋嵌线、门襟盖板、袢等部位。因零部件大都由面里双层布料组成，因此在实际黏合时，可单独粘一层面子，也可单粘一层里子，有时面里两层都粘，这由具体情况而定。（如图 3-48、图 3-49 所示）

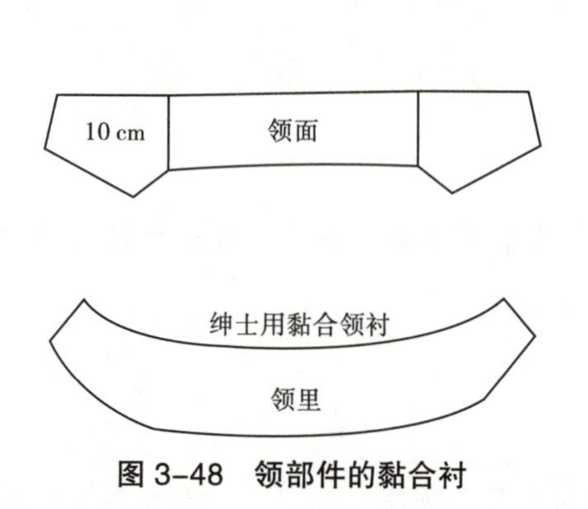

图 3-48　领部件的黏合衬

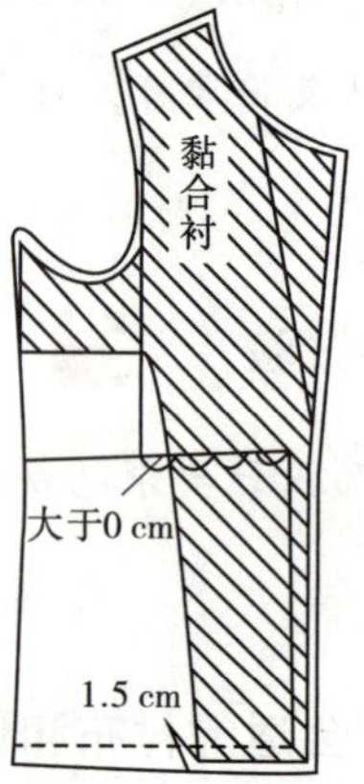

黏合衬
大于0 cm
1.5 cm

图 3-49　前身部位无纵向分割时的黏合衬

③开袋部位

这主要指袋口需要剪开的一类衣袋，黏合衬是粘在大身反面的袋口处，四周应超出 1~1.5 cm。

④上衣前身部位

这主要指以毛呢衣料，或其他较考究的具有一定骨子的衣料制作的大衣、风衣、西服、女上衣的前身部位，一般衬衫及由轻薄料制作的上衣不宜黏合。前身部位的黏合应分 3 种情况：若前身部位无分割，则前身部位的黏合宜大不宜小；若前身部位存在单纯纵向分割，则前半部宜全面黏合，后半部宜粘上段；如图 3-50 所示，若前身部位存在单纯横向分割或纵横交叉分割，则按

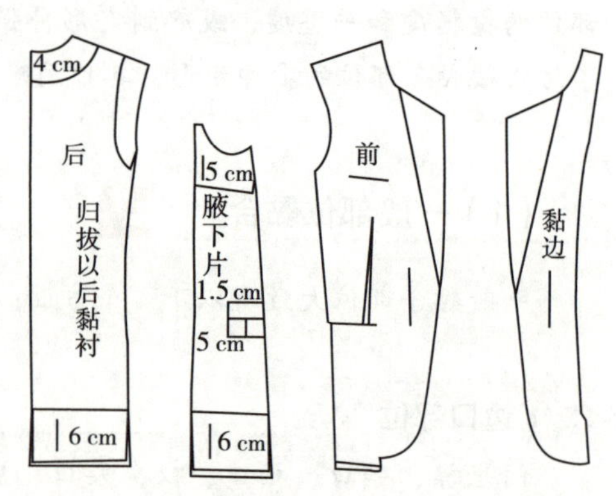

图 3-50　前身部位存在纵向分割时的黏合衬

前两种情况的基本原则进行综合处理。前身部位的黏合还应当考虑黏合衬遇热回缩引起的衣片尺寸变小这一问题，因此在实际操作时，往往将前身事先裁得稍大一些，待黏合后彻底冷却，再用前身样版或纸样将其裁剪修齐。

（2）特殊部位黏合

特殊黏合部位大致有以下 3 个方面：

①受力止口部位

直、横向及斜向受力止口部位和大外弧形及大内弧形受力止口部位：如门襟止口、驳头止口、西裤斜袋止口、上衣圆下摆、裙子圆下摆、裙衩、背衩等部位，宜选择直斜黏合衬牵带。若止口部位无一般黏合，可按图 3–51 所示进行特殊黏合；若止口部位有一般黏合，则可按图 3–52 进行特殊黏合。

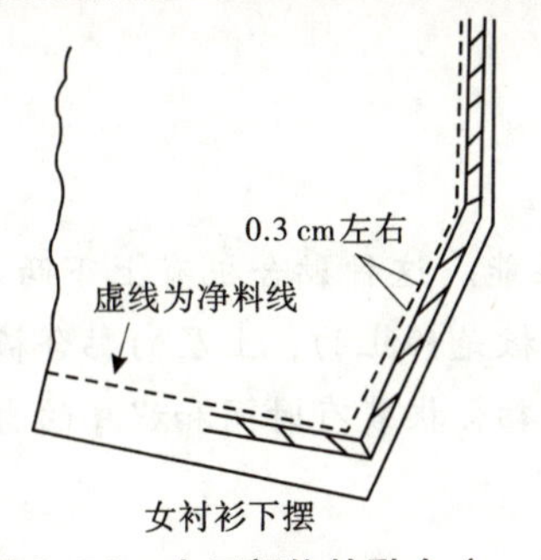

图 3–51　止口部位的黏合（一）

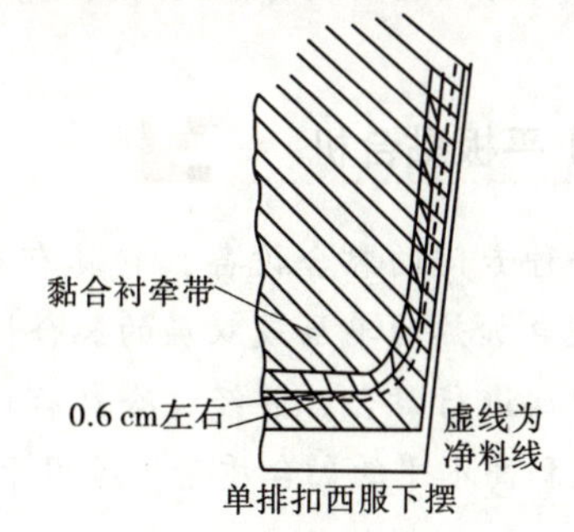

图 3–52　止口部位的黏合（二）

②不宜伸长的斜向或圆弧形边缝部位

主要指毛呢服装的斜向或圆弧形边缝部位，如前后袖笼、后领圈、套肩袖笼等部位。（如图 3–53 所示）

③斜向双层连口部位

如驳头翻折处（即驳口）、领头翻折处等部位。（如图 3–54 所示）

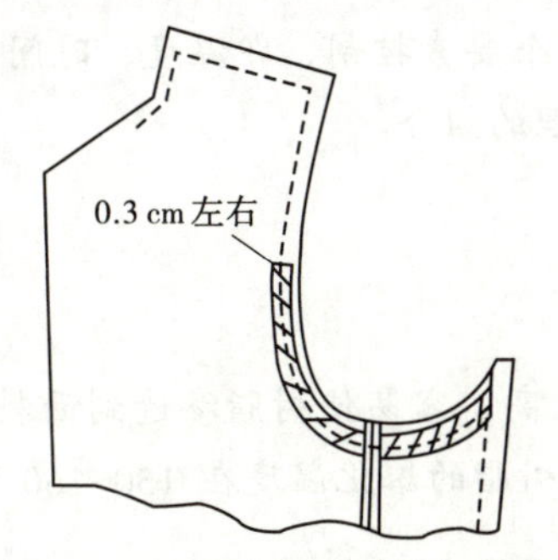

图 3–53　斜向或圆弧形边缝部位的黏合

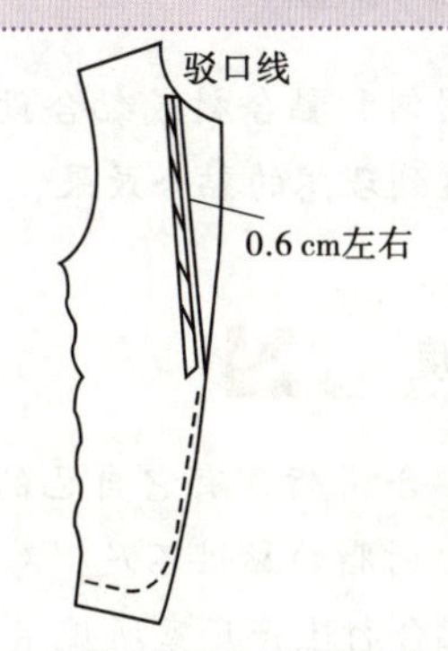

图 3–54　斜向双层连口部位的黏合

四、黏合衬的粘烫方法

1. 黏合设备

常用的黏合设备有3种：蒸汽熨斗、平板黏合机、传送带黏合机。

（1）蒸汽熨斗

常规的蒸汽熨斗不是理想的黏合设备，用它来压烫黏合衬有许多不足：

①对大多数黏合树脂来说，它达不到所需的黏合温度。

②需黏合的衣片尺寸受熨斗底板外形和尺寸的影响。

③熨斗没有装自动控制系统，全部过程需人工操作控制。

④如果树脂通过蒸汽热量就可以熔化，那么，服装在生产中的熨烫过程也可以使它熔化。这样黏合衬的稳定性就有很大的问题。

（2）平板黏合机

是一种专门的黏合设备，它具有多种尺寸、型号和性能。这种黏合机有上下两层黏合板，可以通过电加热为单层或双层的黏合板加热。下层的黏合板是静止的，上层的黏合板在下降时加热，以便进行黏合，并经过冷却后再抬起。大部分平板黏合机装有时间和程序的自动控制装置，能达到高水平的黏合质量，适用于批量生产的服装。

（3）传送带黏合机

传送带黏合机也称连续式黏合机，无论有没有要黏合的衣片它都可以连续地运转。这种设备可以调节传送带的速度、控制黏合的温度和压力，它适合于不同长度和宽度的被黏合材料，可以自动地输入和输出被黏合的材料。较先进的传送带黏合机装有微电脑，可以自动控制黏合的每一个过程，适用于批量生产的服装。

2. 黏合四要素

无论采用何种黏合衬或黏合设备，黏合过程都是由4个要素控制，即温度、时间、压力和冷却。若要达到理想的黏合效果，必须对四个要素进行合理的组合。

（1）温度

每一种黏合树脂都有它自己的有效温度范围。温度太高，容易使树脂渗透到面料的正面；而温度太低，树脂的黏性不足，难以粘到面料上。通常，树脂的熔化温度在130~160 ℃，最佳黏合温度在黏合衬生产厂家所规定的 ±7 ℃之间。

（2）时间

黏合时间是指面料与黏合衬在加热区域受压力的时间，它由以下因素决定：
①黏合衬中树脂熔化温度的高低。
②黏合衬的厚薄。
③需要黏合面料的性质，如厚薄、疏密。

（3）压力

当树脂熔化时，在面料与黏合衬之间需要施加一定的压力，目的是：
①保证面料与黏合衬之间的全面接触。
②以最佳的水平来传递热量。
③使熔化的树脂能以均匀的穿透力与面料的纤维相结合。

（4）冷却

黏合后要进行强制冷却，这样黏合布在黏合后可以马上直接用手触摸。冷却的方法有多种：水冷却、压缩空气循环冷却与真空冷却，将黏合布快速冷却到 30~35℃时的生产效率比操作者等待黏合布自然冷却的生产效率更高。

总之，黏合过程是为服装制作打下良好的基础，只有连续、精确地控制这 4 个要素，才有可能得到理想的黏合效果。

五、常用服装面料的整理

服装面料在织造过程中会出现收缩、拉伸、布丝歪斜等情况，所以，在裁剪前需要对面料进行预整理。若面料不经整理直接进行成衣加工，洗涤后会影响服装的规格尺寸，同时也会改变服装的形状，直接影响产品的外观质量。所以，在裁剪前必须对服装的面、辅料进行整理。服装面、辅料的整理包括预缩、校正布丝和熨平褶痕。

1. 面辅料的预缩

服装面辅料的预缩主要有 4 种：

（1）自然预缩

在裁剪前将织物抖散，在无堆压及张力的情况下，放置 24 h 以上，使织物自然回缩，消除张力。另外，一些有张力的辅料，如松紧带、有弹性的花边等材料，在使用前必须抖松，放置 24 h 左右，否则，短缩量会很大。

(2)水缩

缩水率较大的面料和辅料，在裁剪前，所用的材料必须给予充分的缩水处理。如纯棉、麻织物，可将织物直接用清水浸泡(浸泡时间根据材料的品种和缩水率的大小而定)，然后摊平晾干。若是上浆织物，要用搓洗、搅拌等方法，给予去浆处理，使水分充分进入纤维，有利于织物的缩水。毛织物的缩水有两种方法：一是喷水烫干；二是用湿布覆盖在上面熨烫至微干，熨烫温度在180 ℃左右。一般收缩率较大的辅料，如纱带、彩带、嵌线、花边等，也需进行缩水处理。

(3)热缩

这是一种干热预缩法，有两种方式：

①直接加热法。即用电熨斗、呢绒整理机等对织物直接加热；

②利用加热空气和辐射热进行加热，可利用烘房、烘筒、烘箱的热风形式及应用红外线的辐射热进行热缩。

(4)湿热缩

这是一种利用蒸汽，使织物在蒸汽给湿和给热的作用下，恢复纱线的平衡弯曲状态，达到减少缩率目的的预缩法。一般服装厂可采用在烘房内通过蒸汽压力，让织物在受湿热的作用下自然回缩，时间视材料不同而定，然后经过晾干或烘干方法进行干燥处理。而小批量或单件的服装材料也可利用大烫蒸汽或蒸汽熨斗蒸汽进行预缩处理。

2. 布丝校正

(1)面料的丝缕和幅宽

丝缕是指面料的经线和纬线，又称经纱和纬纱。幅宽是指两布边之间的水平距离，也叫门幅。(如图 3-55 所示)

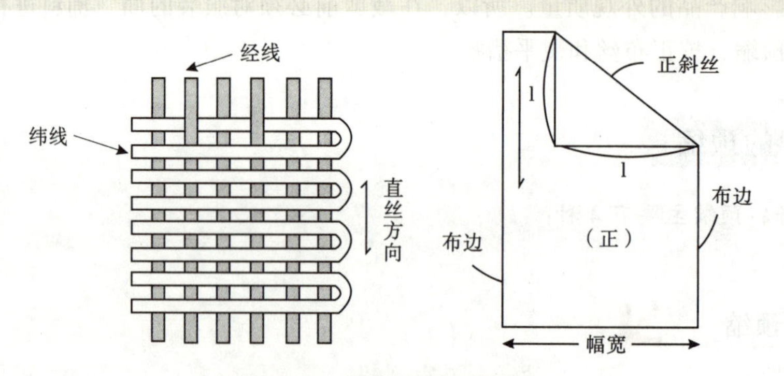

图 3-55 面料的丝缕与幅宽

①布边

面料宽度方向的两侧叫布边，有时会写上织物的名称及织造厂商，稍微有点硬，看上去颜色有点深。

②直丝

直丝也叫经纱，它是面料纵的方向，与布边平行。直丝有不易拉伸的特性（弹性面料除外），由于有这个特性，裁剪时规定使用直丝记号作为基准，在制图或纸样中都要标上直丝的记号，在排料时，样版上的直丝记号都要与面料的直丝对准。

③横丝

横丝也叫纬纱，织布时的横纱，它与直丝垂直。与直丝相比，横丝比较有弹性（弹性面料除外）。

④斜丝

斜丝是斜料的总称，与直丝成 45° 角的斜丝叫正斜丝，斜丝具有容易拉伸的特性。

⑤布幅宽

两布边之间的水平距离叫布幅宽，也叫幅宽或门幅。

（2）丝缕的校正

布丝校正也叫整纬，目的是将歪斜的布丝校正到经纬纱互相垂直。经纬纱若不互相垂直，则要对织物的布丝进行校正。以下介绍手工进行布丝校正的方法及步骤：

①布丝的确定方法

拔出一根纬线，沿纬线裁开，如可撕开的面料，就沿纬线方向撕开。（如图 3–56 所示）

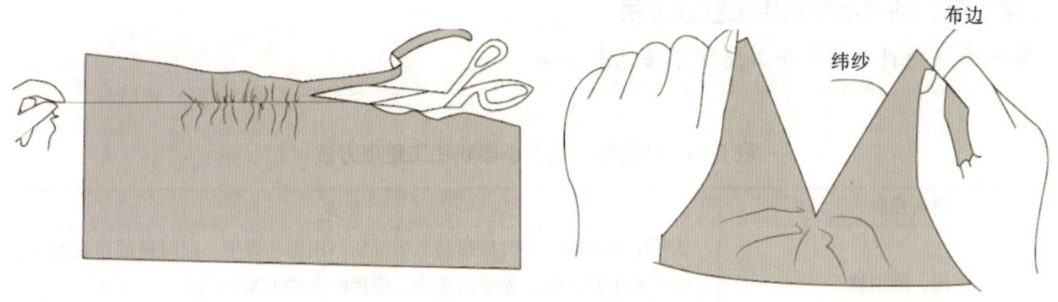

图 3–56 布丝的确定

②布丝的校正

检查面料的经纬纱是否互相垂直，若不垂直，则要进行校正。小面积面料的布丝校正方法如下：先将面料进行预缩，然后将面料放平，用直角尺进行检查，用手拉住布料的对角线，将短的一端拉长，慢慢校正或再将织物喷湿，用熨斗在织物的反面，一边在纬斜的方向拉伸，一边反复用力喷蒸汽熨烫，直至拉到经纬向互相垂直为止。（如图 3–57 所示）

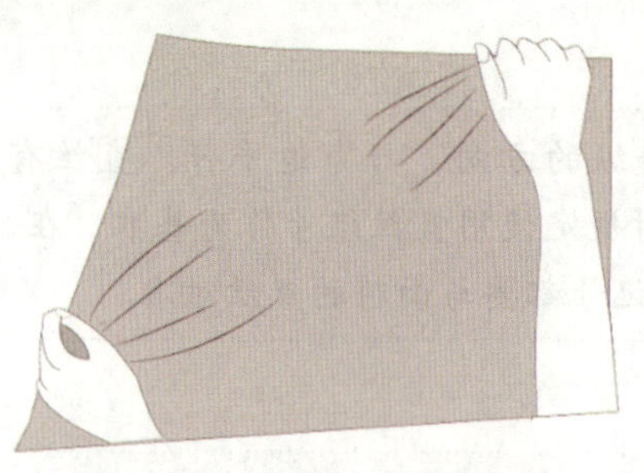
图 3-57 用手拉扯校正布丝

若出现面料布边太紧，可在布边打剪口（如图 3-58 所示），然后用熨斗在面料的反面将面料熨烫平整（如图 3-59 所示）。

大面积织物的整纬，一般采用专业的整纬装置进行整理。

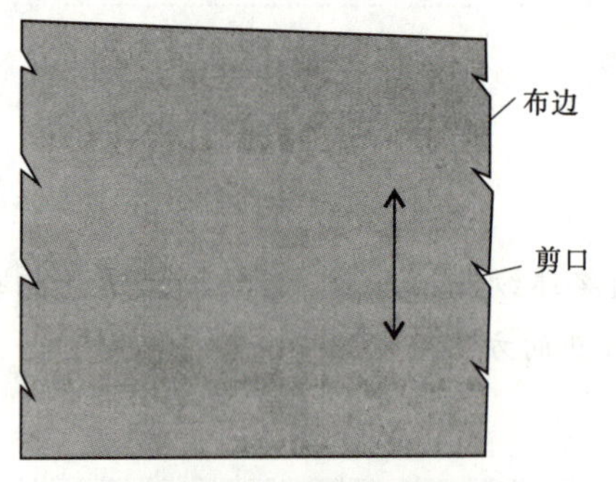

图 3-58 布边打剪口

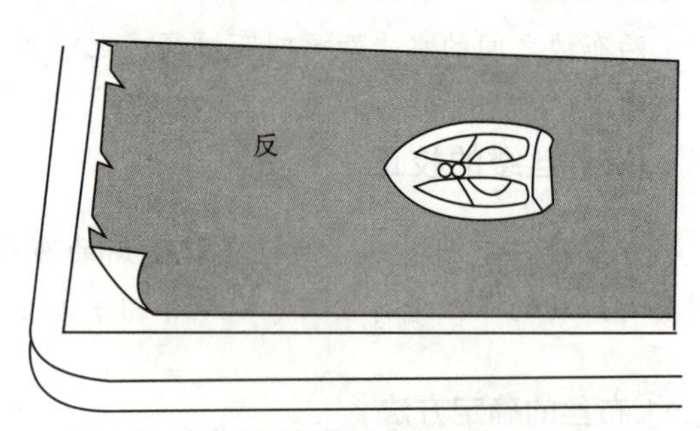

图 3-59 反面熨烫

③常见面、辅料小面积手工整理方法

常见面、辅料小面积手工整理方法见表 3-6。

表 3-6 常见面、辅料小面积手工整理方法

面料品种	要点
纯棉、麻织物	①用清水浸泡 1 小时后捞起至半湿状，用熨斗烫平，同时整理布纹丝向； ②若是上浆织物，先要用搓洗、搅拌的方式去浆； ③若已经仿皱、防皱处理的，则只要用熨斗整纬即可
毛织物	①均匀地喷一些水雾，稍带湿气； ②从反面用熨斗进行整纬熨烫
丝织物	①需水缩的丝织物，浸水 10 分钟左右捞起晾至半干，边整纬边熨平； ②不需水缩的，则直接用熨斗在面料的反面进行整纬； ③薄而下垂感强的丝织物，可用悬挂法整纬，将织物水平悬挂一夜，自然就可矫正布丝
化纤织物	①一般不需水缩，在织物反面垫上湿布边整纬边熨平； ②直接用蒸汽熨斗在织物的反面熨平。要特别注意熨斗的温度

续表

面料品种	要点
表面有立体感的面料（珍珠毛呢等）	①把面料正面相对折叠后，再用蒸汽熨斗边整理上下层的布纹，边轻轻熨烫； ②在两面喷水，让水均匀地渗入织物的组织中，再用熨斗轻轻熨烫
双面布料	①垫布，用蒸汽熨斗烫平； ②在两面喷水，再垫布熨平
长毛织物	将织物正面相对折，熨斗在反面顺着长毛方向不喷蒸汽，只烫去褶皱即可
格子、条纹织物	将织物正面相对折，对齐上下层条纹，用长绗针假缝固定，再用熨斗整纬
有纺黏合衬	不需水缩，但需整纬。采用垫纸卷在木棒上的方法

第四章　服装熨烫工艺

知识目标

了解服装熨烫定型基础知识、意义与作用、熨烫的分类以及熨烫定型的基本条件。测量与裤子结构相关的人体关键部位，掌握手工熨烫的基本方法，并能够掌握普通电熨斗的温度测试与鉴别。

技能目标

充分理解服装归拔工艺的原理，掌握服装部位的熨烫，裤子前后片的归拔、上衣的部位归拔工艺等，同时能够了解蒸汽烫熨设备的分类与构成。

情感目标

使学生建立服装缝制工艺与熨烫工艺的必然联系，了解三分做七分烫的原理，并能有效地进行熨烫、归拔工艺制作。

思维导图

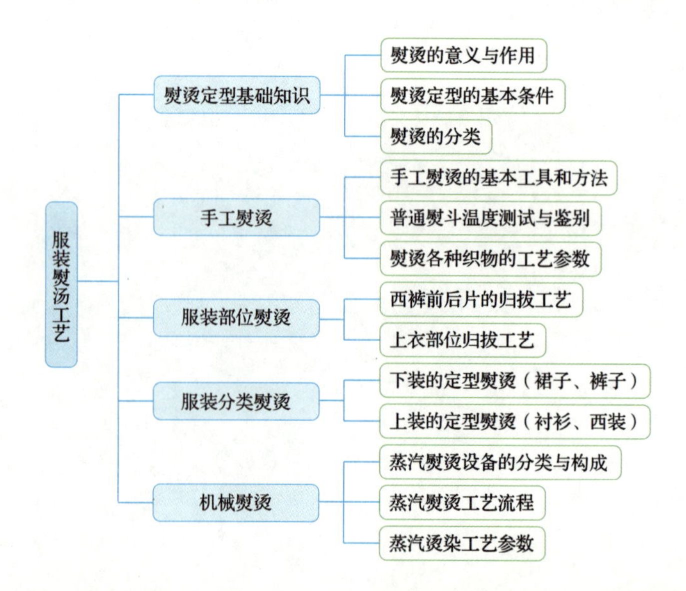

第一节
熨烫定型基础知识

一、熨烫的意义与作用

俗话说:“三分裁，七分做；三分做，七分烫。”可见熨烫在服装工艺中的重要性。服装是穿在人体上的，为使服装能保持平整，挺括，恰当地表现人体曲线，完整地体现造型要求，一方面可通过结构设计进行收省、分割；另一方面可通过熨烫定型进行工艺处理。比如西裤后片，没有经过熨烫定型时，烫迹线是一条直线，穿在人身上便变成了一条曲线；经过熨烫定型处理后，裤片就可符合人体下肢形状，臀部突出，熨迹线顺直，穿着美观、舒适。（如图 4-1 所示）

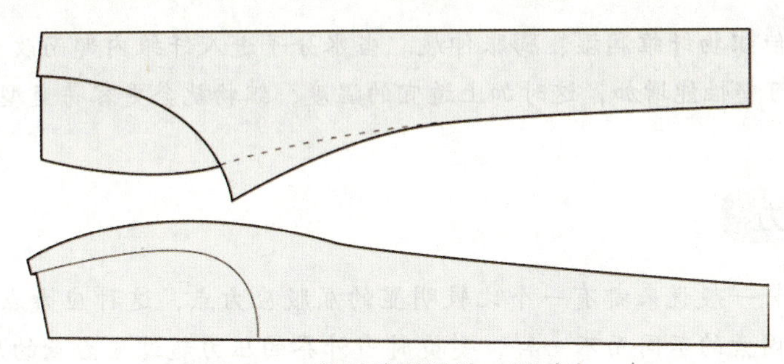

图 4-1　裤后片熨烫前、后对比

熨烫定型是服装工艺的一项重要内容，其主要作用如下：

1. 预缩去皱

服装面料、辅料有不同的缩水率，为掌握其具体的缩水率以便于规格的确定，就有必要在剪裁前对其进行预缩；同时，面料、辅料经常出现皱褶，为保证裁片质量，熨烫去皱也是必要的。

2. 工序熨烫

工序熨烫包括粘衬、分缝熨烫、归拔熨烫等。工序熨烫贯穿在整个工艺的始终，且内容繁多、复杂。通过对每一个部位的熨烫处理，可为服装的整体造型提供保证，对服装的质量起到至关重要的作用。

3. 成品熨烫

成品熨烫分手工熨烫与机械熨烫，它对缝制完成后的服装做最后的定型与保型处理。通过热塑定型，适当改变纺织纤维的伸缩度和织物的经纬度与方向，修正缝制工艺过程中的个别不合要求的部位，以适应人体体型与活动状况的要求，达到外型合体、美观，穿着舒适的目的。

二、熨烫定型的基本条件

熨烫定型的基本条件由以下5个方面构成：

1. 适宜的温度

不同的织物在不同的温度作用下，纤维分子产生运动，织物变得柔软，这时如果及时地按设计的要求进行热处理使其变型，织物很容易变成新的形态并通过冷却固定下来。

2. 适当的湿度

一定的湿度能使织物纤维润湿、膨胀伸展。当水分子进入纤维内部而改变纤维分子间的结合状态时，织物的可塑性能增加，这时加上适宜的温度，织物就会更容易变型。

3. 一定的压力

纺织面料、辅料一般说来都有一个比较明显的屈服应力点，这种应力点根据材料的质地、厚薄度及后整理等因素的不同而不一样，熨烫时当外界的压力超过应力点的反弹力时，就能使织物变化定型。

4. 合理的时间

现代纺织面料变化快，品种繁多，面料性能千差万别，其导热性能更是各不相同。即使是同一种织物，其上、下两层的受热也会产生一定的时间差，加上织物在熨烫时的温度，所以，必须将织物附加的水分完全烫干才能保证较好的定型效果。因而合理的原位熨烫时间是保证熨烫定型的一个关键。

5. 合适的冷却方法

熨烫是手段，定型是目的，而定型是在熨烫加热后通过合适的冷却方法得以实现的。熨烫后的冷却方式一般分为自然冷却、抽湿冷却和冷压冷却。采用哪种冷却方法一方面要根据服装面、辅料的性能确定；另一方面也要根据设备条件而定。目前一般采用的冷却方法是自然冷却和抽湿冷却。

三、熨烫的分类

熨烫从工艺制作的角度可分为:部件熨烫（亦称为小烫）、变形熨烫（亦称为推、归、拔熨烫）、成品熨烫。

1. 部件熨烫

部件熨烫包括衣缝缝合后的烫开分缝，衣服边缘的扣缝。衣领、袖头、口袋等翻向正面后的定位、定型、里外匀等。

2. 变形熨烫

这是一项技术性很强的熨烫工艺，常用于单件服装的加工。它的作用是使衣片的经纬丝绺变形或伸长，称为拔，用符号 △ 表示;使衣片的经纬丝绺变形或归拢称为归，用符号 ⌒ 表示。变形熨烫使面料拉宽或皱缩，常用于裤子的前后片，中山装、西装、毛呢大衣的前后片、袖片、领片等相关位置，通过这种工艺处理，使裁片的轮廓线达到符合人体体型、款式造型要求的目的。

3. 成品熨烫

成品熨烫是指对成品服装的整理熨烫，使服装各部位平整服帖。

从熨烫作业的方式角度又可分为电熨斗手工熨烫、抽湿熨台与蒸汽模型定型流水线熨烫、各种类型的黏合机熨烫。

1. 电熨斗手工熨烫

电熨斗手工熨烫包括调温、不调温两种，通过电熨斗使织物受热，再配以推、归、拔熨烫等一系列工艺技巧以达到热塑定型的目的。

2. 抽湿熨台与蒸汽模型定型流水线熨烫

这种熨烫设备是20世纪90年代的产品，它是利用蒸汽发生器与蒸气熨烫机喷出的高温高压蒸汽对织物加热给湿，使纺织纤维变软可塑，并通过一定的压力使其定型。由于使用蒸汽并高温高压，蒸汽均匀地渗透到织物内部，织物纤维变软，可塑性能加大，织物套在一定规格的模型上，增大了塑型、定型的可能，从而得到极佳的熨烫效果。

3. 黏合机熨烫

随着服装辅料的不断开发，服装黏合的内容、方法也不断地增加，黏合机熨烫对服装大工业生产及产品质量、外观效果等都提供了有利的条件。黏合机熨烫常用于各类面料、里料缩水过程中的烘干烫平，可一机多用，温度、压力、速度可根据需要在规定范围内调整，操作方便，是现代服装生产不可缺少的专业设备。

第二节 手工熨烫

手工熨烫是服装缝制工艺中必不可少的基本工艺，特点为简单易学，灵活富于变化，工艺精湛，效果稳定，特别适宜特体服装与个性化时装的立体造型。

一、手工熨烫的主要工具

1. 电熨斗

市场上销售的电熨斗品种繁多，功能大同小异。常见的有普通电熨斗、调温电熨斗、蒸汽吊瓶电熨斗。前二者功率有 300 W、500 W、700 W 3 种，吊瓶电熨斗功率一般为 500 ~1 500 W。熨烫零部件一般用 300 W 或 500 W 电熨斗，成品熨烫和毛呢料织物归、拔一般用 700 W 以上功率的熨烫斗效果为佳。

2. 烫包

烫包又称烫馒头。烫包一般采用白棉布（夹层绢线）制作，大、小形状不尽相同，有方形的，也有椭圆形的，主要用来垫在服装的胸部、臀部等相关部位，使这些部位熨烫后达到丰满、立体感强的效果。

3. 铁凳

铁凳是铁制的熨烫辅助工具，用棉布棉花锁住铁凳的上层，下层刷漆防止生锈。主要用于毛呢服装熨烫肩缝、袖窿等不便展平熨烫的部位。

4. 水盆、水刷

水盆用来盛干净的清水，用水刷蘸水将局部需要熨烫的部位轻轻涂湿。水刷最好用扁平的羊毛刷，涂水均匀，效果良好。烫布有湿布、干布之分。烫布规格一般为 90 cm × 50 cm 的长方形布块。

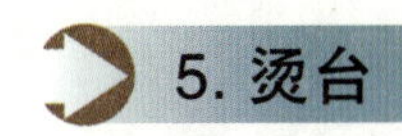

5. 烫台

有专用烫台，亦可自制烫台。烫台按功能可分平烫机、压烫机烫台，按结构可以分为无臂、单臂、双臂烫台，按启动方式可以分为电动和脚踏烫台。整烫台面以“V”字漏斗型风力原理设计，使工作台面吸力强，效果佳。

二、手工熨烫的基本方法

纯棉织物化学性能比较稳定，可以边喷水边熨烫；丝绸织物应在反面熨烫；呢毛织物应盖湿布熨烫；各类化纤织物在熨烫时应盖干布；对新开发的化纤产品可用边角余料试烫后确定温度的高低。熨烫时，熨斗在织物上不要无规则地推来推去（初学者最容易这样做），这样会使织物的经纬纱产生变化，影响熨烫效果，同时使织物产生极光。另一方面也不能在某一处停留时间过长，以免烫黄织物。熨烫时学会双手熟练配合，不握熨斗的手要配合熨斗的走向，帮助把衣料理齐或拉伸、归拢，按照部位熨烫方法，运用轻、重、快、慢、推进、拉伸等各种技巧进行熨烫。

熨斗在湿布上熨烫时，一般移动要慢一些，因为湿布不如干布那样顺滑，掌握不好，容易产生湿布粘着熨斗移动的现象。这时，要将熨斗稍往后退或移动一下熨斗就可以了。另一个原因是熨斗在湿布上熨烫时，湿布产生蒸汽，这时蒸汽温度没有超过 100 ℃（大部分织物都能承受这个温度），如果熨斗走得快，蒸汽还没渗透到织物纤维内就跑掉了。熨斗慢慢移动，蒸汽都渗透到了织物内部，熨烫后的织物光洁如新，且平整挺括。但须注意时间不能过长，否则织物会被烫出极光或烫黄。

三、普通电熨斗温度测试与鉴别（见表 4-1）

表 4-1　熨斗温度的测试与鉴别表

熨斗温度	水珠形状	声音
100 ℃以下	水珠成型不散开	没有蒸发的声音
110~120 ℃	水珠起较大的泡沫而扩散开	发出“哧”的声音
130~140 ℃	熨斗不太粘湿，发出水泡，并向四周溅出小水珠	发出“啾”的声音
150~170 ℃	水珠不起水泡，并立即滚转，很少留在底部	发出“扑叽”的声音
180~200 ℃	熨斗底部完全不粘湿，水珠散开立即蒸发成气体	发出短促的“扑哧”的声音
200 ℃以上	水滴直接蒸发成水气	几乎听不到声音

注：温度越高，蒸发越快，如果在熨烫时发觉有熨斗粘住衣料现象，就表明温度太高了，应立即停止熨烫。

四、手工熨烫的各种织物的工艺参数（见表 4-2）

表 4-2　手工熨烫各种织物的工艺参数

织物名称	温度 / ℃			湿度（湿布含水量）	压力	原位熨烫时间 / 秒
	直接熨烫	垫干布熨烫	垫湿布熨烫			
大衣呢类	160~180	190~220	220~280	110%~120%		10~12
制服呢类	160~180	180~200	220~250	95%~105%		10
法兰绒类	160~180	180~200	200~220	90%~100%		8~10
女士呢类	160~180	180~200	200~220	90%~100%	较厚织物与服装多层部位如领片、驳头、门里、襟止口等加压力	8~10
马裤呢类	160~180	190~210	220~250	90%~100%		10
毛哔叽类	160~180	185~210	220~250	80%~90%		5~10
花呢类	160~180	185~210	210~230	80%~90%		5~10
啥咪呢类	160~180	180~200	210~240	70%~80%		8~10
直贡呢类	160~180	190~210	220~250	80%~90%		8~10
凡立丁类	160~180	180~200	200~220	65%~75%		5~10
长毛绒类	160~180	200~230	250~300	120%~130%		8
府绸类	160~180	175~195		15%~20%		5~6
卡其类	180~200	210~230		15%~20%	一般靠熨斗压力	5~6
灯芯绒类	150~170	185~205		80%~90%		5~6
苎麻布类	160~180	175~195	200~250	20%~25%		5~8
亚麻布类			220~240			
双绉类	160~180	190~200	200~230	25%~35%		3~4
软缎类	165~185	190~200	200~220	25%~35%	轻烫轻压	3~5
柞丝绸类（均在反面熨烫）	150~165	180~190	190~220	5%~10%		3~5
人造棉类	150~170	165~185		10%~15%		3~5
人造毛类			200~230	75%~85%	一般靠熨斗压力	5~6
人造丝类	140~160	165~185		15%~20%		3~4
涤纶织物	150~170	180~190	190~210	70%~80%		
弹力呢	150~170	180~190	190~210	15%~20%	一般靠熨斗压力	3~5
的确良	150~170	180~190	200~220	75%~85%		3~5
涤粘织物	160~180	180~200	200~220	75%~85%		3
涤毛织物						5~6
锦纶织物	120~140	140~160	170~190	15%~20%	一般靠熨斗压力	3~5
薄型织物	125~145	150~170	180~200	70%~80%		5
厚型织物						
腈纶织物	110~130	140~150	160~190	65%~75%		5
维纶织物	125~145	140~150	160~180	5%~10%	一般靠熨斗压力	3~5
丙纶织物	85~105	120~140	150~180			3~4
氯纶织物	45~65	80~90				2~3

说明：①手工熨烫的温度和湿度与织物性能、熨烫方式相关，要熟悉织物性能。

②熨烫压力根据具体情况确定。

③以上参数供学习参考。

第三节 服装部位熨烫

手工熨烫主要是依据人体的部位需要进行的，其工艺形式主要有推、归、拔、缩褶、打裥、折边、分缝、烫平、烫薄、烫成窝势、匀势等。其中推、归、拔工艺性强，作用也最大。

推是归的继续，通过熨斗将归拢的余势推向体型所需的位置，产生定位的效果。归，即归拢。将裁片某部位的织物根据体型的特点缩短，使该部位的周围塑成胖形而具有立体感，穿在身上更加合体。拔，即伸长拔开。其原理同归拢一样。

在熨烫过程中，推、归、拔三者往往是同时进行的，推、归、拔的限度与款式造型有密切的关系。传统的服装归、拔较多，难度较大，同时，归拔的位置、步骤及熨斗的走向均有一定的要求与技巧，下面分别举例说明。

一、西裤前后片的归拔工艺

裤子的归拔又称为拔脚与拔裆。

1. 前片拔脚

①直线型插袋袋口归直，归直后在袋口边沿烫上一条长 22 cm，宽 2 cm 的黏合衬，以免袋口拉伸。

②中裆部位两边稍拔开并向中裆烫迹线部位归烫。注意下裆横裆线部位不要归、拔，防止前窿门部位变形。

③将前裤片对折，这时经过归、拔的侧缝线、下裆线变顺直，脚口平齐，烫迹线变成符合体型的弧线，两片要求一致。（如图 4-2 所示）

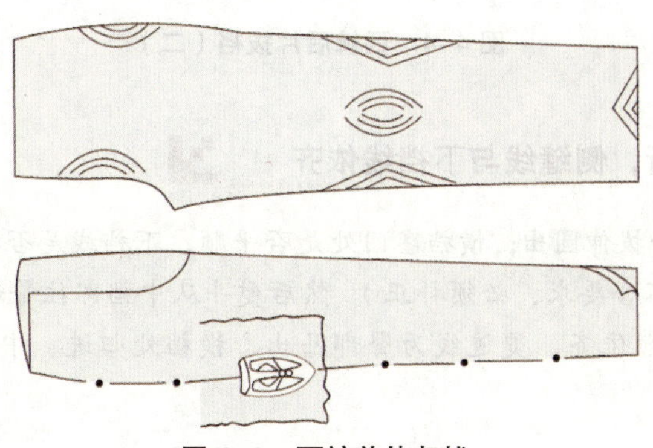

图 4-2　西裤前片归拔

2. 后裤片拔裆

（1）以烫迹线为界，先烫侧缝线一边

将侧缝臀部胖势归直，余势推至臀部省尖处。熨斗从臀部沿侧缝线向裤脚归拔，臀部烫迹线处要用力拔开，中裆以上部位用左手向侧缝方向拉出，使侧缝线变为直线。经过反复熨烫，横裆和中裆部位在烫迹线处要归平，臀部胖势要拔出。（如图 4-3 所示）

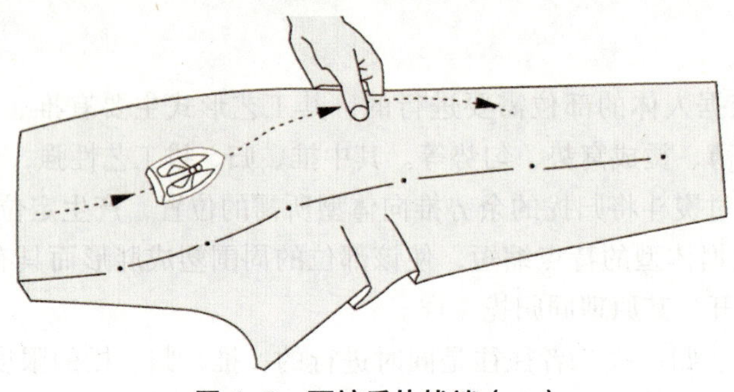

图 4-3 西裤后片拔裆（一）

（2）以烫迹线为界，再熨烫下裆缝一边

熨斗从臀位线处开始沿着烫迹线斜向中裆处拔烫，中裆部位用左手拉出，使下裆弧线变直。熨斗往回走时，将横裆以下部位的余势向烫迹线归烫，要尽力归平，横裆部位下裆线 10 cm 左右处要归拢，在拔烫过程中，防止后裆弧线处往上翘，造成前后窿门不圆顺现象。然后翻转裤片，烫另一片时方法同前。要求两个后裤片经过归拔后丝绺方向、大小一致。（如图 4-4 所示）

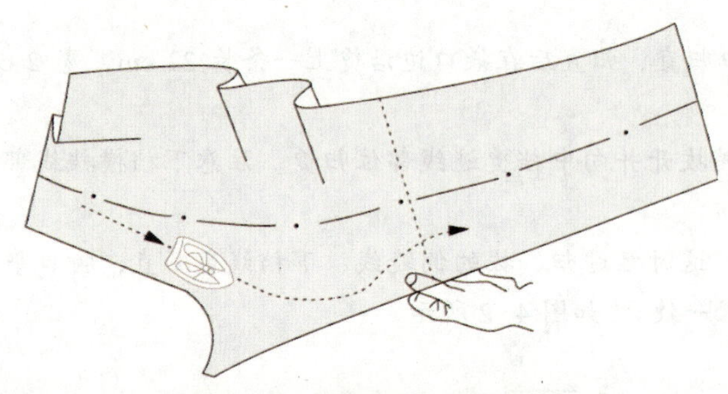

图 4-4 西裤后片拔裆（二）

（3）将后裤片对折，侧缝线与下裆线依齐

这时检查：臀部是否拔伸圆出；横裆窿门处是否平顺，下裆线是否拔成直线；脚口是否对齐且长短一致（如有一点不合要求，必须补正）。然后熨斗从中裆部往臀部处熨烫，要求侧缝、下裆缝依齐顺直，脚口平顺依齐，烫迹线为臀部凸出、横裆处归进、中裆以下顺直。（如图 4-5 所示）

图 4-5　西裤后片拔裆后对折

（4）归拔后的裤子前、后片比较

腹部、臀部符合人体体型，前、后窿门圆顺，裤片脚口线依齐，不能出现长短不齐现象。（如图 4-6 所示）

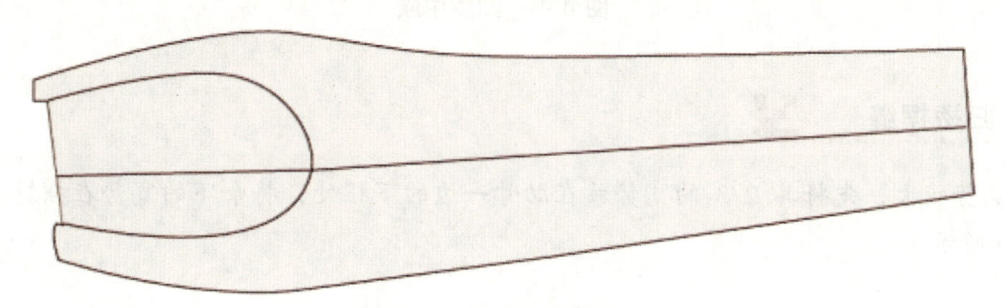

图 4-6　西裤归拔后形状

二、上衣部位归拔工艺

以男西装为例。

1. 前衣片归拔工艺

（1）推烫门、里襟止口

门襟止口靠自身一方，分烫胸省，省尖用针插入烫平烫尖烫圆顺；从胸省向门襟止口推弹 0.5~0.7 cm；将门襟止口丝绺理直烫顺烫平，驳口线中段归拢 0.3~0.5 cm。（如图 4-7 所示）

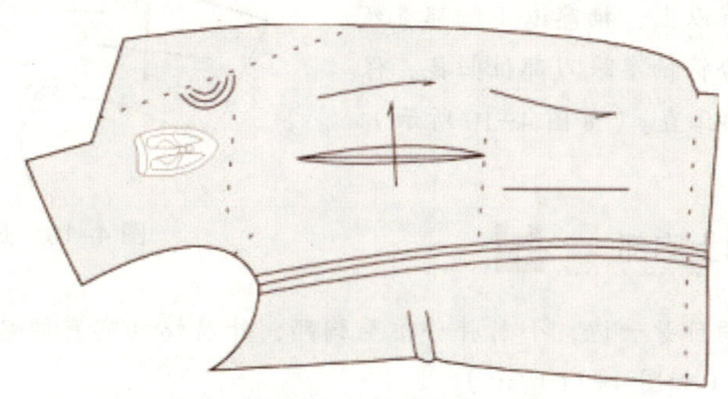

图 4-7　西服前片归拔推烫门、里襟止口

（2）归烫中腰

熨斗从胸省上尖，顺着胸省靠肋省间的一半进行熨烫。同时，熨斗顺着肋省在腰节部位来回熨烫，把肋省的宽势归拢，把肋省熨烫顺直。（如图 4–8 所示）

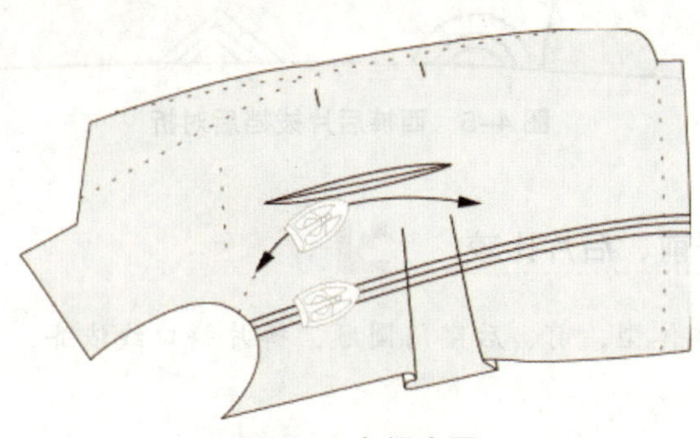

图 4–8　归烫中腰

（3）归烫摆缝

摆缝宽势较大，先将其 2/3 的宽势放在肋骨一边的下摆处，将余下的宽势在摆缝一边归直。（如图 4–9 所示）

图 4–9　归烫摆缝

（4）归烫前胸丝绺、归拢袖窿

将前衣片调头，把前胸部位经纬丝绺归直，胸部中间略推伸，腰节以上、袖窿以下胸部直丝向驳头方向推弹，顺势将袖窿眼刀部位归拢，保证袖窿与胸部经纬丝绺正直。（如图 4–10 所示）

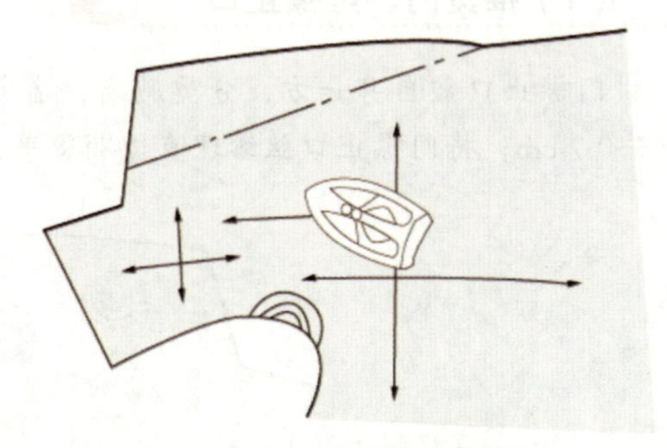

图 4–10　归正前胸丝绺

（5）归拔肩头和上胸部

将上衣前片肩线朝自身一边，小肩胖势推至胸部，外肩端袖窿直丝略上提，同时将领部直丝向肩端拔开 0.6 cm。（如图 4–11 所示）

（6）烫胸下部位

将前衣片止口朝自身一边，将胸部胖势拎起，同时把箭头部位的横丝归正，注意袖窿部位，肋省处的直丝不能向后。（如图 4-12 所示）

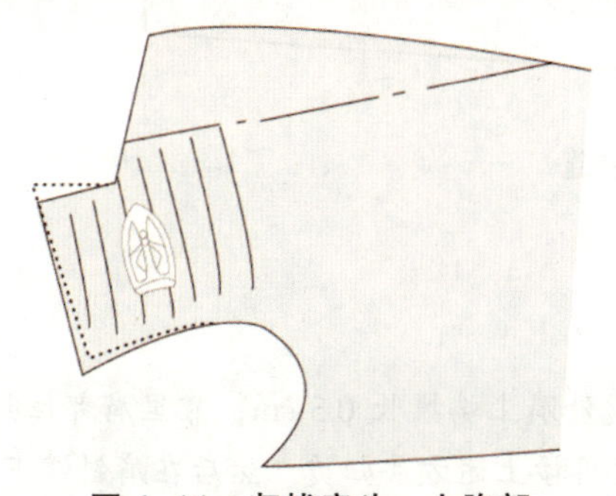

图 4-11　归拔肩头、上胸部

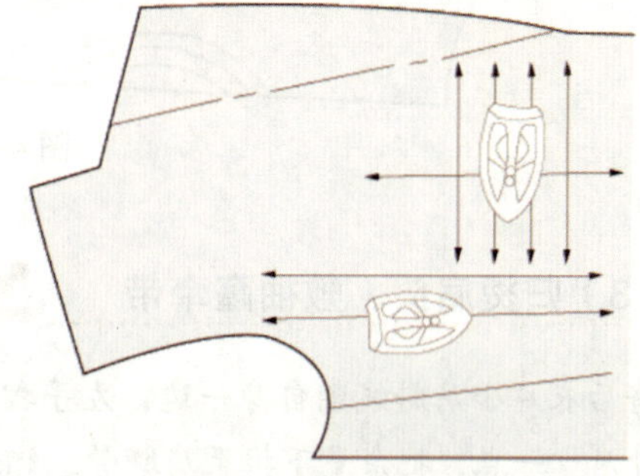

图 4-12　烫胸下部位

（7）归烫底边

归烫底边，把余量推至大袋一半的部位，保证底边不变形。最后把前衣片胸部胖势烫圆顺，并检查横、直丝是否符合要求，两前衣片是否一致。（如图 4-13 所示）

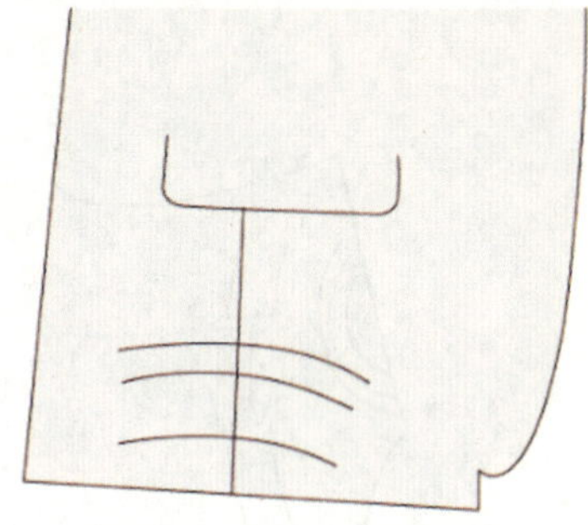

图 4-13　归烫底边

2. 后衣片归拔工艺

（1）归拔肩胛骨与侧缝

将两层后片叠合，侧缝朝自身一边，先将背部肩胛骨处拉伸、拔开，然后左手捏住腰节部位，从后袖窿下端经侧缝上部逐渐归烫，顺势将腰节部位拉出，侧缝下部胖势归直推向臀部，侧缝呈直线。（如图 4-14 所示）

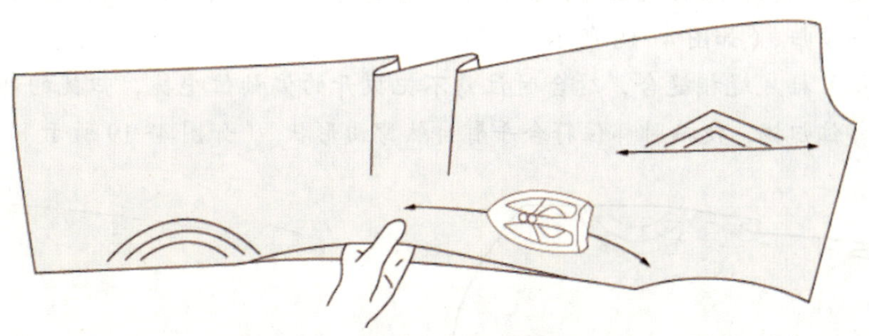

图 4-14　后片侧缝、肩胛骨归拔

（2）归拔背中缝

将背中缝朝自身一边，把肩胛骨处再次拔开，把背中缝胖势归直，余势推至肩胛骨。并将衣片翻过来，按（1）、（2）要求归烫另一边，使后衣片两片一样。（如图 4-15 所示）

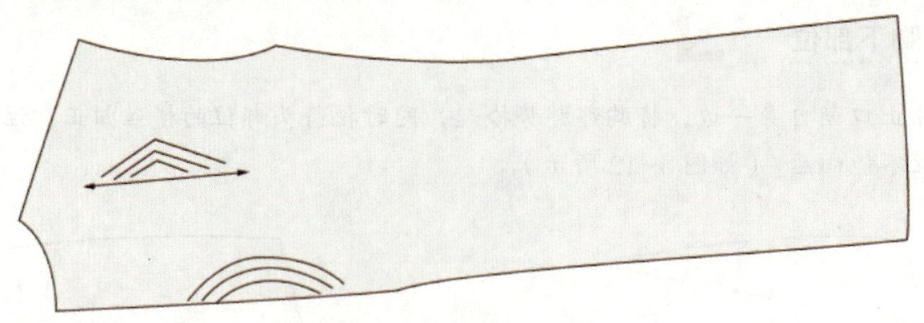

图 4-15　归拔背中缝

（3）归烫肩头、敷袖窿牵带

将后衣片小肩斜线朝自身一边，左手捏住外肩冲肩，外肩上端拔长 0.5 cm，靠里肩部位归多一点，外肩少一点，把余量下推至肩胛骨，翻过来把另一片再按上述方法归烫。然后在肩斜线下 4 cm 至后侧缝径上 2 cm 处粘一条宽 1.5 cm 的牵条，防止归缩部位复原。（如图 4-16、图 4-17 所示）

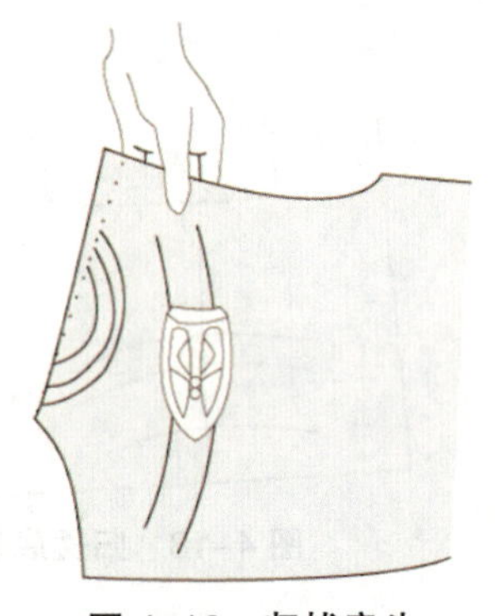

图 4-16　归拔肩头

图 4-17　敷袖窿牵带

3. 袖片归拔工艺

①先把大袖片偏袖、袖肘处拔开，偏袖靠袖山弧线 10 cm 处稍归，袖口略拔开。外偏袖线靠袖山弧线一头稍归。（如图 4-18 所示）

②大、小袖片袖底缝相缝合，缝合时注意不把拔开的偏袖位吃拢，归拢的部位伸开。在袖标线上方中间部位归拢，使袖肘部位符合手臂自然弯曲形状。（如图 4-19 所示）

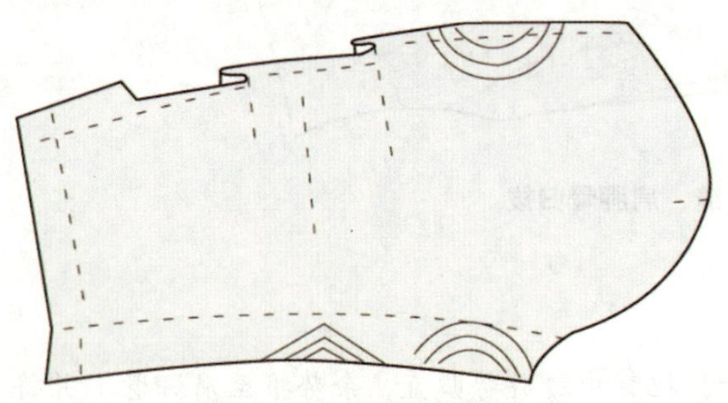

图 4-18　归拔偏袖袖肘

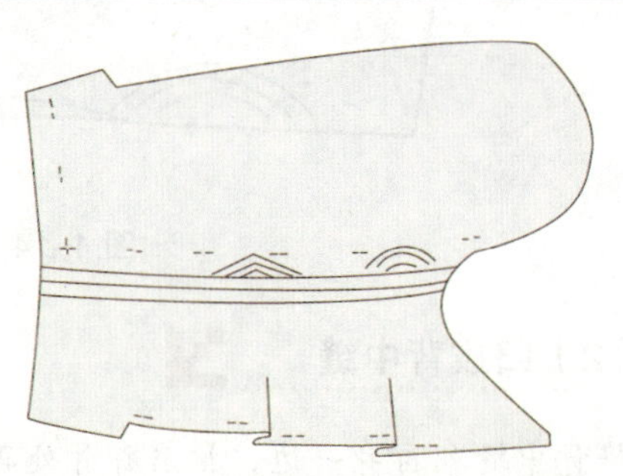

图 4-19　袖标线上方中间部位归拢

第四节 服装分类熨烫

一、裙子定型熨烫

裙子款式多，面料也各种各样，掌握多裥裙与百褶裙的熨烫工艺，其他裙子的熨烫工艺则迎刃而解。

先把裙子翻至反面，将拼缝分开烫平，左手将裙腰稍提起，右手握熨斗由裙子底边往上烫，裙腰上的裥烫成活口，并将裙子底边烫平。然后把裙子翻至正面，套进烫板，用大头针将裙腰固定在烫板上，左手在裙子的底边处，按每个折裥的大小折叠，第一个裥一定要把丝绺理直稍绷紧后用大头针在裙子底边固定，然后逐个把裥叠好，检查一下丝绺是否顺直。如果面料弹性好，还可在裙长中部再插上一根大头针帮助定型。这时熨斗调到能够直接在面料上熨烫的温度，轻轻将裙裥烫一遍，初步定型后，再升温到垫湿布熨烫的温度，先垫一层干布，再垫一层湿布熨烫。这时一般先烫裙子的中部，然后再拔掉大头针将腰头与底边烫平服。烫完后要 用衣架将腰头架住挂起。（如图 4–20 所示）

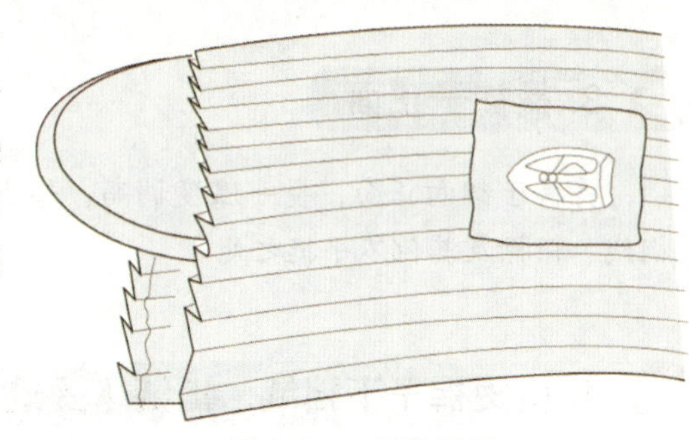

图 4–20　裙片烫褶

二、裤子定型熨烫

1. 熨烫裤腰头

将布馒头塞进裤腰，熨烫顺序为：左后腰→左前腰→右后腰→右前腰（目前，男、女裤子基本上是全装腰头，以男裤为例）。将熨斗温度调至面料盖湿布熨烫时所需的温度，将湿布垫在裤腰上，按程序熨烫至左右前腰时，注意将折线理直至臀围线；烫后袋口时，嵌线、袋盖要烫方正，不要烫出纽印。（如图 4–21 所示）

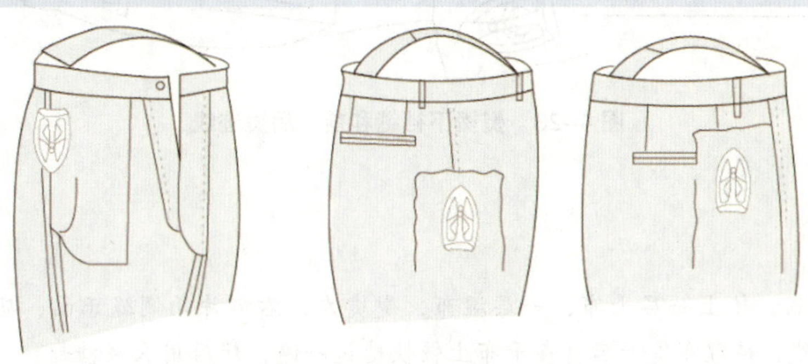

图 4–21　熨烫裤子门襟、腰头

2. 翻烫裤子反面

把熨斗温度降至直接熨烫的温度，按顺序熨烫：

①分别熨烫左、右裤腿。分烫侧缝→烫裤腿前片与大袋布→分烫下裆缝→烫裤腿后片与后袋布。

②烫裤腰里。

③分烫后裆缝与门、里襟。（如图 4-22 所示）

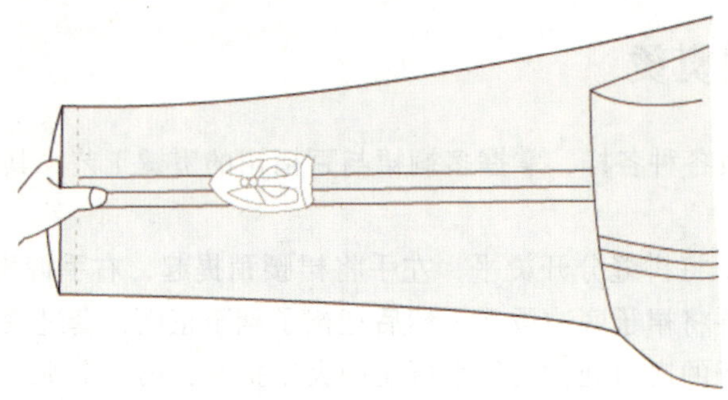

图 4-22　分烫下裆缝、侧缝

3. 烫裤子正面

将裤子翻向正面，熨斗温度调高，垫上干布熨烫，修正裤腰正面的较厚处如袋口、裤子折裥线、门襟及其他不平挺之处。

4. 熨烫裤子下裆缝、挺缝（烫迹）线

将侧缝与下裆缝线上下对正，裤脚口平直，裤窿门圆顺烫平，前片挺缝线与第一个褶裥自然接上，后裤片挺缝线烫至离裤腰 10 cm 处，前、后挺缝线要烫顺直。（如图 4-23 所示）

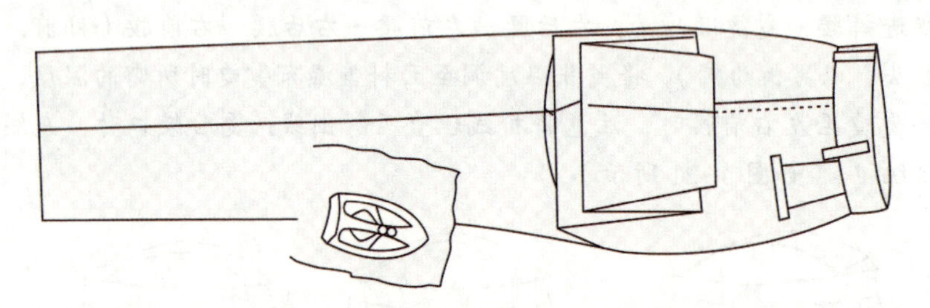

图 4-23　熨烫下裆缝和前、后烫迹线

5. 整烫

熨斗温度调高，垫上一层干布，一层湿布，熨烫左、右裤片的侧缝正面，从裤脚口往上烫，再烫前、后挺缝线，待湿布烫干后再在干布上较快地过一遍，然后用衣架挂起。（如图 4-24 所示）

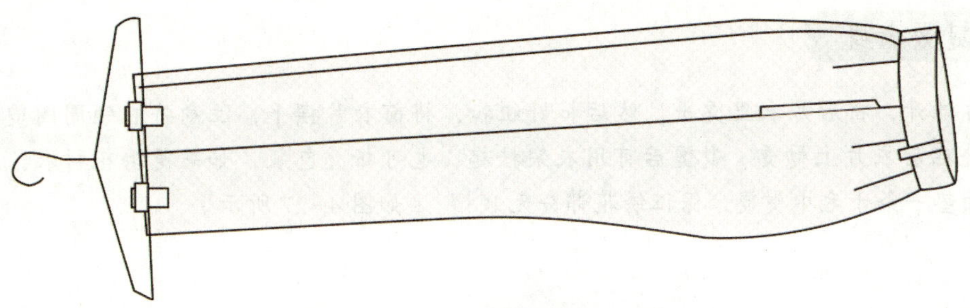

图 4-24　整理定型

三、男式衬衫熨烫

1. 烫前襟和袖子

先烫左右前襟贴边，然后烫袖口贴边和衣袖，衣袖以袖底缝合线为准，将衣袖烫扁、烫平，先左袖、后右袖。（如图 4-25 所示）

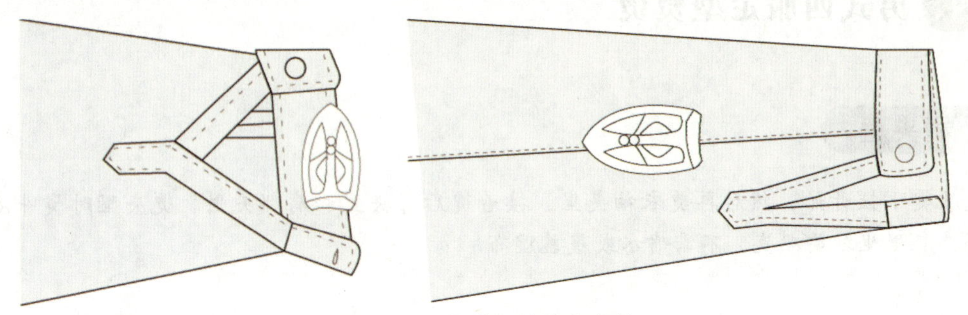

图 4-25　烫袖口贴边和衣袖

2. 烫衣领和小肩

熨烫衣领时左右领脚要熨烫成向里的窝势，左右对称。领后端要按倒烫实，领围要烫成圆型，接着把小肩部位烫实。（如图 4-26 所示）

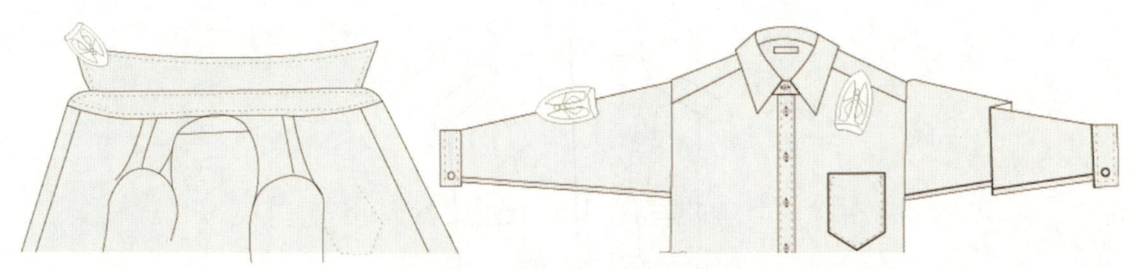

图 4-26　烫衣领、小肩、袖侧缝

3. 熨烫衣身

前片摊开，将后片衣里烫平，然后扣好纽扣，将前衣片摆平，注意将衣领周围烫平，再将前衣片叠在后衣片上熨烫。熨烫后可用衣架挂起，也可折叠包装，如果是绣花衬衣，在绣花部位的下面垫一条干毛巾熨烫，保证绣花部分无皱褶。（如图 4–27 所示）

图 4–27 熨烫衣身

四、男式西服定型熨烫

1. 烫夹里

先从烫下摆开始，然后再烫衣袖夹里，接着烫后背夹里和肩部夹里。烫夹里时熨斗温度不宜过高，衣里坐缝要顺直，不需喷水或覆盖湿布。

2. 烫衣服下摆、后背

下面垫塞“大馒头”，熨烫时覆盖湿布、干布各一块，干布紧贴衣服，湿布放在干布上，两层盖布一起烫，然后拿掉湿布，将干布上的湿气烫干。背部腰节以下平烫，左右侧缝中腰部位平烫，上下段归烫。（如图 4–28 所示）

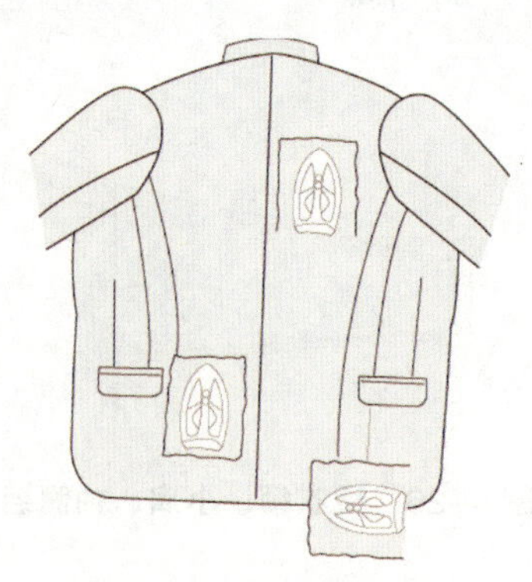

图 4–28 烫下摆、后背

3. 烫左右两侧摆缝

将馒头移到摆缝下面，中腰部位丝绺拉直，收腰处前身丝绺朝前，后腰部位摆成弯势，衣服上盖干、湿两层烫布，上下段做归势熨烫，烫布要拉挺，中腰部位做平烫。（如图 4-29 所示）

4. 烫前身止口

将止口靠熨烫者一方放平，调顺止口丝绺，盖上湿布再盖干布，用力压烫，不要来回拖动，不要烫到口袋，以免影响口袋胖势。（如图 4-30 所示）

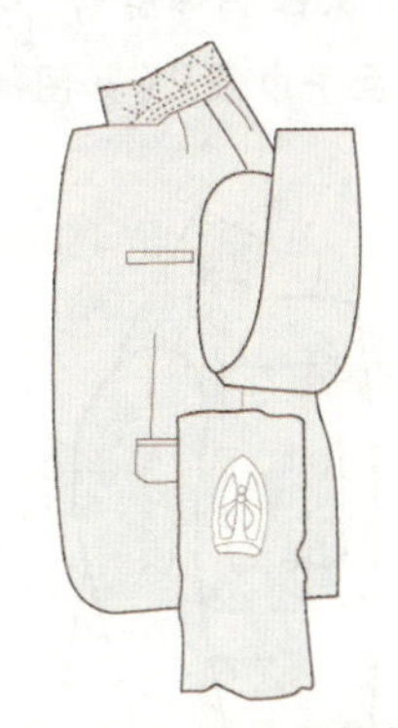
图 4-29　烫两侧摆缝

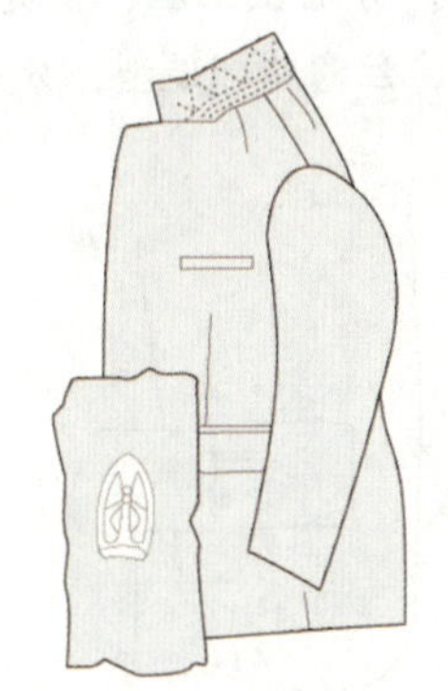
图 4-30　烫前身止口

5. 烫驳头止口

下垫“布馒头”，理顺驳头丝绺，分别盖上干、湿布用力压烫，然后拿掉“布馒头”，前片放平，在止口下部分盖上干、湿烫布再用力压烫，注意门里襟止口处成窝势。（如图 4-31 所示）

6. 烫止口反面

把“馒头”拿掉，止口在垫布上放平，上盖干、湿布两块，烫时稍用力，把止口烫薄、烫平。注意把垫布中的水气烫干，利用垫布上的热气，把止口烫出窝势。（如图 4-32 所示）

图 4-31　烫驳头止口

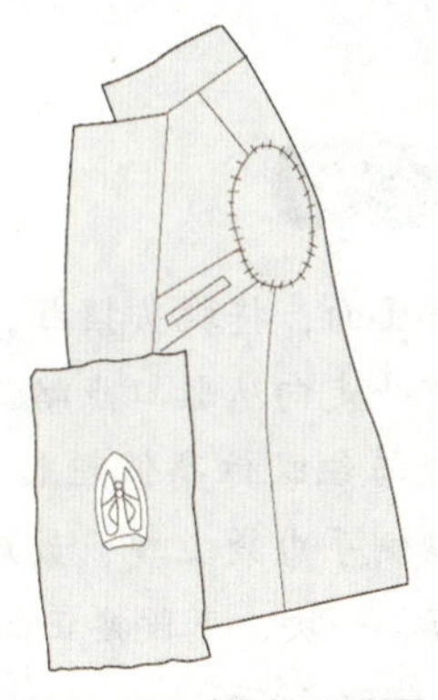
图 4-32　烫止口反面

7. 烫大袋

袋口下垫"馒头"，理顺袋盖丝绺，分别盖上湿、干烫布，先烫袋口后部，熨斗压到腰肋略上一点为止，袋角呈窝势，再烫袋口前部，烫挺袋盖，不要烫到中腰部位，以免影响中腰吸势。（如图 4-33 所示）

8. 烫前胸部

将"馒头"移到前半胸，这一部位门襟丝绺摆法十分重要，稍有倾斜，就会造成止口叠合过多或豁开的毛病。分别盖上湿、干烫布，先烫靠袖窿一方，略归拢，保证胸部胖势，将烫包稍移后，摆正门襟丝绺，注意胸部造型，分别盖上干、湿烫布从前腰节处烫至手巾袋。（如图 4-34 所示）

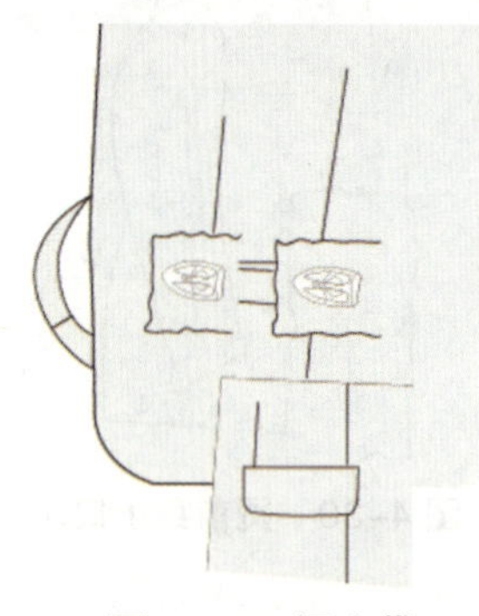

图 4-33 烫大袋

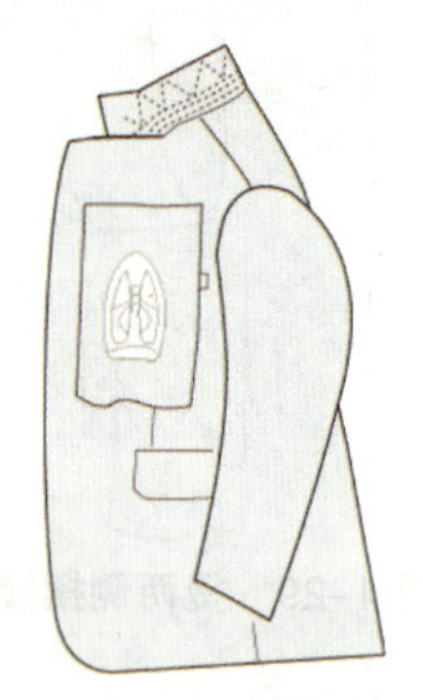

图 4-34 烫前胸

9. 烫前肩

将烫包移到肩部，将肩头摆顺，分别盖上湿、干烫布，烫挺肩部，注意熨斗不要碰到袖山头处。

10. 烫前领脚

将烫包移到前领脚，分别盖上湿、干烫布，烫挺前领脚。（如图 4-35 所示）

图 4-35 烫前领脚

11. 烫驳头

先烫驳头反面，将驳头摆顺，并略带弧形地放在垫布上，烫包垫在后胸处，上盖干、湿烫布各一块，熨斗走向从驳口点略下到衣领外口，将驳头止口烫实，烫平。然后烫驳头正面，将驳头按领脚线与纽眼位高低理顺，后领摆顺，熨烫时把串口拉平，驳头拉直，上端烫到肩缝，下端烫至门襟侧手巾袋上口，最后烫驳头内侧。将衣片在垫布上摆顺，袖窿处用烫包垫起，上盖干、湿烫布各一块，下段按正面驳头烫痕，上段到距肩缝 3 cm 左右。注意两片驳头宽窄窝势一致。（如图 4-36 所示）

12. 烫后领脚、后肩头

先将翻领定准，将衣身放平，摆顺衣领弯势，再分别盖上湿、干烫布，熨斗不要伸进过多，约 2.5 cm 领口处烫实，注意领呈圆势，然后垫上铁凳，把里肩丝绺摆顺，肩头外拎，使外肩略带翘势，以符合人体肩部造型，分别盖上湿、干烫布烫挺后肩。（如图 4–37 所示）

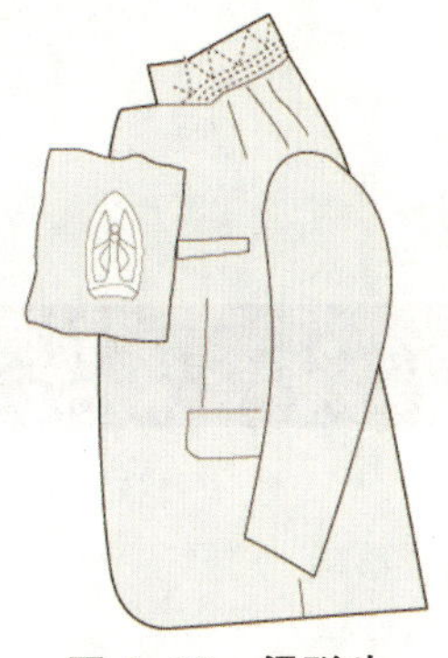

图 4–36　烫驳头

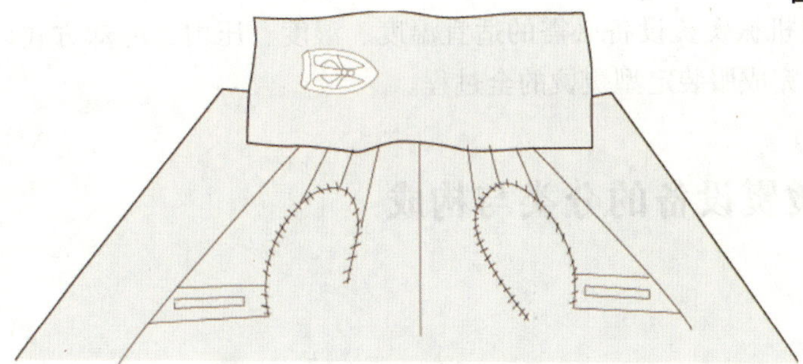

图 4–37　烫后领脚、后肩头

13. 轧烫袖窿

先轧烫前袖窿，在衣身反面进行，轧烫时把衣袖前后拉顺，下垫铁凳，上盖干、湿烫布，熨斗不能烫到袖边处，要保持衣袖的自然弯势。然后轧烫后袖窿，下垫铁凳。在轧烫前，要看看后袖山是否圆顺，如果不圆，就应先烫圆后再轧，“轧”即将衣袖与衣身烫得靠紧一些。（如图 4–38 所示）

14. 烫袖山

用左手把袖山捏起，手指向上，袖山上盖干、湿烫布，用熨斗轻轻碰烫一下，立即把烫布拿掉，并把垫肩的厚薄摸顺，目的是使袖山头饱满圆顺。（如图 4–39 所示）

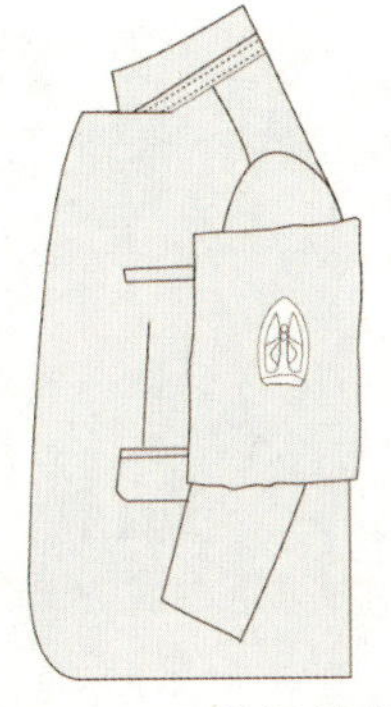

图 4–38　轧烫袖窿

图 4–39　烫袖山头

第五节 机械熨烫

机械熨烫是通过机械熨烫设备必需的适宜温度、湿度、压力、冷却方式以及按照人体各部位形态制作的烫模等来完成服装定型熨烫的全过程。

一、蒸汽烫熨设备的分类与构成

1. 分类

(1)按熨烫内容分

西服熨烫设备(含西裤熨烫设备)、衬衣熨烫设备、针织服装熨烫设备。

(2)按设备层次分

手动熨烫设备、半自动熨烫设备、全自动熨烫设备。

2. 熨烫机的主要构成

以日本重机公司生产的半自动熨烫机为例,其构成主要包括机架、模头操作机构、烫模、蒸汽系统、真空系统、控制系统、气动系统等。

(1)机架

机架主要是指用于固定与支承机器的部件。

(2)模头操作机构

模头操作机构主要指用于实现合模、加压与启模等作用的机构。

(3) 烫模

烫模分上模与下模。上模用来喷射蒸汽，下模用于支撑和吸附被烫物（有的下模在合模后也可喷射蒸汽），上模、下模合上后的夹紧力就是施加于被烫物的压力。可通过抽湿在下模腔中形成真空，用以吸附烫件，并使被烫物冷却、去湿。

(4) 蒸汽系统

蒸汽系统是用于喷射蒸汽，承担对被烫物加热与给湿的系统。

(5) 真空系统

真空系统是通过控制阀使下模腔产生负压，从而形成真空空间的操作系统。

(6) 控制系统

控制系统是熨烫机自动部分的控制中心。

(7) 气动系统

气动系统作为自动控制的执行机构，具有实现合模、喷蒸汽、加压、抽真空等作用。

3. 熨烫机的附属设备

熨烫机是发生熨烫动作的主体，但必须要具备喷射蒸汽、施加压力等基本条件并与其他设施配套使用才能完成熨烫工艺的全过程。其主要配套设备有：

①锅炉：电锅炉。

②真空泵：真空泵可产生负压，通过抽湿、干燥和冷却使被熨烫物件定型。

③空气压缩机：空气压缩机主要用来压缩空气，是熨烫机气动执行元件的动力源。

二、蒸汽熨烫工艺流程

选择合理的熨烫工艺流程是降低耗能、减少成本、提高产品质量的一个重要环节。熨烫工艺流程不是一成不变的，同一面料不同款式或相同款式不同面料的服装，其熨烫工艺流程是不相同的。同时，对于同一加工对象，其流程又可分为中间熨烫与成品熨烫工艺流程。另外，因外界条件、传统习惯等因素的不同，工艺流程会出现一些差别。总之，制定工艺流程必须遵循一个总的原则：流程合理、降低消耗、优质高产、因地制宜。

1. 男西服上衣熨烫工艺流程

（1）中间熨烫

敷衬→分省缝→分背缝→分侧缝→分止口→烫挂面→归烫大袋→分肩缝→分袖窿→归拔领片。

（2）成品熨烫

烫大袖→烫小袖→烫双肩→烫侧缝→烫后背→烫驳头→烫领子→烫领头→烫袖窿→烫袖山。

2. 女西服熨烫工艺流程

（1）中间熨烫

烫袋盖→分省缝→归烫后背→归烫前衣片→分侧缝→分背中缝→分肩缝→分袖缝→烫袖子→烫挂面→烫领子→烫下摆。

（2）成品熨烫

烫前身→烫侧缝→烫后背→烫双肩→烫袖窿→烫袖山→烫领子→烫驳头→补烫。

三、蒸汽烫染工艺参数

蒸汽熨烫时温度与压力的关系，见表 4-3。

表 4-3　蒸汽熨烫时温度与压力的关系

蒸汽压力 / kPa	蒸汽温度 / ℃	适用品种
245（2.5）	120	化纤织物
294（3）	128	混纺织物
392（4）	149.6	薄型毛织物
490（5）	160.5	中厚及厚型织物

注:（ ）内的数字单位为 kgf/cm^2。

不同织物的熨烫加压和抽湿冷却时间，见表 4–4。

表 4–4　不同织物的熨烫加压和抽湿冷却时间

面料	加压时间 / s	抽湿冷却时间 / s
丝绸织物	3	5
化纤织物	4	7
混纺织物	5	7
薄型毛织物	6	8
中厚及厚型织物	7	10

毛呢织物虚汽熨烫参数，见表 4–5。

表 4–5　毛呢织物虚汽熨烫参数

面料	蒸汽压力 / kPa	蒸汽温度 / ℃	喷汽时间 / s	冷却时间 / s
毛呢织物	0	160	10	15

第五章　长裤缝制工艺

知识目标

了解长裤有很多类型，如筒裤、喇叭裤、宽松裤等。裤子的口袋也有很多变化，有直插袋、斜插袋、弧形插袋、方脚插袋等。前片褶裥的数量和形式也不尽相同。不过，无论哪种裤型，在缝制工艺上基本相同。学习女式牛仔裤缝制工艺、男西裤缝制工艺。

技能目标

能够全面掌握女式牛仔裤、男西裤的工艺制作技术，流程环节，质量标准等，达到自行设计、制定服装生产工艺的目标和能力。

情感目标

熟练掌握做斜插袋、装拉链、做双开线口袋等工艺制作要领，了解男西裤的制作工艺步骤；了解并牛仔裤后整理的洗水处理。

思维导图

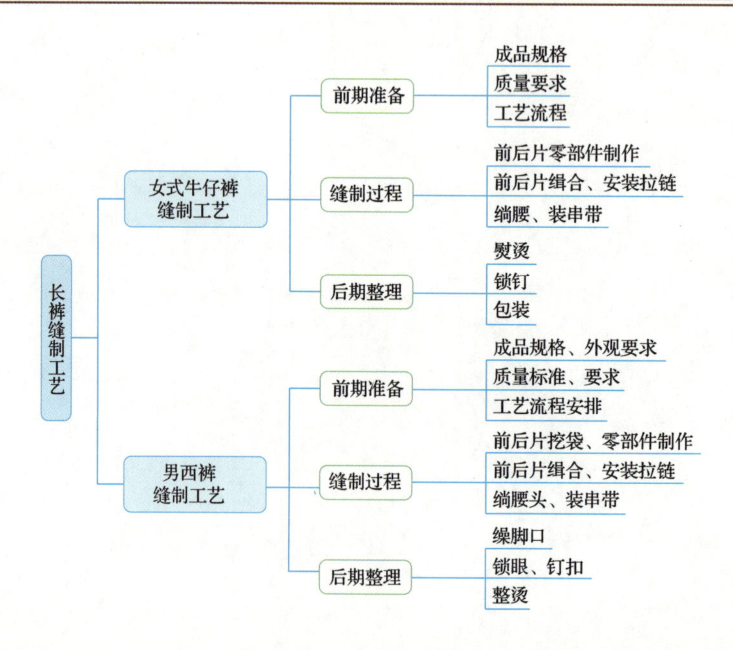

长裤有很多类型，如筒裤、喇叭裤、宽松裤等。裤子的口袋也有很多变化，有直插袋、斜插袋、弧形插袋、方脚插袋等。前片褶裥的数量和形式也不尽相同。不过，无论哪种裤型，在缝制工艺上基本相同。本章节我们就以女式牛仔裤、男西裤为例，介绍裤子的缝制工艺。

第一节 女式牛仔裤缝制工艺

一、缝制前期准备

1. 外形概述

低腰位，紧身，小喇叭裤腿。前裤片左右两侧各一个月亮形口袋，并在右面月亮形口袋内装一方形小贴袋，前中装金属拉链，后裤片有育克分割，并各有一个明贴袋，腰头呈弧形，并装有五个袢带。（如图 5-1 所示）

图 5-1　牛仔裤外形

2. 成品规格设计

牛仔裤主要部位规格，以号型 160/84A 为例，见表 5-1。

表 5-1　牛仔裤主要部位规格表

单位：cm

名称	号型	裤长	腰围	臀围	中裆	前浪	脚口
规格	160/84A	99	72	89	18.6	21	23

3. 材料准备

①面料：门幅 144 cm。

②用料：裤长 +10 cm。

③辅料：涤纶线（1 个）、纽扣（7 粒）。

4. 质量要求

①符合成品规格，外形美观。
②腰头左右宽窄一致无涟形，串带位置准确，无歪斜，左右对称。
③门里襟缉线顺直，拉链平服不露齿。
④侧袋、后袋半服，袋角无裥，无毛口。
⑤脚口平直、缉线整齐。

5. 女裤缝制的重点、难点

①门襟拉链的制作工艺。
②腰头的制作工艺。

6. 女牛仔裤的工艺流程

女牛仔裤的工艺流程，如图 5-2 所示。

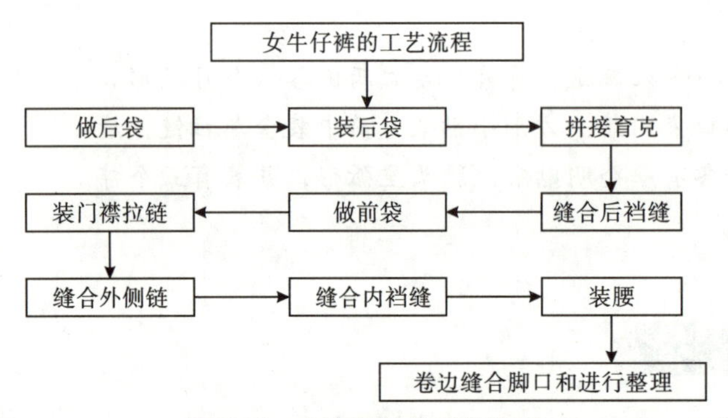

图 5-2　女牛仔裤的工艺流程

二、缝制图解

1. 做后袋

后袋扫粉印纹样，按纹样缉装饰明线，并用模板扣烫。（如图 5-3、图 5-4 所示）[①]

① 本书的图 5-3 到图 6-193，为随文展示操作步骤的实拍图，不再一一标注图题。

图 5-3

图 5-4

2. 装后袋

在后片做好袋位记号后，车缝后口袋，用双明线固定。（如图 5-5、图 5-6 所示）

图 5-5

图 5-6

3. 拼接育克

先将育克和裤片正面相对（育克在上），平缝后拷边再翻至正面，缉上双明线。（如图 5-7、图 5-8 所示）

图 5-7

图 5-8

4. 后裆缝

后片正面相对先平缝，注意育克处对齐。拷边后再翻至正面，缉上双明线。（如图 5-9、图 5-10 所示）

图 5-9

图 5-10

5. 做前袋

(1) 车缝袋垫和硬币袋

扣烫袋垫弧形口，明线固定在袋布上。扣烫硬币袋后与右袋布车缝。(如图 5-11、图 5-12 所示)

图 5-11

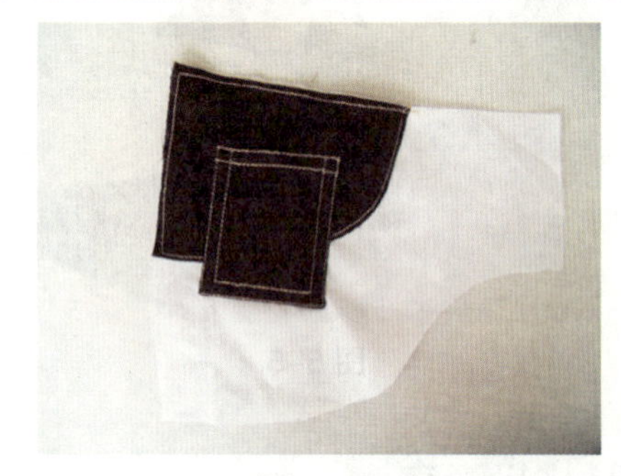

图 5-12

(2) 袋口与袋布缝合

把另一片袋布与裤片正面相对，以 1 cm 缝份缝合，注意弧形容易变形。车缝后在弧形处略打剪口，翻至正面后缉双明线。(如图 5-13、图 5-14 所示)

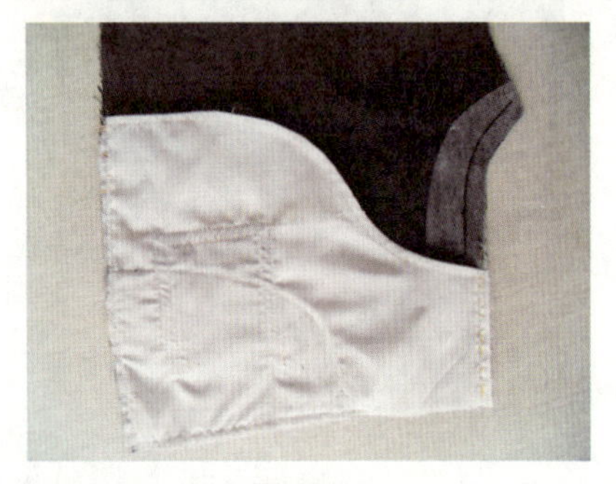

图 5-13

图 5-14

(3) 袋布缝合

两片袋布对齐后缝合，在袋布边绲边。

（4）固定袋口

按照前袋位剪口将袋布与裤片固定，注意袋口是否变形。（如图 5-15 所示）

图 5-15

6. 安装门襟拉链

①做前袋襟，里襟绲边。并把拉链和门襟正面相对固定在一起。（如图 5-16 所示）

②安装门襟以及左右片拉链。

先把门襟和左裤片缝合，腰口处对齐。缝合后将门襟翻至裤片反面（止口部外露），缉上 0.2 cm 明线固定。最后用样版缉门襟双明线。缉明线时注意拉链右边止点处不缝住。（如图 5-17、图 5-18 所示）

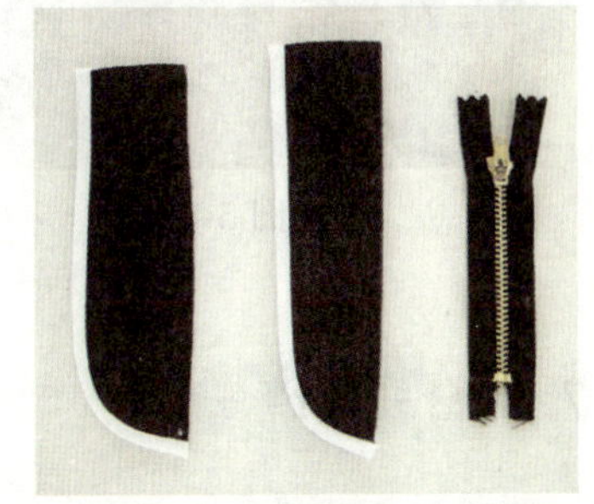

图 5-16

图 5-17

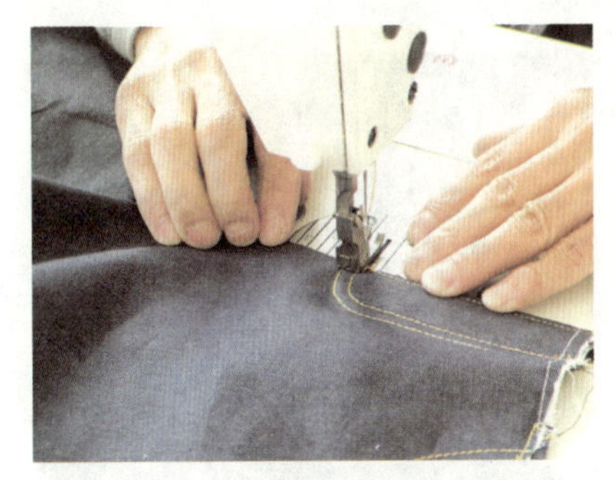

图 5-18

③里襟装于拉链右边。将里襟摆放在拉链下方，与拉链右边止口对齐并缉缝。（如图 5-19 所示）

④右边裤片扣压在里襟上。将左裤片略掀开，扣折右裤片缝份后直接扣压在里襟上，缝至拉链止点处。（如图 5-20 所示）

图 5-19

图 5-20

⑤缝合前裆缝。扣折左裤片小裆缝份后直接扣压在右裤片上缉缝。注意拉链止点处平服，最后缉上双明线。（如图 5-21、图 5-22 所示）

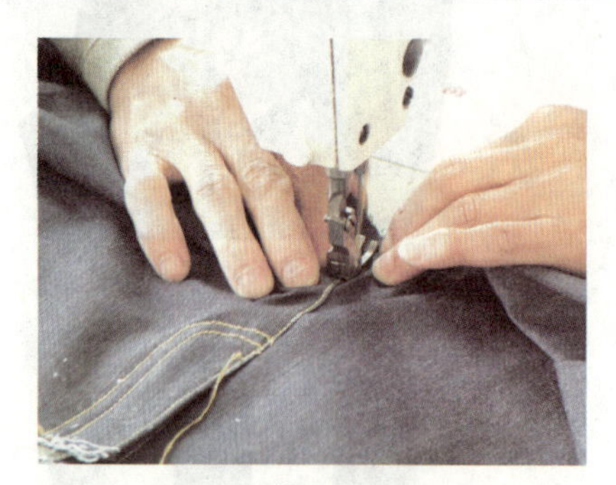
图 5-21

图 5-22

7. 缝合外侧缝

码边后翻至正面，用后片扣压前片，缉单明线。（如图 5-23、图 5-24 所示）

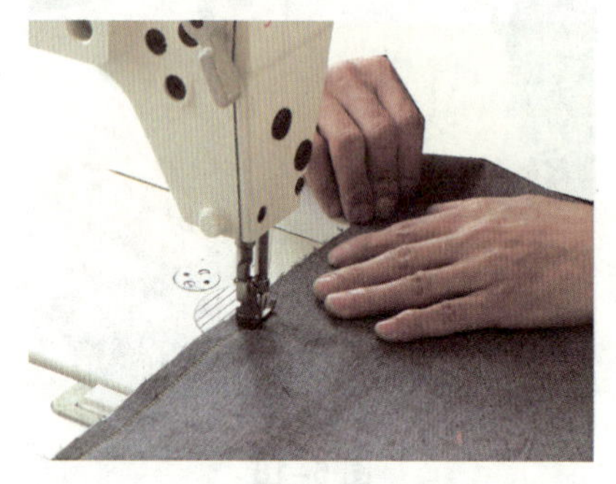
图 5-23

图 5-24

8. 缝合内裆缝、码边

注意十字裆缝对齐。

9. 装腰

（1）腰头面里粘衬、画净样后拼接

注意弧势圆顺。腰里下口绲边。（如图 5-25、图 5-26 所示）

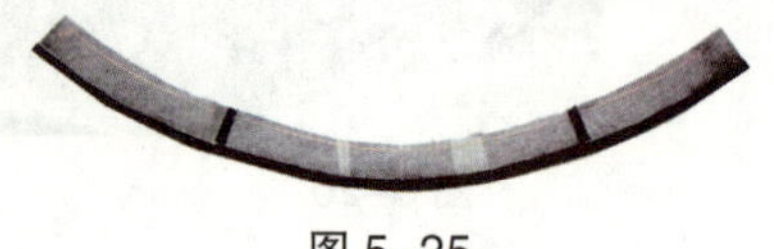
图 5-25

图 5-26

（2）绱腰头、扣压腰头

先将窜带做好（1~1.5 cm 宽）并固定在腰口上。

①将腰头与裤子正面相对，预留两端缝份，从左边缝至右边；

②将腰头两端在反面缝合，翻至正面后将腰里摆放平整，在腰面下口边缘缉 0.1 cm 明线固定腰里，注意腰里不起涟形；

③扣折窜带上口毛缝，明线固定在腰头上线处。（如图 5-27 所示）

图 5-27

10. 卷边缝合脚口

卷边缝合脚口，进行后整理。（如图 5-28 所示）

图 5-28

第二节
男式西裤缝制工艺

缝制前期准备

1. 外形概述

装腰头，裤袢6根，前中装门襟拉链，前裤片反裥左右各两个，侧缝斜插袋左右各一只，后裤片收省左右各一个，双嵌线开袋左右各一只，平脚口。（如图5-29所示）

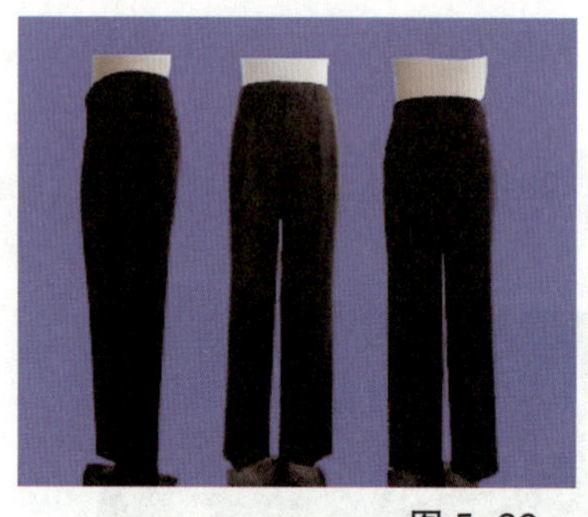
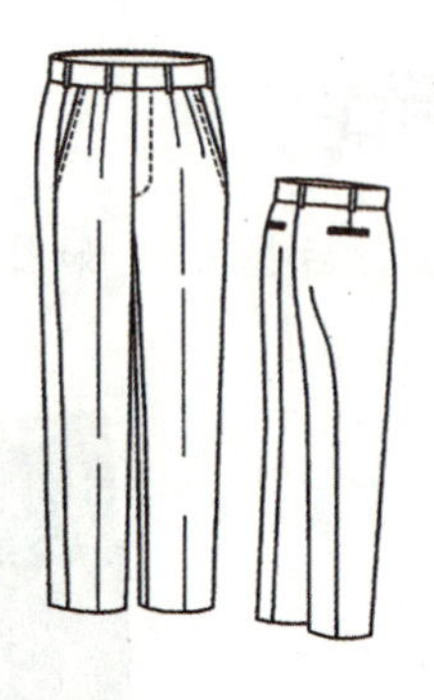

图5-29

2. 成品规格设计

男士西裤主要部位规格，以号型170/88A为例，见表5-2。

表5-2　男士西裤主要部位规格表

单位：cm

名称	号型	裤长	腰围	臀围	中档	前浪	脚口
规格	170/88A	104	78	104	25	27	23

3. 材料准备

①面料：门幅144 cm。

②用料：裤长 + 10 cm。

③辅料：袋布（若门幅是114 cm，则需100 cm）、腰头衬（1 m）、无纺衬（30 cm）、西裤拉链（1根）、四合扣（1副）、涤纶线（1个）、纽扣（3粒）、包边条（4 m）。

4. 质量要求

①符合成品规格，外形美观。

②腰头：面、里、衬松紧适宜、平服，缝道顺直。

③门、里襟：面、里、衬平服、松紧适宜；明线顺直；门襟不短于里襟，长短互差大于 0.3 cm。

④前、后裆：圆顺、平服，上裆缝十字缝平整、无错位。

⑤串带：长短、宽窄一致，位置准确、对称，前后互差不大于 0.6 cm，高低互差不大于 0.3 cm，缝合牢固。

⑥裤袋：袋位高低、前后、斜度大小一致，互差不大于 0.5 cm，袋口顺直平服，无毛漏；袋布平服。

⑦裤腿：两裤腿长短、肥瘦一致，互差不大于 0.4 cm，裤脚口平直。

⑧裤脚口：两裤脚口大小一致，互差不大于 0.4 cm，且平服。

⑨整烫：各部位熨烫到位，平服，无亮光、水花、污渍；裤线顺直，臀部圆顺。

5. 缝制的重点与难点

①前门襟拉链的缝制工艺。

②腰头的缝制工艺。

6. 工艺流程

男西裤的工艺流程。（如图 5-30 所示）

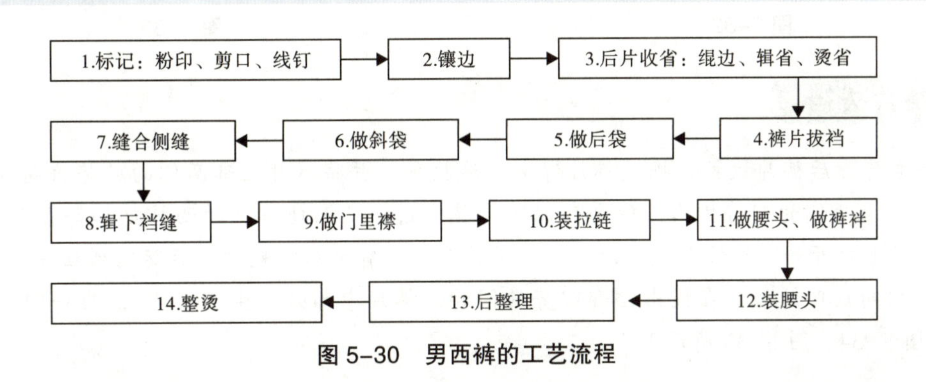

图 5-30　男西裤的工艺流程

二、缝制图解

1. 做标号（粉印、剪口、线钉）

需做标记的部位：

前裤片：裥位线、袋位线、中裆线、脚口线、挺缝线。

后裤片：省位线、袋位线、中裆线、脚口线、挺缝线、后裆线。

2. 锁边

男西裤需锁边的部件有：前裤片 2 片、后裤片 2 片、斜袋垫布 2 片、后袋嵌线 2 片、后袋垫布 2 片、里襟。

3. 后片收省

①收省前先把后裆弧绲边，注意绲条松紧适宜，宽窄一致。(见图 5–31)

②在裤片反面袋位处粘上无纺衬 (长 18 cm，宽 4 cm)，按照省中线捏准省量，省长为腰口下 8 cm (毛)；省要缉得直，缉得尖；腰口处打回针，省尖留 5 cm 的线头打结。缝头朝后缝坐倒烫平，并将省尖胖势朝臀部方向推烫均匀 。(如图 5–32、图 5–33 所示)

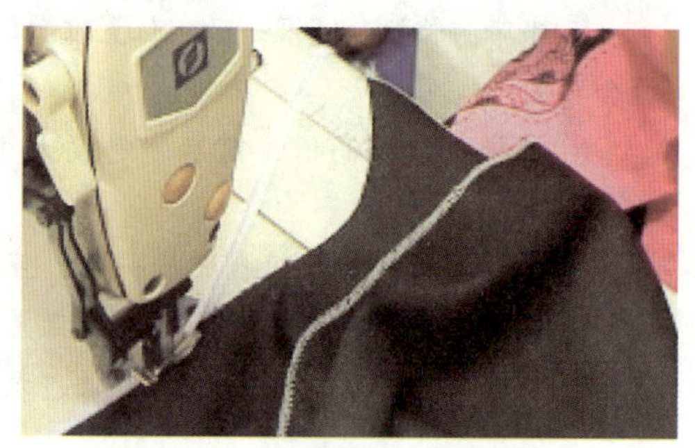

图 5–31

图 5–32

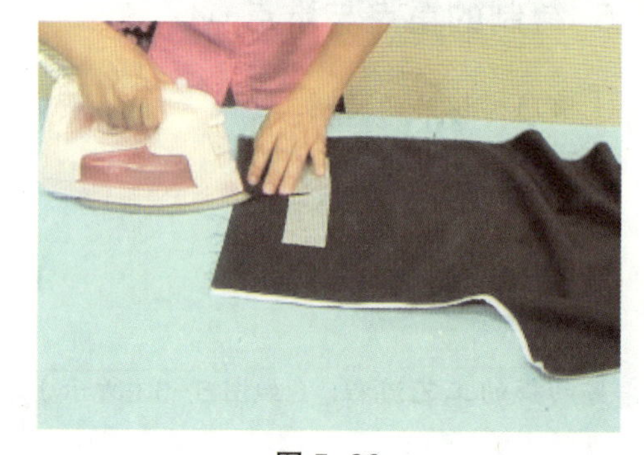

图 5–33

4. 裤片拔裆

拔裆主要指后裤片拔裆。将后裤片臀部区域拔伸，并将裤片上部两侧的胖势推向臀部，将裤片中裆以上两侧的凹势拔出，使臀部以下自然吸进，从而使缝制的西裤更加符合人体体型。熨斗从省缝上口开始，经臀部从窿门出来，做伸开烫。臀部后缝处归，后窿门横丝拔伸、下归，横裆与中裆间最凹处拔，在拔出裆部凹势的同时，裤片中部必产生“回势”，应将回势归拢烫平。(如图 5–34、图 5–35 所示)

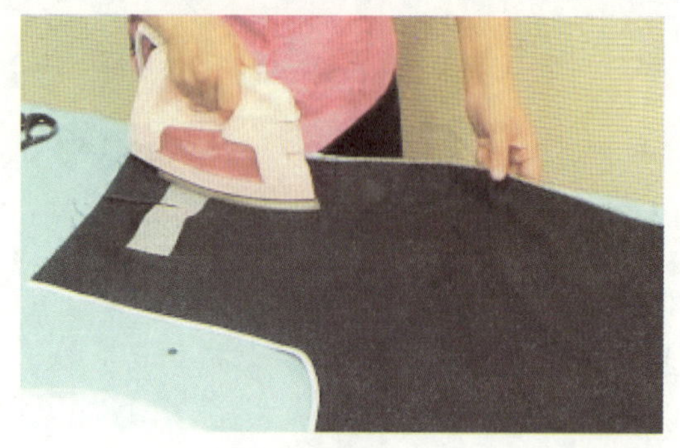

图 5–34

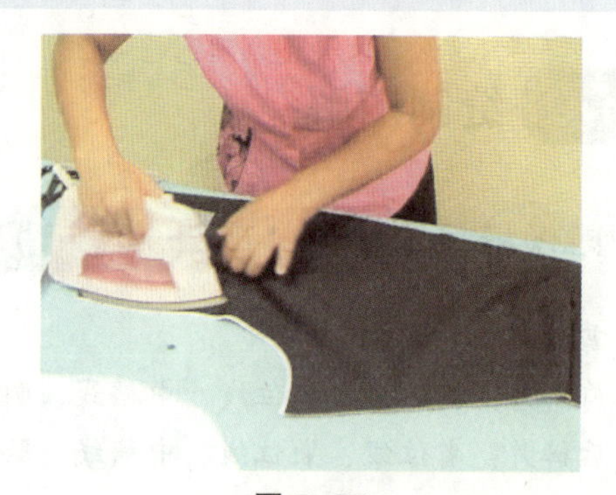

图 5–35

①熨斗自侧缝一侧省缝处开始，经臀部中间将丝绺伸长，顺势将侧缝一侧中裆上部最凹处拔出。熨斗向外推烫，并将裤片中部回势归拢，然后将侧缝臀部胖势归拢。（如图 5-36、图 5-37 所示）

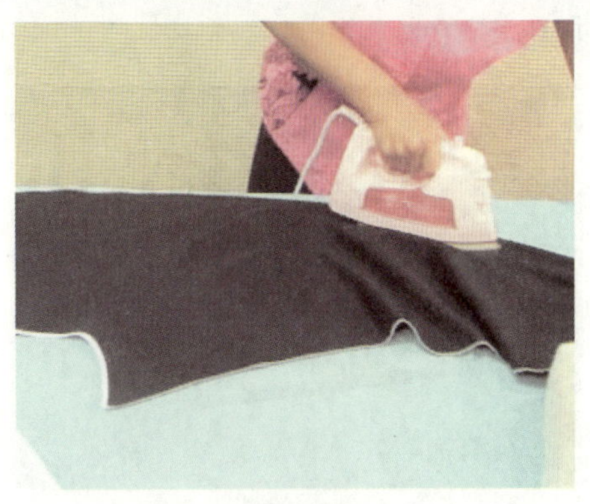

图 5-36

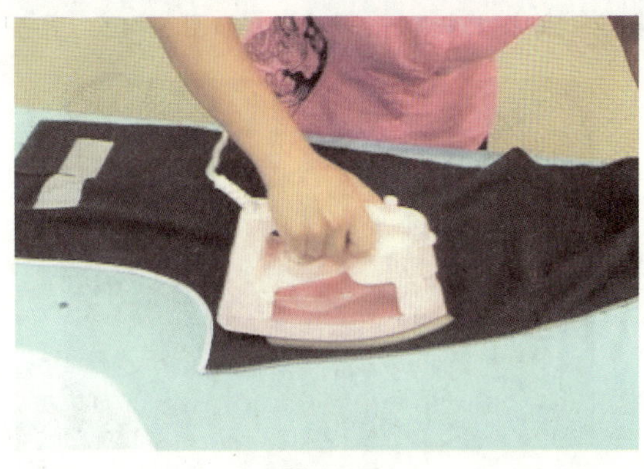

图 5-37

②将归拔后的裤片对折，下裆缝与侧缝依齐，熨斗从中裆处开始，将臀部胖势推出。可将左手插入臀部挺缝处用力向外推出，右手持熨斗同时推出，中裆以下将裤片丝绺归直，烫平。（如图 5-38、图 5-39 所示）

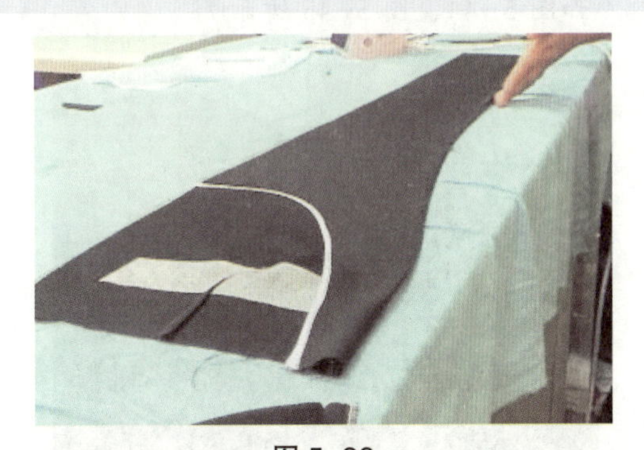

图 5-38

图 5-39

5. 做后袋

（1）划袋位，钉袋布

按线钉在裤片正反面画出后袋位粉印（袋大 13.5 cm）。在裤片反面摆放袋布，腰口毛缝与袋布平齐。注意袋布两端进出距离一致。（如图 5-40、图 5-41 所示）

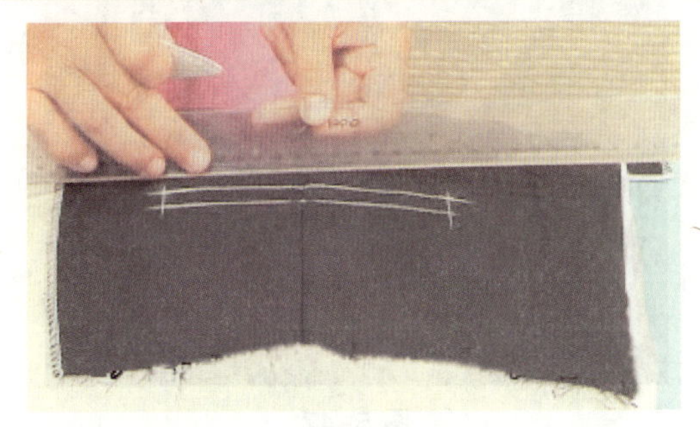

图 5-40

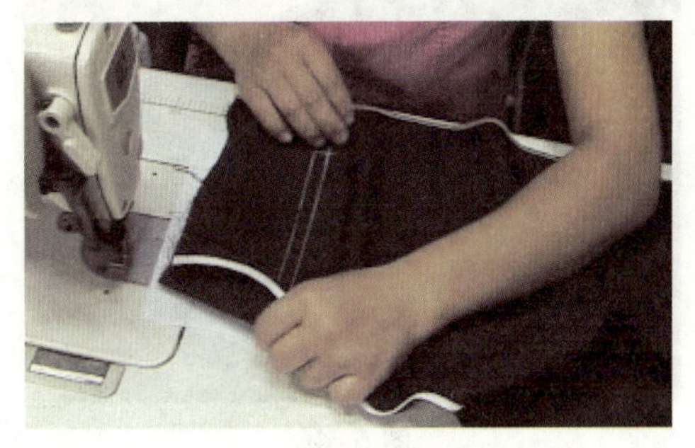

图 5-41

(2) 准备嵌线、垫头

取 18 cm 长、4 cm 宽的直料做垫袋布与嵌线。反面沿边烫上无纺衬。在嵌条反面折烫 1 cm 毛边，并画上 0.5 cm 粉印。(如图 5-42、图 5-43 所示)

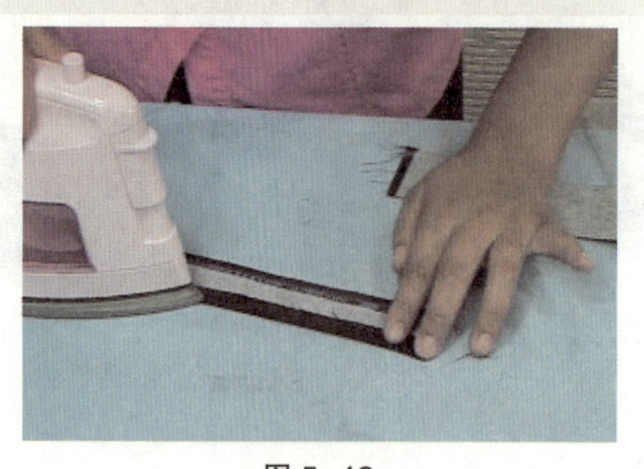

图 5-42

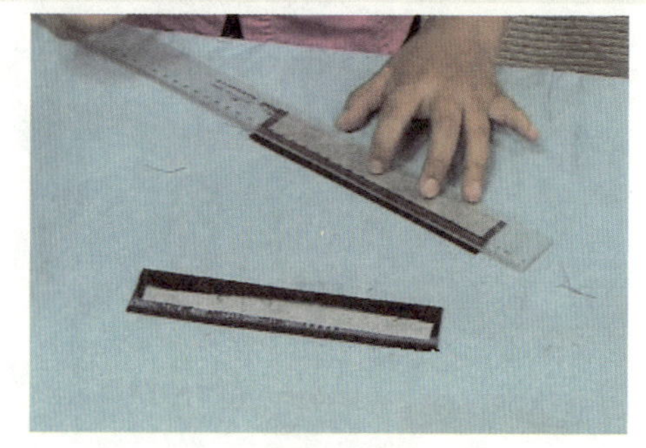

图 5-43

(3) 缉嵌线

将嵌线与裤片正面相合，嵌线扣烫的一侧对齐袋位线，以粉印线对齐袋位线缉上嵌线。注意缉线顺直，两线间距宽窄一致，起止点回针打牢。(如图 5-44、图 5-45 所示)

图 5-44

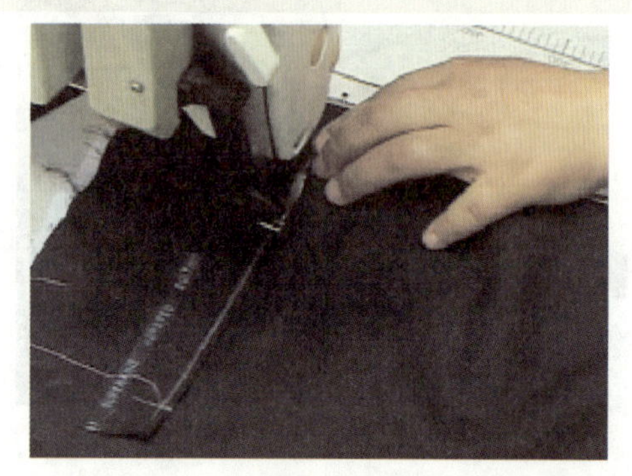

图 5-45

(4) 剪开后袋

沿袋位线在两缉线间居中将裤片剪开，离端口 0.8 cm 处剪成 Y 字形。注意既要剪到位，又不能剪断缉线，通常剪到离缉线 0.1 cm 处止。(如图 5-46、图 5-47 所示)

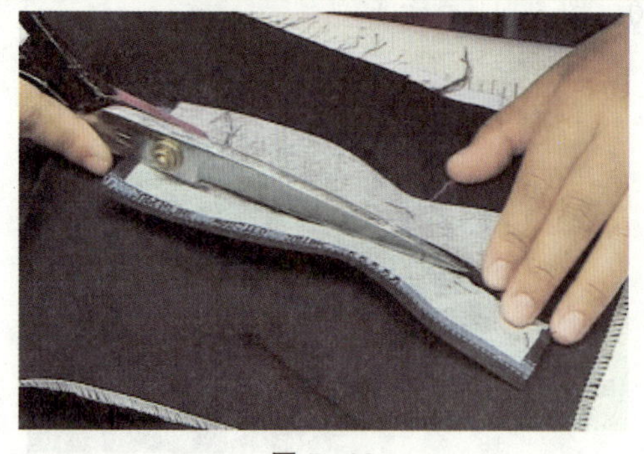

图 5-46

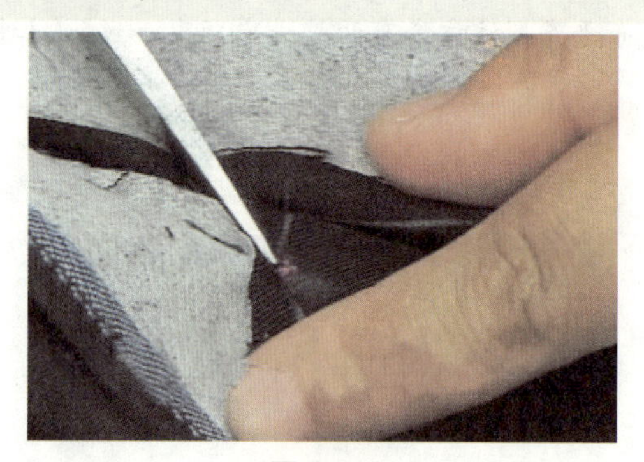

图 5-47

（5）固定嵌线

烫平嵌线，将三角折向反面烫倒，以防出现毛茬。在反面将三角和嵌线固定在一起，保证袋角方正、嵌线宽窄一致、三角平整无毛露。（如图 5-48、图 5-49 所示）

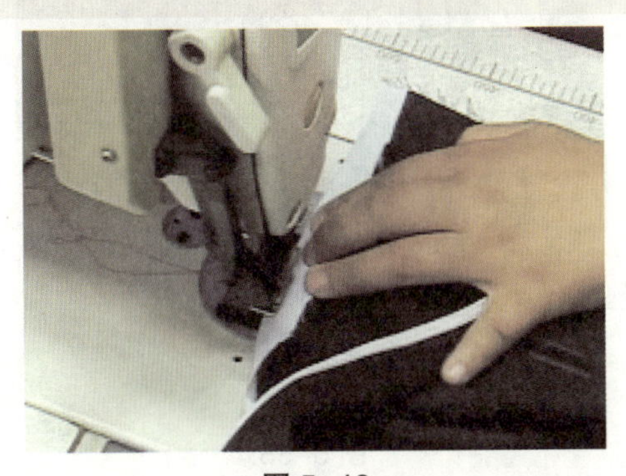

图 5-48

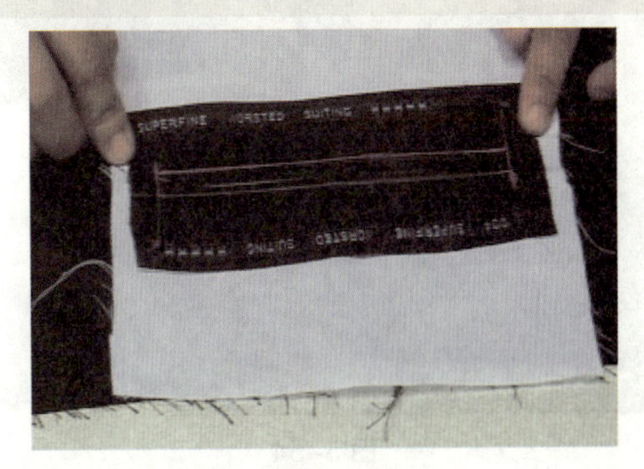

图 5-49

（6）定袋垫布

按照后袋实际长度定出垫袋布位置（袋垫布上口必须超出上嵌线 1 cm），以 0.5 cm 缝份将袋垫布下口和袋布缉缝在一起。（如图 5-50、图 5-51 所示）

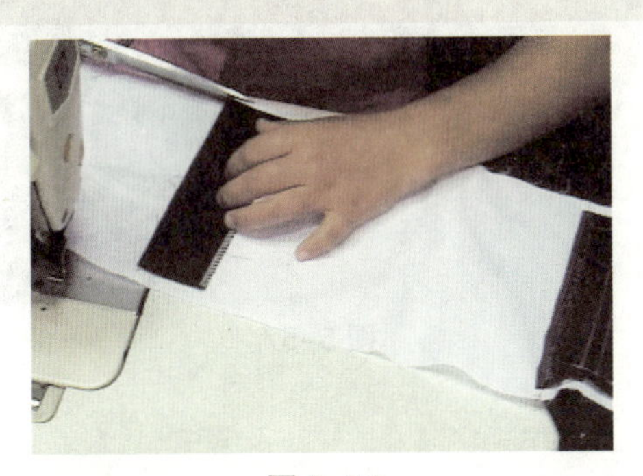

图 5-50

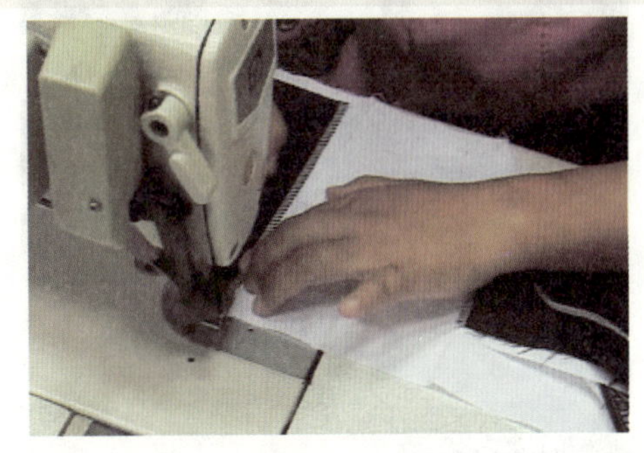

图 5-51

（7）固定袋布

①将袋布按袋底位置对折，在上嵌线缝份处把袋布和袋垫布固定在一起（缉缝中间部位）；沿着固定线将袋布向袋底方向折叠 12 cm（隐藏扣位）。（如图 5-52、图 5-53 所示）

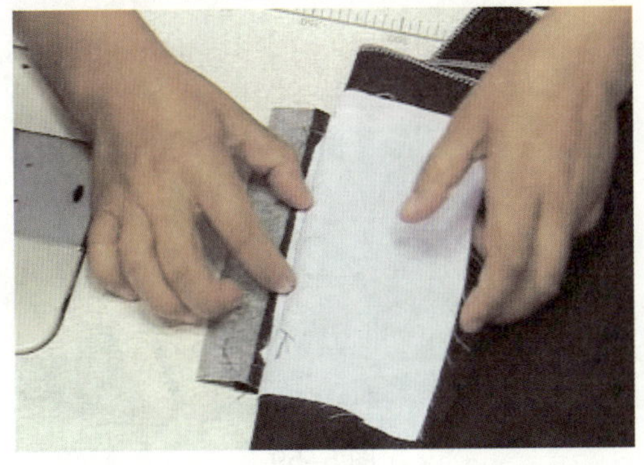

图 5-52

图 5-53

②把袋布从袋口翻入袋里，在内侧将毛边以 0.3 cm 缝份缉缝；缉缝好再翻出袋布，在带两侧与袋底缉压 0.5 cm 明线止口。（如图 5–54、图 5–55 所示）

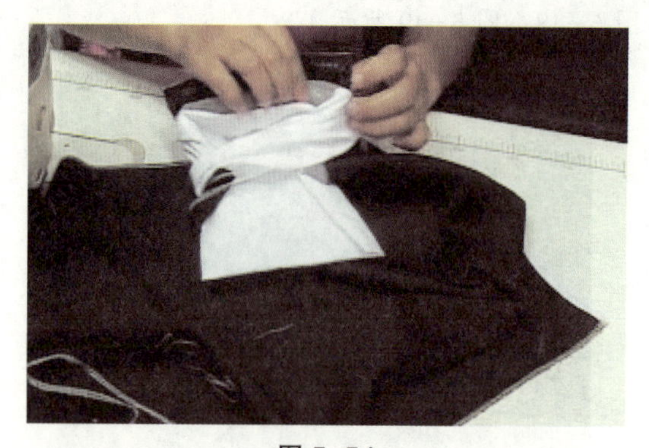
图 5–54

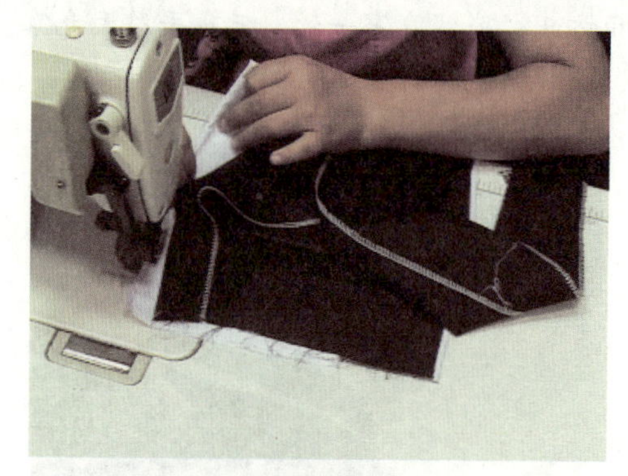
图 5–55

③熨烫平整后袋，最后将袋布上口与腰口缉缝固定，清剪缝头。（如图 5–56、图 5–57 所示）

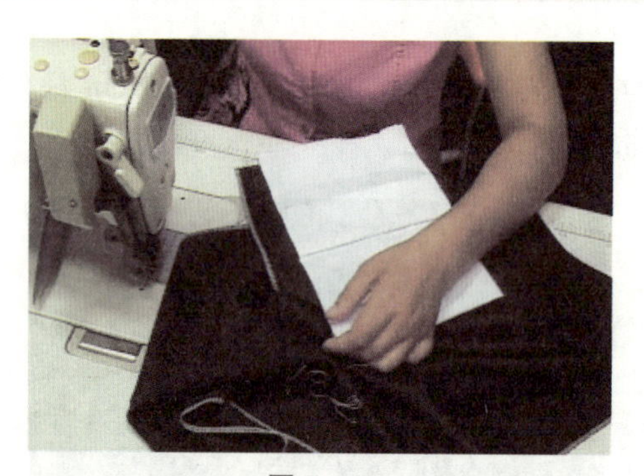
图 5–56

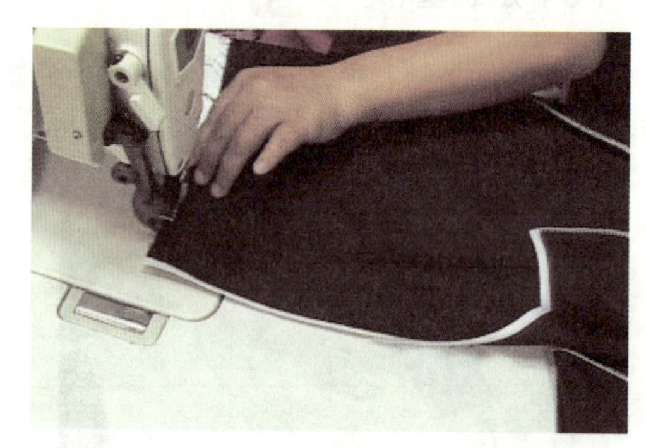
图 5–57

6. 做斜袋

（1）粘衬

在前裤片腰口处和袋位处粘衬（直料衬宽 2 cm），按照斜袋剪口扣烫袋口缝份。（如图 5–58、图 5–59 所示）

图 5–58

图 5–59

(2) 袋垫布与袋布固定

将袋垫布摆放在距离下袋布外侧 1 cm 处，从袋垫布内侧缉线与袋布固定，袋垫下口距离外侧 2 cm 处不缉缝住。(如图 5-60、图 5-61 所示)

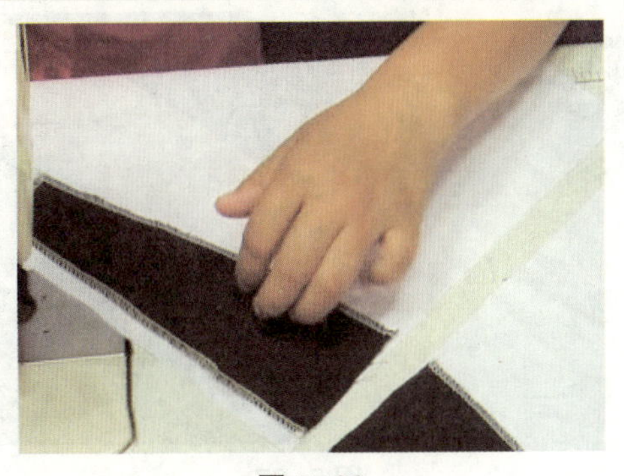

图 5-60

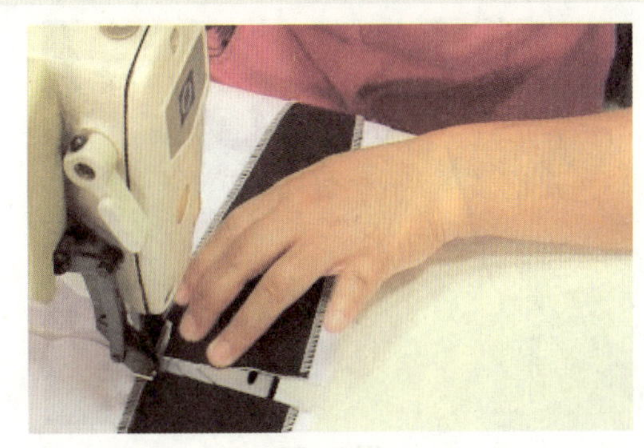

图 5-61

(3) 做斜袋布 、

斜袋布正面相合，以缝份 0.4 cm 兜缉袋；再将斜袋布翻正，在袋底缉压 0.5 cm 明止口。(如图 5-62、图 5-63 所示)

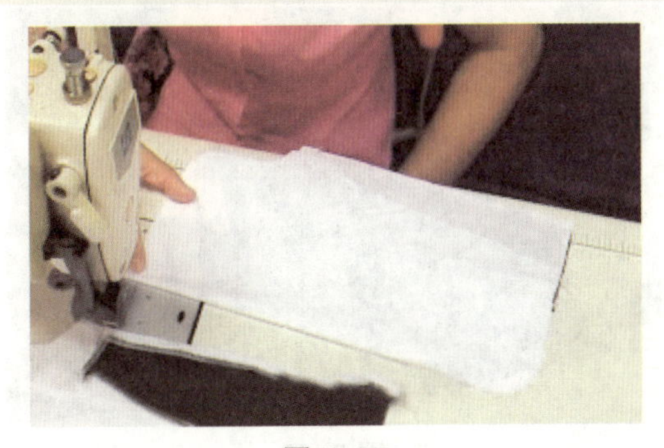

图 5-62

图 5-63

(4) 做斜袋 

将袋布上层夹入扣烫好的斜袋口内，在袋口边缉压 0.8 cm 明止口，将袋布缉住。(如图 5-64、图 5-65 所示)

图 5-64

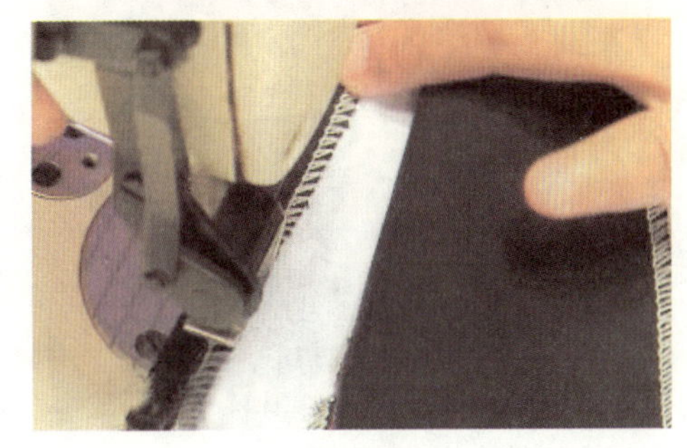

图 5-65

（5）固定袋口

摆正垫袋布，量出袋口斜度，移开下层袋布，按照腰口下 3.5 cm（毛样），袋大 16.5 cm，将斜袋口与垫袋布封住，袋口需封牢固。（如图 5−66、图 5−67 所示）

图 5–66

图 5–67

（6）折裥与袋布固定

按照剪口位置做前裤片折裥，先在反面从腰口处按剪口大小向下缉缝 3~4 cm；缝份朝前中倒，在正面将折裥与袋布固定。（如图 5−68、图 5−69 所示）

图 5–68

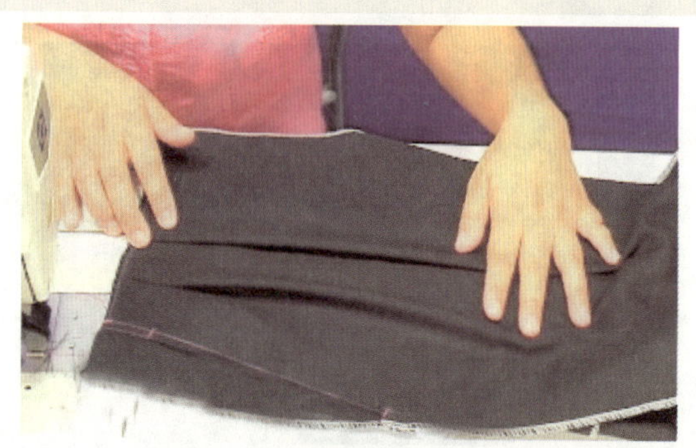

图 5–69

（7）熨烫前褶

按折裥倒向烫倒前褶，顺势烫至臀围线上，最后把前口袋布的侧缝缝份扣烫。（如图 5−70、图 5−71 所示）

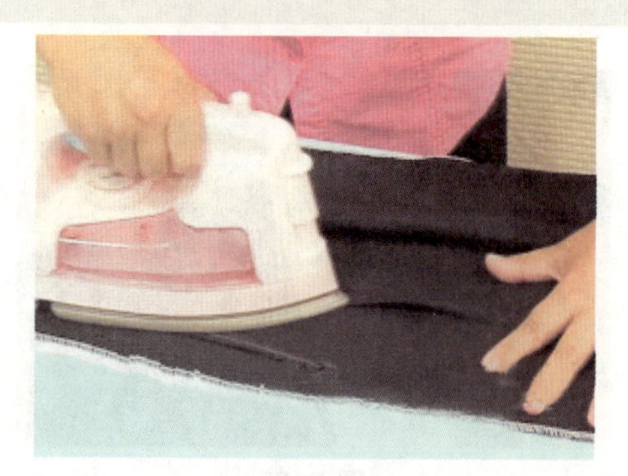

图 5–70

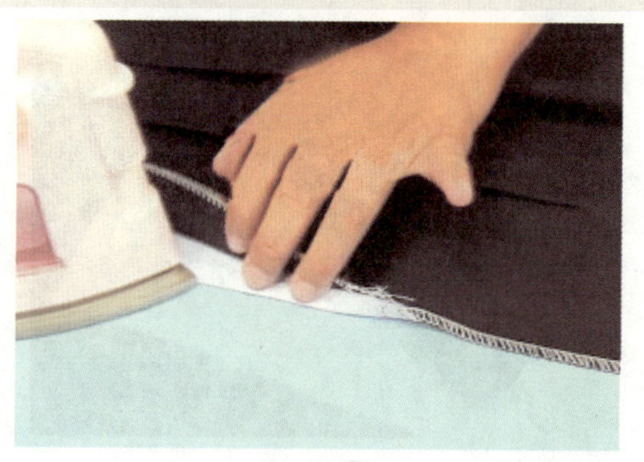

图 5–71

7. 缝合侧缝

①前裤片在上，后裤片在下，侧缝对齐，以 1 cm 缝份合缉。缝合时上下层横丝归正，松紧一致，缉线顺直，以防起皱。（如图 5-72、图 5-73 所示）

注意：袋位处要移开下袋布（对准袋垫固定线剪开 2 cm 上袋布），缉至下封口时应将封口紧靠侧缝缉线。

图 5-72

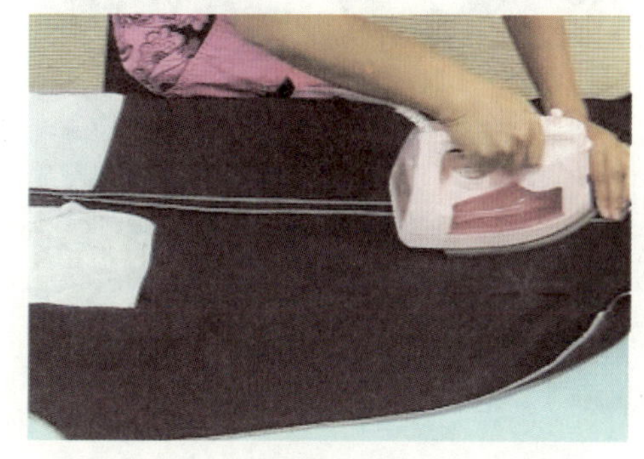

图 5-73

②将侧缝分开烫平服，在正面垫布熨烫袋位处；下袋布边沿一个缝份扣折；烫好侧缝后将脚口贴边扣折 4 cm。（如图 5-74、图 5-75 所示）

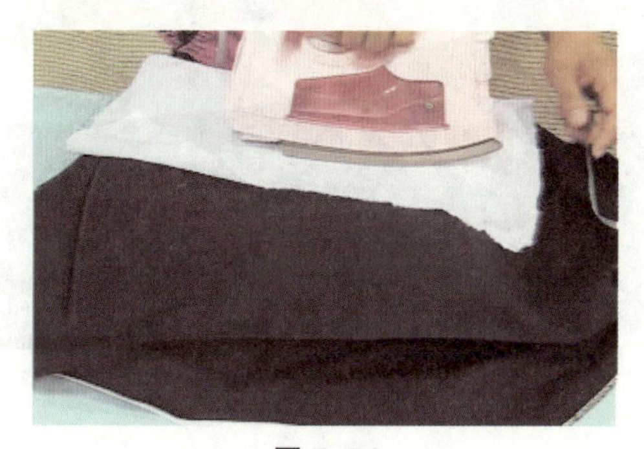

图 5-74

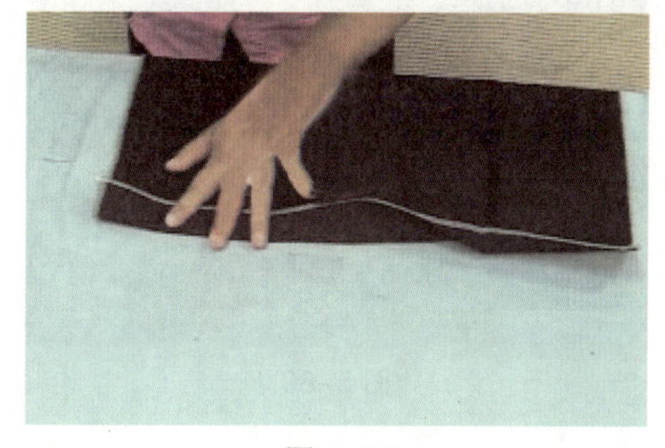

图 5-75

③将扣烫好的袋布一侧缉在后片侧缝缝头上，口袋下端（即剪开处）与前裤片缝头固定。（如图 5-76、图 5-77 所示）

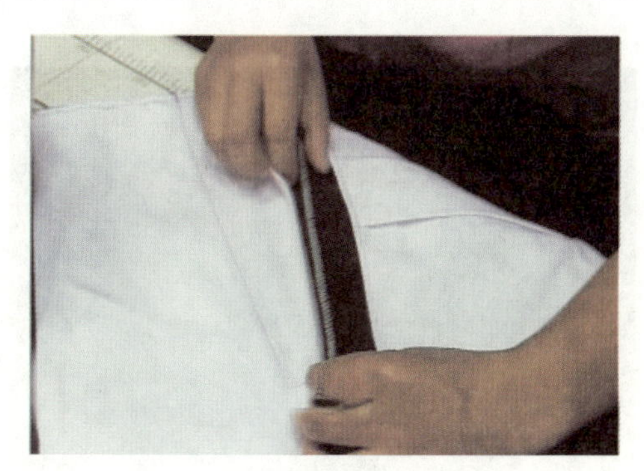

图 5-76

图 5-77

8. 缉下裆缝

①前裤片在上，后裤片在下，后裤片横裆下 10 cm 处要有适当吃势。中裆以下前后片松紧一致，并应注意缉线顺直，缝份宽窄一致。将下裆缝分开烫平，烫时应注意横裆下 10 cm 略微归拢，中裆部位略为拔伸。（如图 5-78、图 5-79 所示）

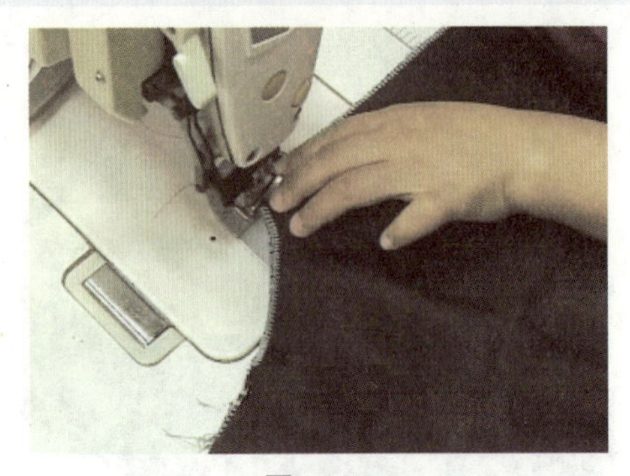
图 5-78

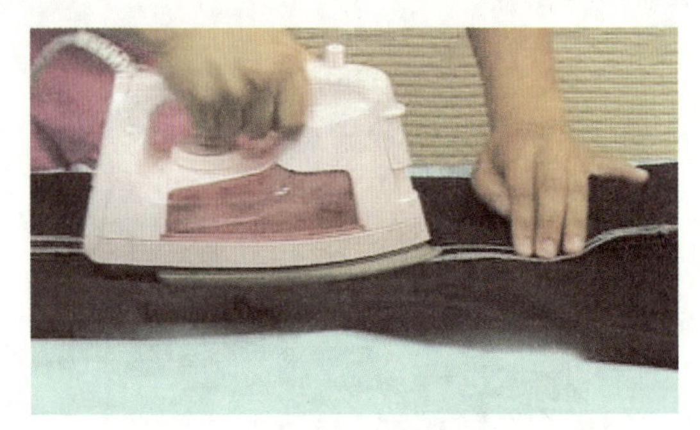
图 5-79

②把裤子翻至正面，保持后裤片原有的烫迹线，摆正裤子，在裤子内侧将侧缝和下裆缝对齐后熨烫前裤片挺缝线，挺缝线上接折裥下至脚口。（如图 5-80、图 5-81 所示）

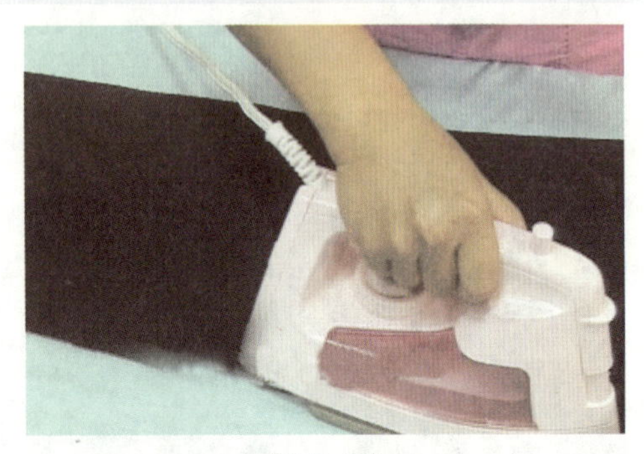
图 5-80

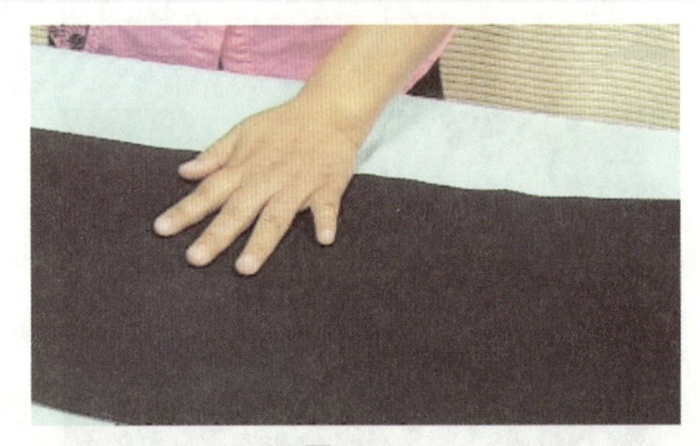
图 5-81

9. 做门里襟

①里襟反面烫上粘衬，外口拷边，门襟里反面粘衬；里襟面和里襟里正面相合，以 0.5 cm 缝份沿外口缉缝；缉好后在圆弧处略打剪口。（如图 5-82、图 5-83 所示）

图 5-82

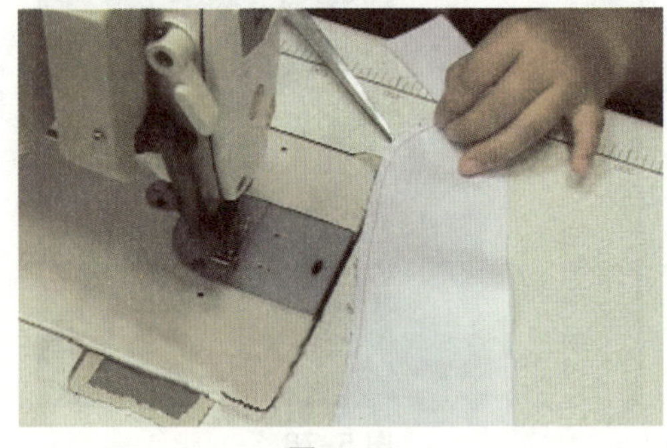
图 5-83

②将里襟翻至正面熨烫平顺，里襟外口里子坐进 0.1 cm 烫好，对齐里襟外口将里子折转烫好，烫好的小裆布宽 2 cm。（如图 5-84、图 5-85 所示）

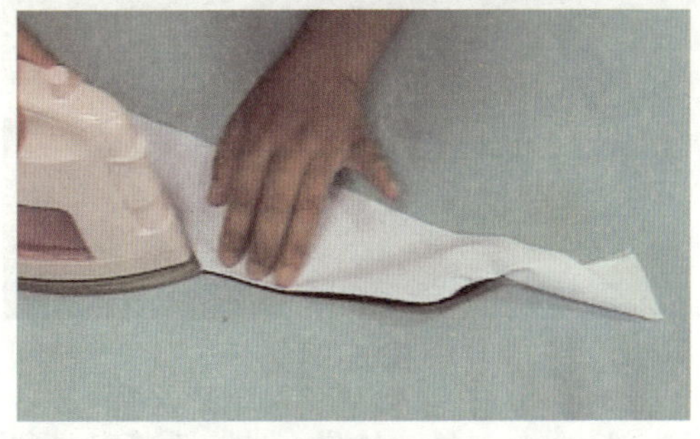

图 5-84

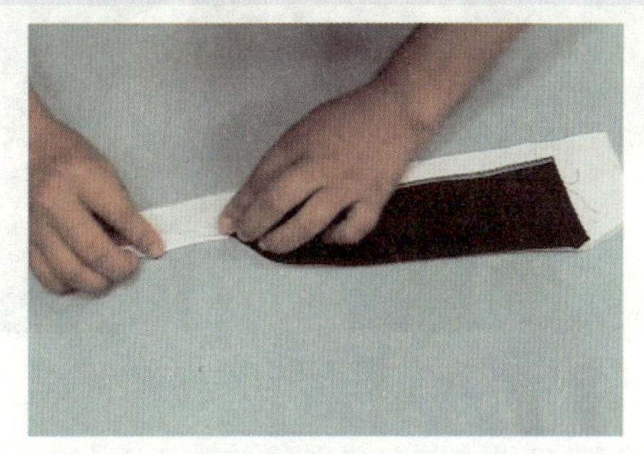

图 5-85

③在门襟反面烫上粘衬，外口绲边即可，弧形处绲条略松。（如图 5-86、图 5-87 所示）

图 5-86

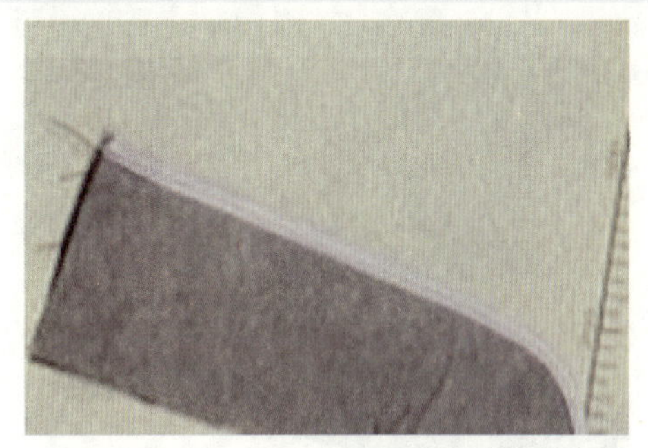

图 5-87

10. 装拉链

①将拉链右侧对齐里襟里侧，上口平齐，掀起里子，以 0.6 cm 缝份缝缉一道。（如图 5-88、图 5-89 所示）

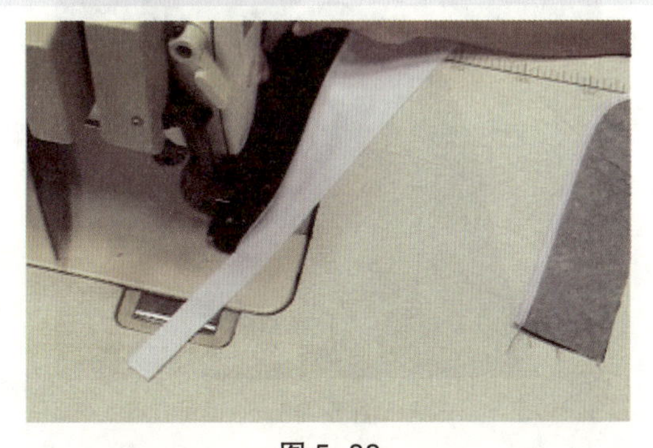

图 5-88

图 5-89

②合缉小裆。平齐拉链铁结封口下端，做好合裆标记，将左右前裤片正面相合，小裆边沿对齐，以此为起点以 1 cm 缝头合缉小裆。缝缉要求为：起始回针打牢；小裆弯势拉直缉；十字缝口对准，并缉过 10 cm（或缉至离腰口 10 cm，但注意后裆需按缝份缝合），为防爆线应缉双线；再将缉缝好的裆缝放在烫凳上分烫开。（如图 5-90、图 5-91 所示）

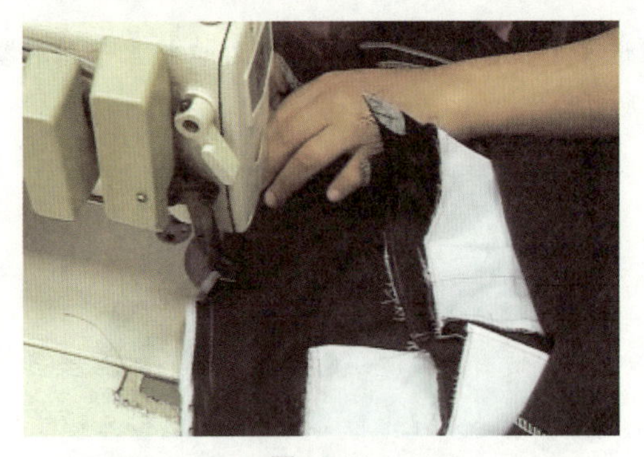
图 5-90

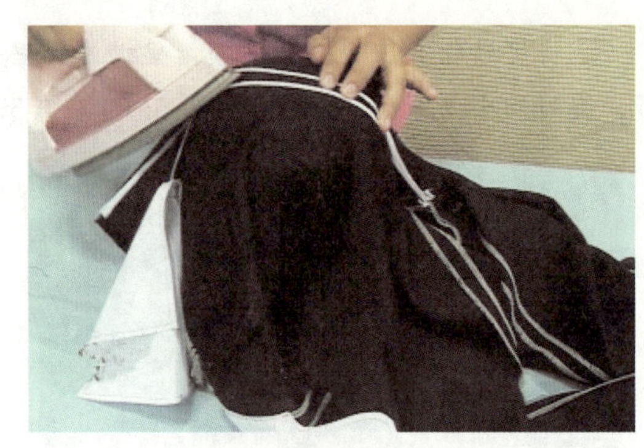
图 5-91

③装门襟。将门襟与左前片正面相合，边沿对齐，以 0.6 cm 缝头缉缝一道。再将门襟翻出放平，在门襟一侧缉压 0.1 cm 清止口。接着沿小裆缝份烫平门襟止口，门襟略坐进 0.2~0.3 cm。（如图 5-92、图 5-93 所示）

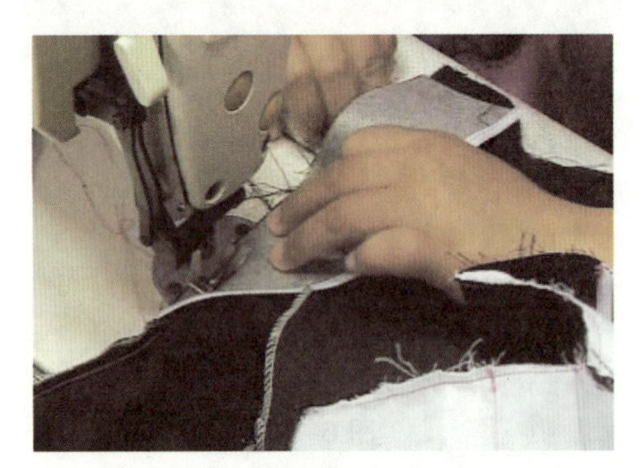
图 5-92

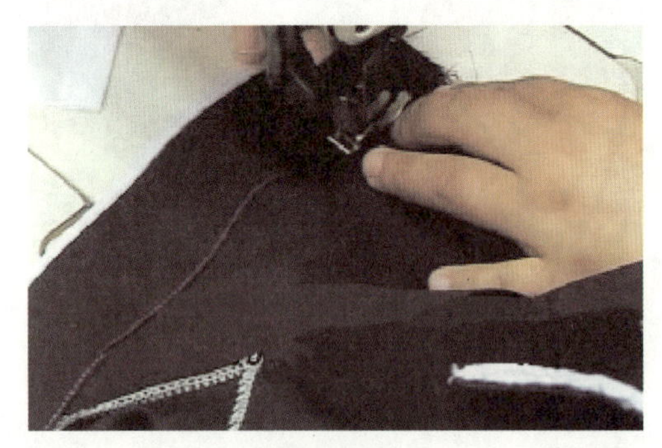
图 5-93

④将装上拉链的里襟与右裤片门襟边沿对齐，正面相合，则拉链居其中，掀开里子，以 0.6 cm 缝份将里襟、拉链、右裤片一并缉住。（如图 5-94、图 5-95 所示）

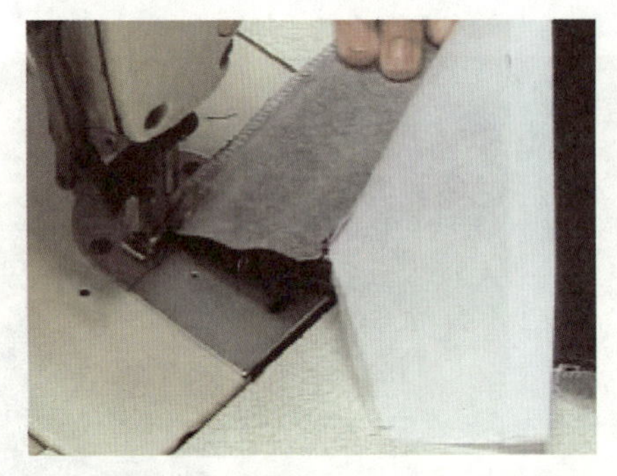
图 5-94

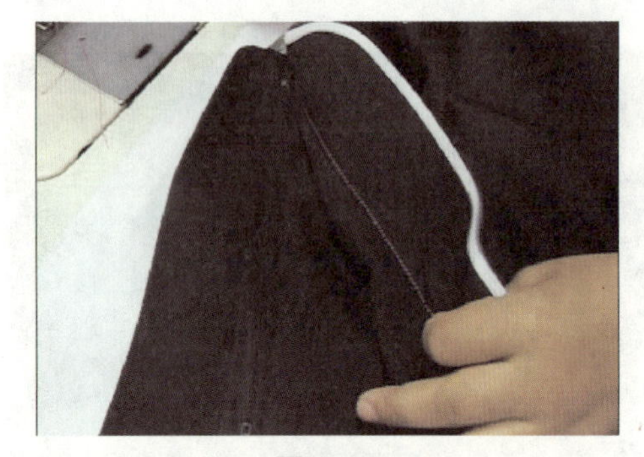
图 5-95

⑤缉门襟拉链。将拉链拉上，里襟放平，门襟与里襟上口对齐；门襟盖过里襟缉线（封口处 0.3 cm，中间 0.6 cm，上口 0.8 cm）捏住，翻过来在门襟贴边上将拉链左侧与门襟贴边缉住。（如图 5-96、图 5-97 所示）

图 5-96

图 5-97

11. 做腰

男西裤腰头通常采用分腰工艺，即制作左、右两片裤腰，分别装到左、右裤片上，待左右裤片缝合后裆缝时将左右腰头一并缝合。

①按照腰头规格裁剪腰衬（右腰头需加里襟宽度，左腰头需加宝剑头长度），无纺衬剪毛样，硬衬剪净样，先粘无纺衬再粘硬衬。腰面上口预留 1.5 cm 缝份、下口预留 1 cm 缝份；烫好后将上口缝份扣烫。（如图 5-98、图 5-99 所示）

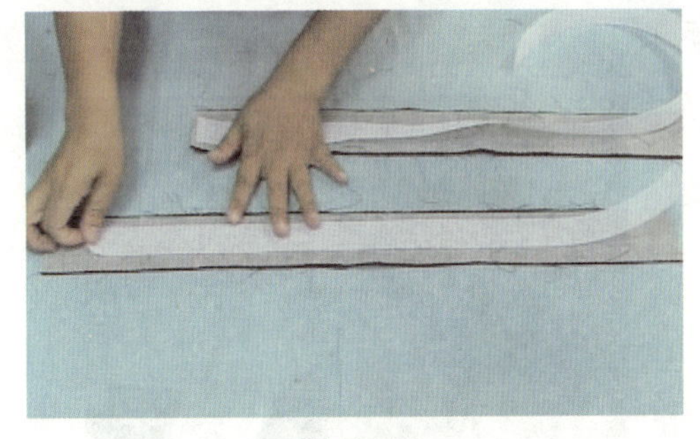

图 5-98

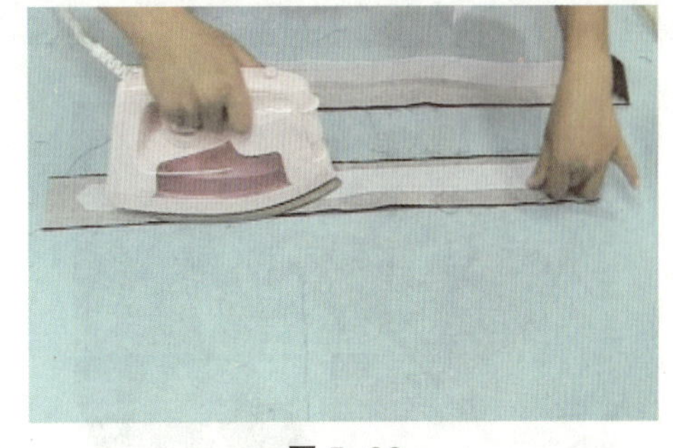

图 5-99

②将腰面上口缝份展开，正面朝上；腰里摆放在腰面距离扣烫线 0.5 cm 处，采用搭接缝方法缝合面里，在腰里一侧缉压 0.1 cm 明止口，并将腰头面里反面相合，腰面坐过 0.5 cm 将腰头上口烫好。（如图 5-100、图 5-101 所示）

注意：腰里左端离宝剑头 7~8 cm、右端离里襟 4 cm；并在腰面下口做好门里襟、侧缝、后缝对刀标记。

图 5-100

图 5-101

③左腰头做宝剑头。将粘好衬的宝剑头里摆放在左腰头面上，按造型要求从宝剑头处缉线，注意腰里可略紧些；清剪缝份后翻烫成型（在宝剑头下口处打开剪口以便翻出宝剑头）。（如图5–102、图5–103所示）

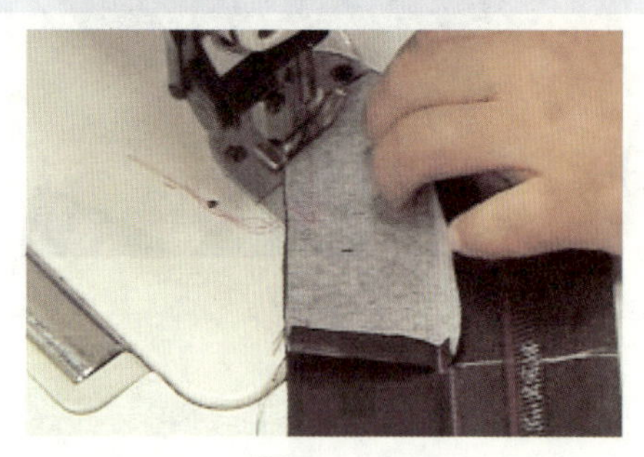

图5–102

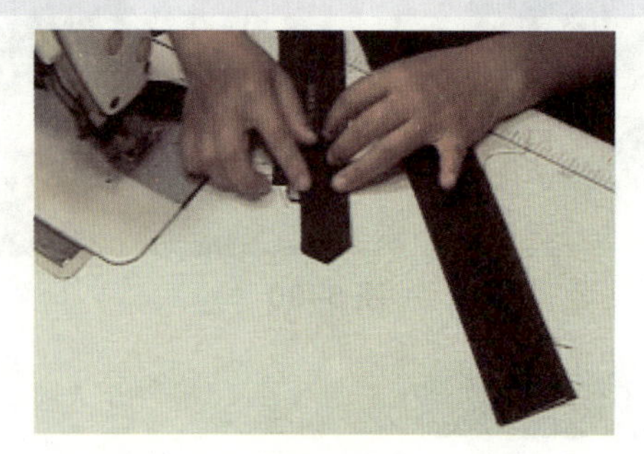

图5–103

12. 做裤袢

取长10 cm、宽3.5 cm直料6根做裤袢。将裤袢两边向中间各扣折0.7 cm，再对折后在正面两边缉压0.1 cm明止口。若面料太厚，采用正面相合，边沿对齐，以0.7 cm缝份缉一道。然后让缝子居中，将缝份分开烫平服。用镊子夹住缝份将裤袢翻到正面，让缝子居中将裤袢烫直。再缉压0.1 cm明止口。（如图5–104、图5–105所示）

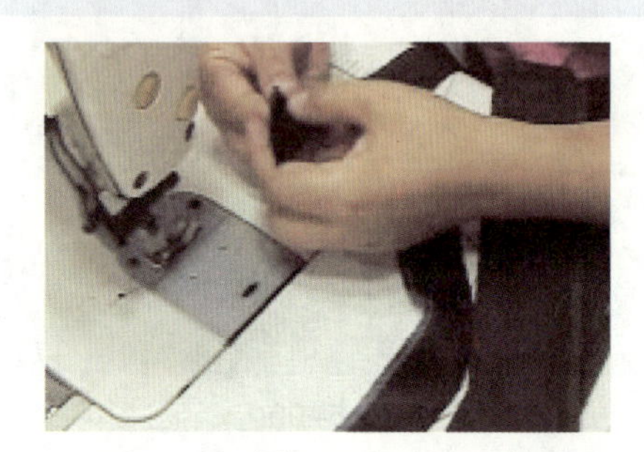

图5–104

图5–105

13. 装腰

（1）装裤袢

修顺腰口，校正尺寸。先固定裤袢，裤袢与裤片正面相合，上端平齐腰口，离边0.5 cm缉一道定位，离边2 cm来回4道缉封裤袢。左右裤片各缉3根裤袢：前裥裥面一个、离后裆净缝3 cm处一个、中间1/2处一个。

（2）绱腰面

腰面与裤片上口正面相合，装腰时眼刀对准，边沿对齐，以0.8 cm缝份（距腰硬衬0.2 cm）缉合。装腰时先装左腰，应注意将门襟贴边拉出，腰头实际长度位置对齐门襟扣折位置起针缉线至后中缝，要求缉线顺直、平整。右腰从后中缝开始缉缝，应注意将里襟里拉开，腰头只与里襟面缉缝。（如图5–106、图5–107所示）

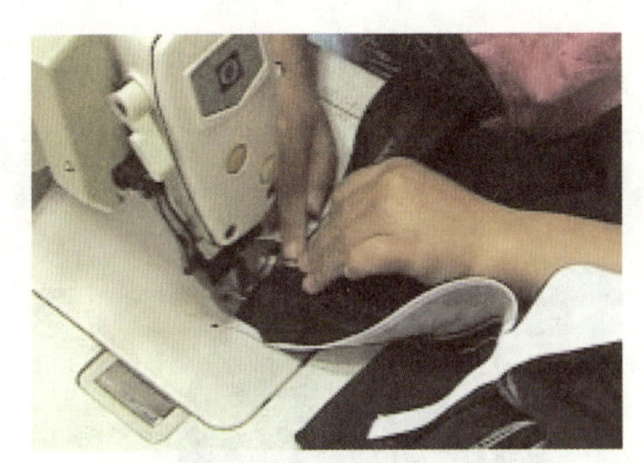

图 5-106

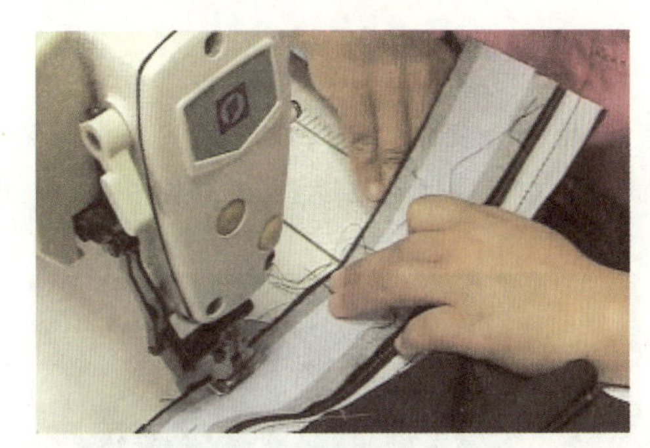

图 5-107

（3）缝制左腰头

将宝剑头里摆放平整，并向里侧扣折毛边（与门襟同宽），然后在腰里上画粉印；再把门襟与宝剑头缝至反面缉缝（注意剪口处缉缝到位），翻正后掀开腰面将宝剑头里沿着粉印与腰里缉缝固定。（如图 5-108、图 5-109 所示）

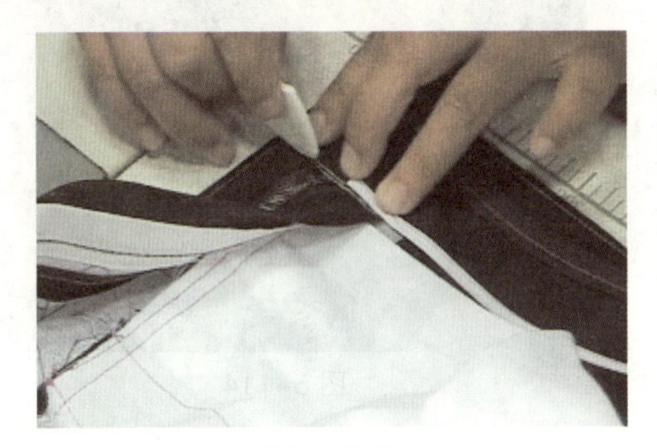

图 5-108

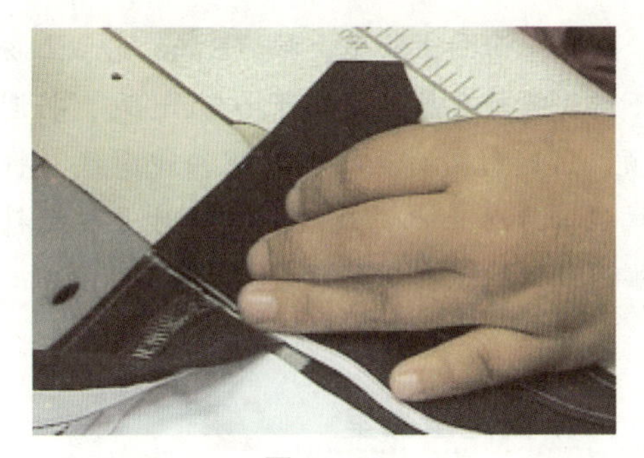

图 5-109

（4）缝制右腰头

将里襟里翻至与腰面相对，沿着腰里上口边缘，按里襟里造型与腰面缉合，注意里略拉紧些；再将面、里翻正，沿里襟止口将里襟腰头端口扣烫顺直，里坐进 0.2 cm。最后将里襟里与腰里固定。（如图 5-110、图 5-111 所示）

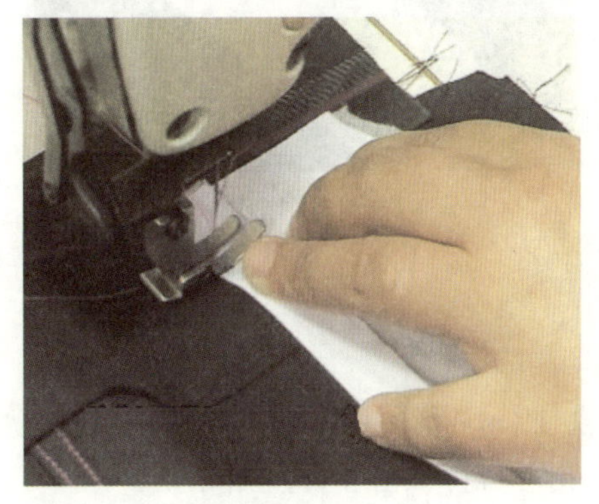

图 5-110

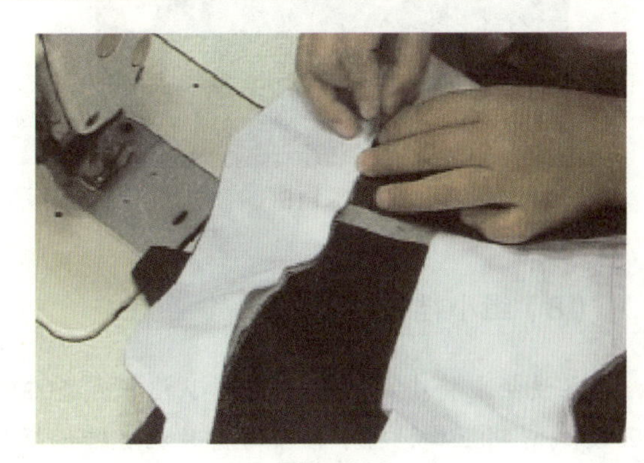

图 5-111

（5）装四合扣

门襟腰头装裤钩，高低以腰宽居中为标准，左右以拉链对齐为宜。里襟腰头装裤袢一枚，高低左右与裤钩位置相适宜。（如图 5-112、图 5-113 所示）

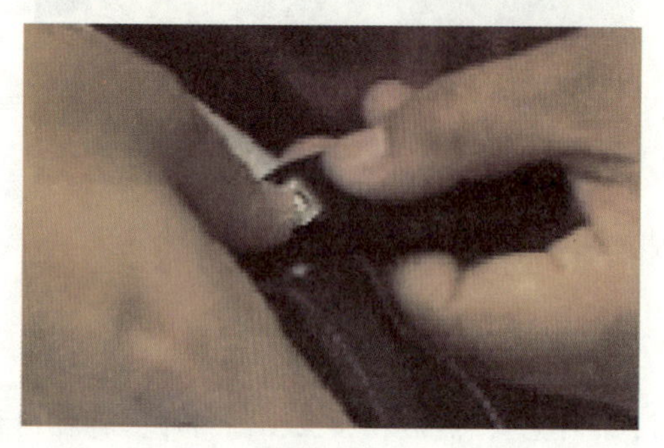
图 5-112

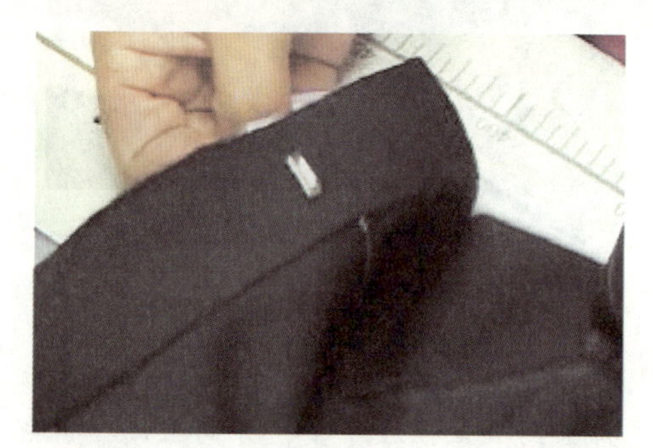
图 5-113

（6）缉门襟明线 

门襟正面向上放平，按 3.5 cm 宽画上粉印，注意下端圆头位于拉链铁结下 0.5 cm 处，将圆头画准画顺。然后由圆头至腰口按照粉印缉线，将门襟贴边缉住。为防止出现皱纹，缝缉时上层面料可用镊子推送或用硬纸板压着缉。（如图 5-114 所示）

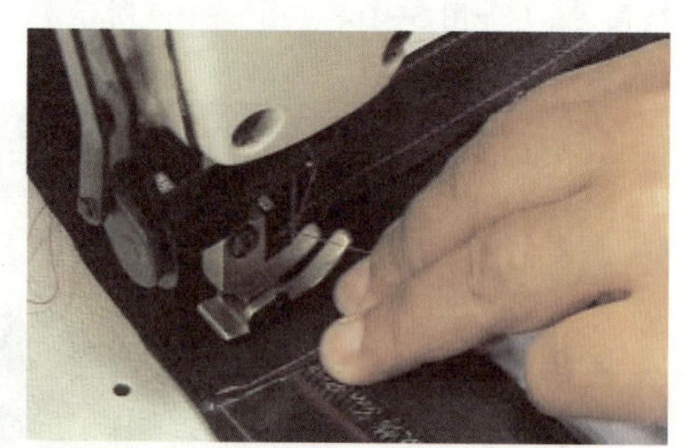
图 5-114

（7）固定里襟里 

翻正裤子，把里襟里在内侧摆放平整，从正面沿右裤片缉 0.1 cm 明线固定里襟里。（如图 5-115、图 5-116 所示）

图 5-115

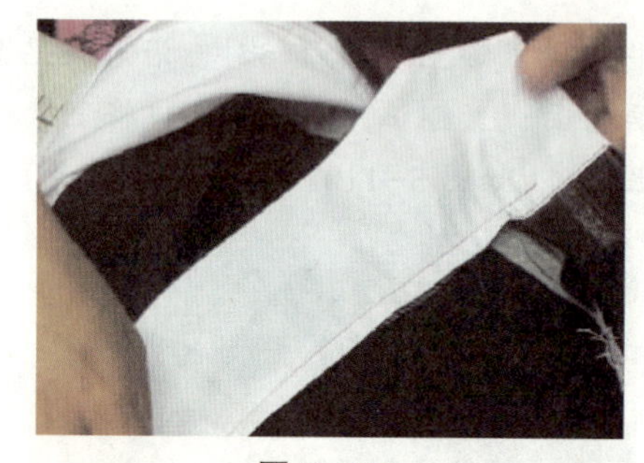
图 5-116

（8）缉小裆布 

在铁凳上将小裆轧烫平整，小裆布覆盖在裆底缝头上，下口折光，沿小裆布两侧折光边缉压 0.1 cm 明止口，将小裆布与裤片裆底缝份缉住。（如图 5-117、图 5-118 所示）

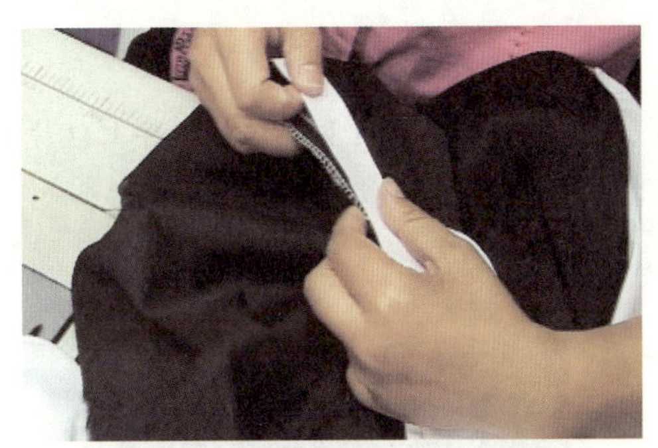

图 5–117

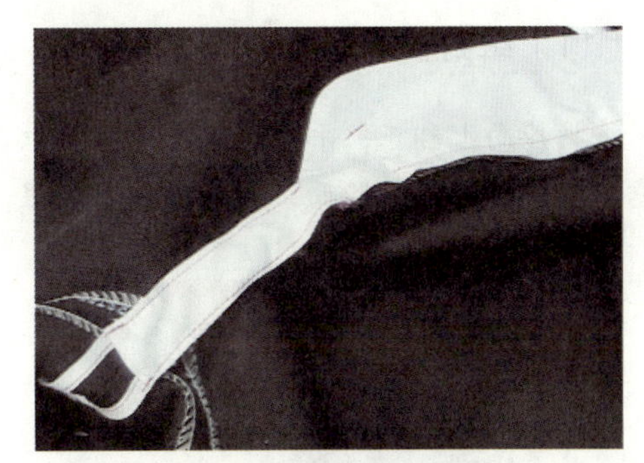

图 5–118

（9）合缉后裆缝 

将左右后裤片正面相合，后中腰头面与面、里与里正面相合，上下层对齐，由原裆缝缉线叠过 4 cm 起针，按后裆缝份缉向腰口。注意后裆弯势拉直缉线，腰里下口缉线斜度应与后裆缝上口斜度相对应，为防爆线后裆缝应缉双线。接着把后缝分开烫平服，再将腰面烫直烫顺，装腰缝份朝腰口坐倒。（如图 5–119、图 5–120 所示）

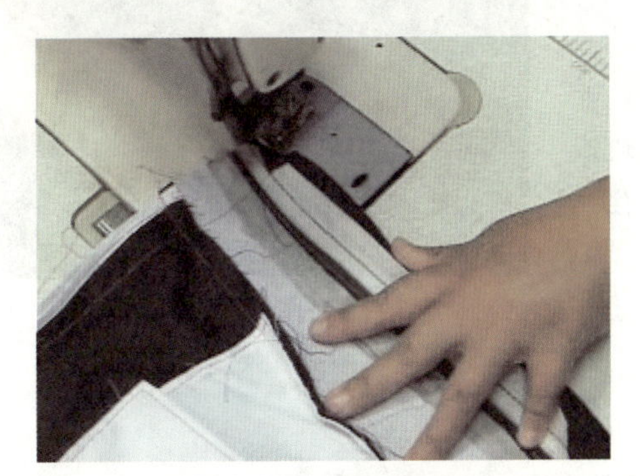

图 5–119

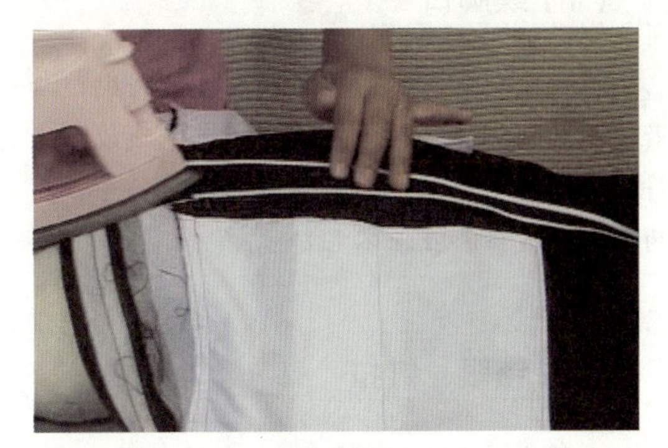

图 5–120

（10）固定腰里 

自门襟开始，在装腰线下 0.1 cm 处缉别落缝，将腰里缉住。缉腰节线应注意上下层一致，上层面子应用镊子推送，下层里子当心起皱纹，应保证腰里平服。（如图 5–121、图 5–122 所示）

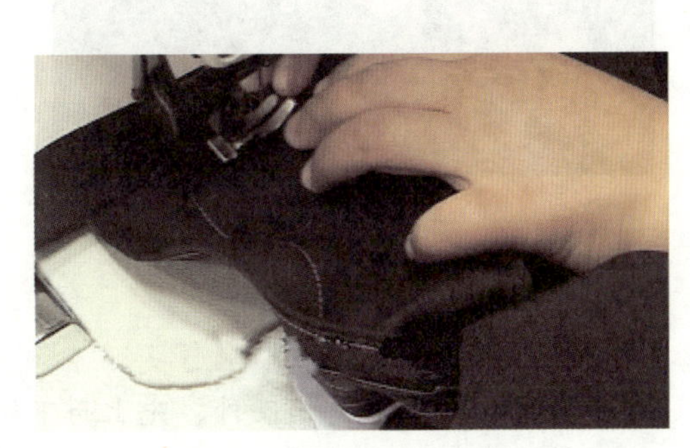

图 5–121

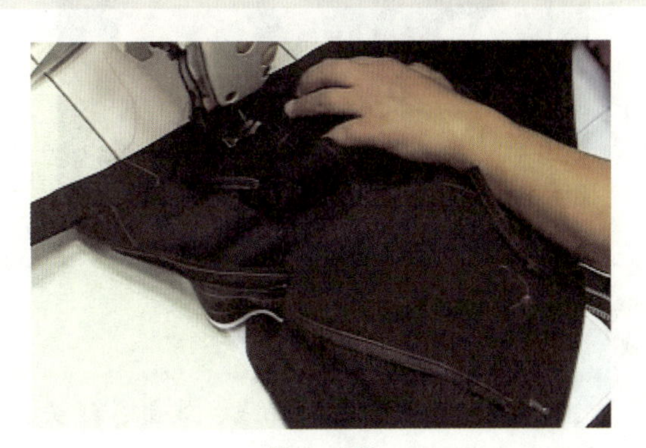

图 5–122

(11) 缉封裤袢 

将裤袢向上翻正，平齐腰口折光，上口离边 0.3 cm，来回缉压 4 道明线，将裤袢上口封牢。注意封线反面只缉住腰面，而不能缉住腰里。(如图 5-123、图 5-124 所示)

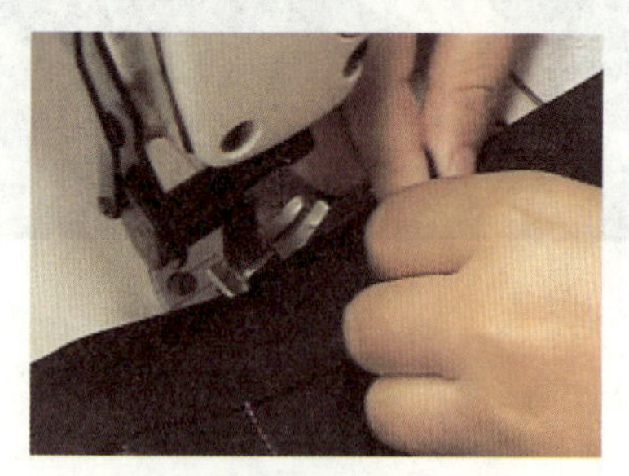

图 5-123

图 5-124

14. 后整理

(1) 缲脚口 

将裤子反面翻出，按照脚口线钉将贴边扣烫准确，并沿边用扎线将贴边扎定，然后用本色线以三角针沿锁边线将脚口贴边与大身绷牢。注意绷线应松点，大身只缲住一两根丝缕，裤脚正面不露针迹。(如图 5-125 所示)

图 5-125

(2) 锁眼、钉扣 

左腰头居中距宝剑头 1.5 cm 处锁圆头眼 1 只，后袋嵌线下 1 cm 居中锁圆头眼 1 只，眼大均为 1.7 cm。袋垫头和里襟相应位置钉纽扣 1 粒，纽扣直径 1.5 cm。(如图 5-126、图 5-127 所示)

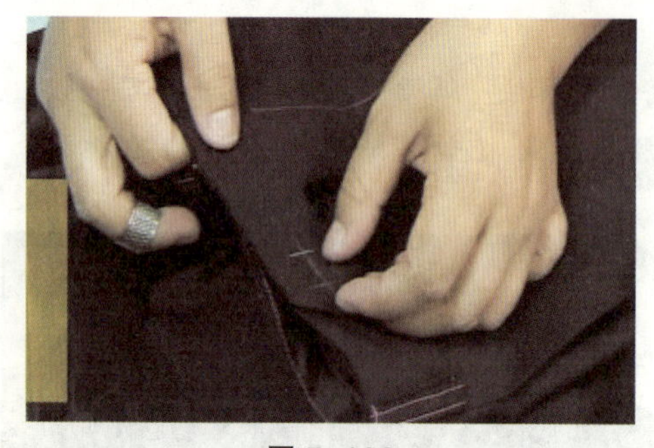

图 5-126

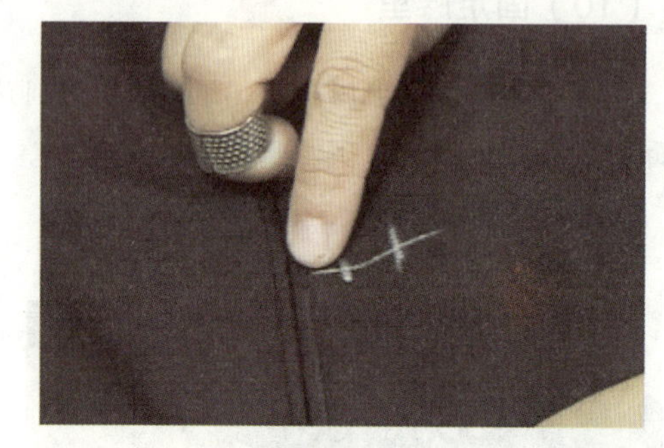

图 5-127

15. 整烫

整烫前应将裤子上的扎线、线钉、线头、粉印、污渍清除干净，按先内而外、先上而下的次序，分步整烫。

①烫裤子内部。在裤子内部重烫分缝，将侧缝、下裆缝分开烫平，把袋布、腰里烫平。随后在铁凳上把后缝分开，弯裆处边烫边将缝份拔弯，同时将裤裆轧烫圆顺。

②熨烫裤子上部。将裤子翻到正面，先烫门襟、里襟、裥位，再烫斜袋口、后袋嵌线。熨烫方法是：上盖干湿布两层，湿布在上，干布在下。熨斗在湿布上轻烫后立即把湿布拿掉，随后在干布上把水分烫干，不可烫得太久，防止烫出极光。熨烫时应注意各部位丝向是否顺直，如有不顺可用手轻轻捋顺，使各部位平挺圆顺。

③烫裤子脚口。先把裤子的侧缝和下裆缝对准，然后让脚口平齐，上盖干湿布熨烫，熨烫方法同上。

④烫裤子前后挺缝。应将侧缝和下裆缝对齐，裤子的前挺缝线的条子或丝向必须顺直，如有偏差，应以前挺缝丝向顺直为主，侧缝、下裆缝对齐为辅。先烫前挺缝，在前挺缝上盖干湿布熨烫，熨烫方法同上。再烫后挺缝，将干湿水布移到后挺缝上，先将横裆处后窿门捋挺，把臀部胖势推出，横裆下后挺缝适当归拢。上部不能烫得太高，烫至腰口下 10 cm 处止，把挺缝烫平服。然后将裤子调头，熨烫裤子的另一片，注意后挺缝上口高低应一致。烫完后应用衣架挂起晾干。

第六章　西服缝制工艺

知识目标

明确男、女西服测量的方法及标准，了解男女西服的种类，掌握男、女西服的尺寸要求及质量标准；男女西服的样版制作和工艺流程。

技能目标

了解不同类型西服的缝制工艺及版型特点，掌握男西服、女西服的缝制方法及技术要求，加深学生对西服结构设计原理理论知识的理解及实际操作能力，并使学生掌握西服样版的放缝及裁剪。

情感目标

通过观察、学习、实践、讨论，激发学生的学习动机，培养学生的学习兴趣。

思维导图

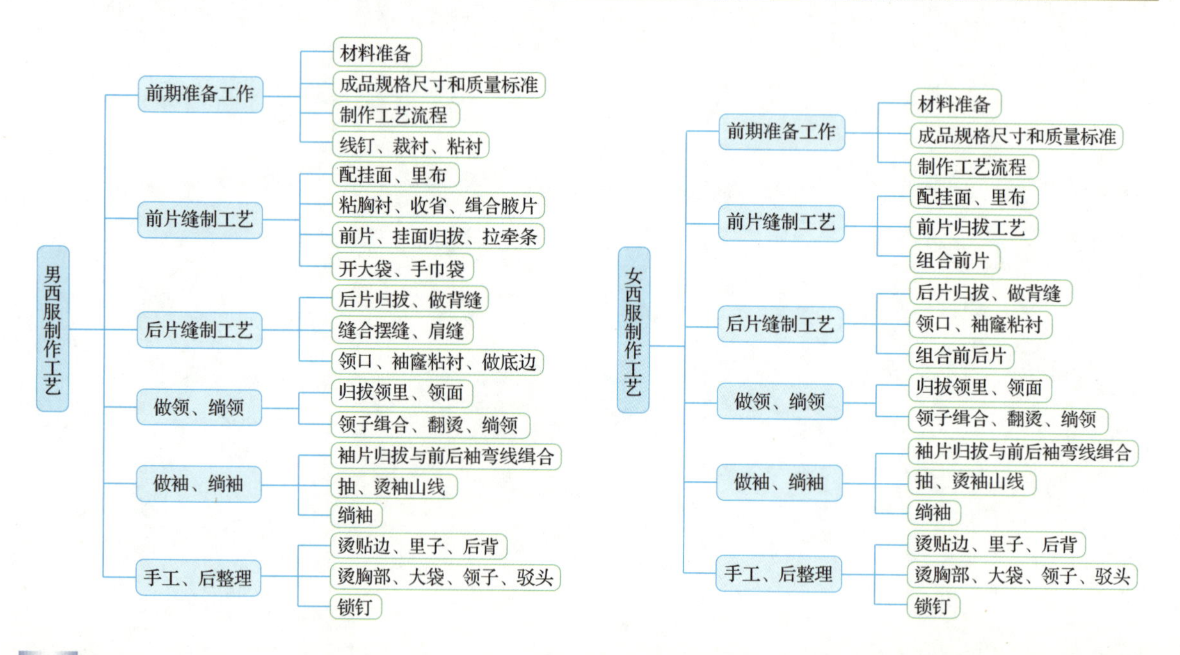

第一节 女西服制作工艺

一、缝制前期准备

1. 女西服外形概述

平驳头，单排暗门襟，四粒纽，门襟方角；圆装袖；前后衣身开公主线；后背做中缝。（如图 6-1 所示）

图 6-1

2. 成品规格设计

女西服主要部位规格，以号型 160/84A 为例，见表 6-1。

表 6-1　女西服主要部位规格表

单位：cm

名称	号型	衣长	胸围	肩宽	袖口	袖长
规格	160/84A	99	96	40	13	21

3. 材料准备

面料：

门幅：144 cm；用料：衣长 + 袖长 +10 cm；

里料：

门幅：144 cm；用料：衣长 + 袖长；

辅料：

有纺衬（100 cm）、涤纶线（1 个）、扁纽扣（4 粒）。

4. 质量要求

①成品规格正确。

②面、里衬松紧适宜，穿着饱满、挺括。

③领头、领脚造型正确，串口丝绺顺直，驳、领、窝顺，高低一致。

④前身胸部圆顺，饱满，收腰一致，丝绺顺直。门里襟长短一致，平服不外吐，高低一致，衣角方正，底边顺直。

⑤背缝顺直，收腰自然。

⑥肩缝顺直符合肩型。

⑦袖山吃势均匀，两袖圆润居中，弯势适宜，袖口平整，大小一致。

⑧里子光洁、平整。

⑨整烫要求平、薄、顺、窝、活。

5. 女西服缝制的重点、难点

①衣片归拔。

②做领、装领。

③做袖、装袖。

6. 女西服的工艺流程

女西服的工艺流程如图 6-2 所示。

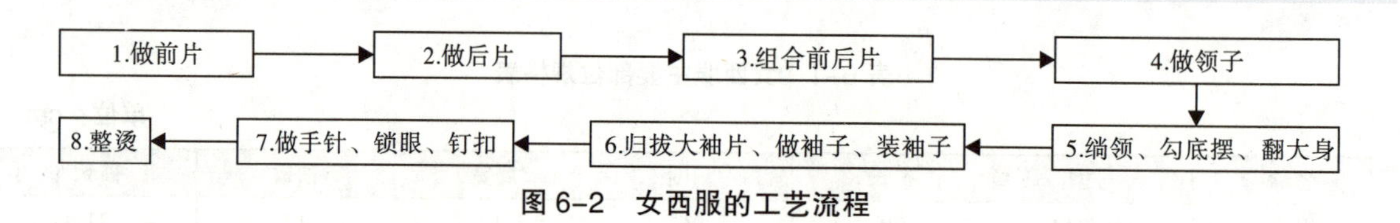

图 6-2　女西服的工艺流程

二、前片缝制图解

1. 做前片

在粘好有纺衬的衣片上，用净样版将净样线画好。根据不同的生产方式，采用不同的标记方法，在各标记点上做好标记，以保证左右衣片的对称性。（如图 6-3、图 6-4 所示）

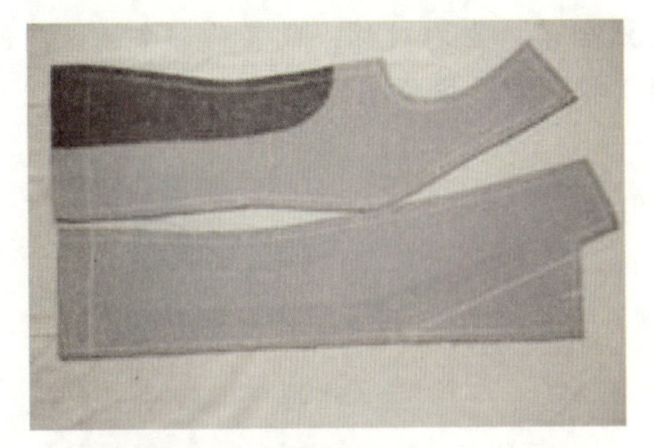

图 6-3

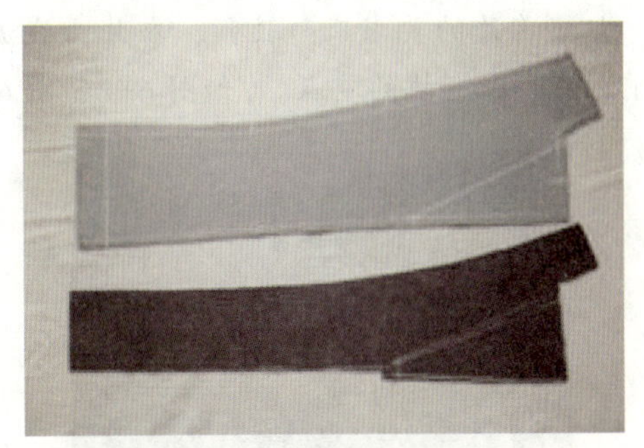

图 6-4

2. 配挂面

①把挂面覆在前片叠门部位，丝绺摆正，在翻驳线上领口处放出 0.7 cm，下驳头处放 0.3~0.7 cm。在驳领上口处比前片放出 0.5 cm，在驳领下叠门止口处与前片一致。

②领缺嘴处比前片放出 0.3~0.5 cm。

③从缺嘴交叉点起，以领口线为依据，测量起翘高 1 cm，把串口画直。在颈侧点处挂面宽为 4 cm、前底边处宽为 10 cm 左右处顺上下两点就是挂面里止口线。

3. 配夹里

夹里净缝比面料短 2~2.5 cm，摆缝、肩缝处夹里与衣片一致，公主线处各放出 0.3~0.5 cm，叠门处夹里与挂面里止口放出 2 cm，在挂面内侧配好里袋布。（如图 6-5、图 6-6 所示）

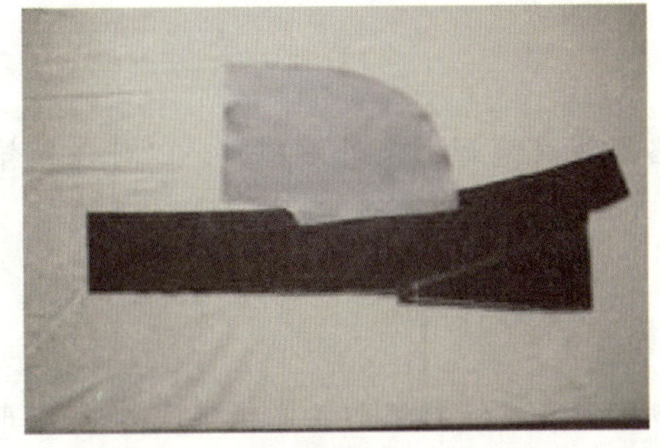

图 6-5

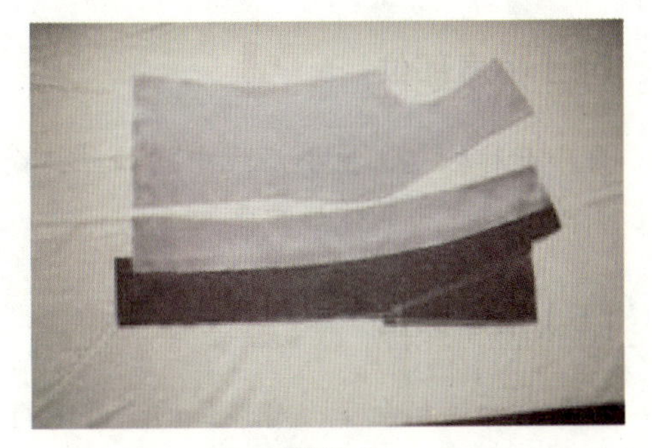

图 6-6

4. 缉合公主线

正面对合平缉缝。在 BP 点上下 3 cm 处，将前中片吃进 0.3~0.5 cm，其他部位均保持均匀松紧。再分烫缝份，并烫平压薄。（如图 6-7 所示）

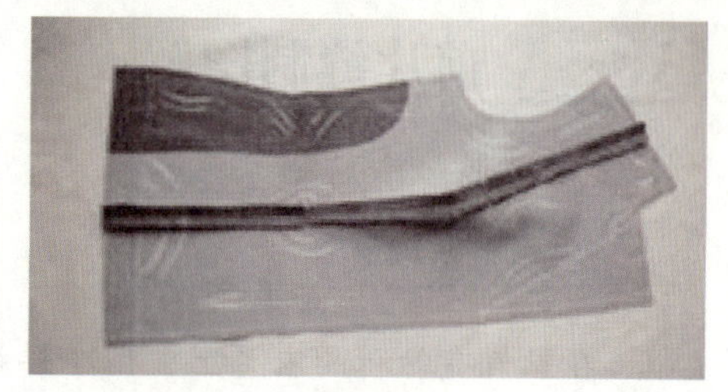

图 6-7

5. 归拔前片

归拔前片的要求有：驳领、衣片曲线流畅、自然合体，左右对称，服装胸部丰满、圆润，是前片推、归、拔的重点。（如图 6-8、图 6-9 所示）推、归、拔顺序如下：

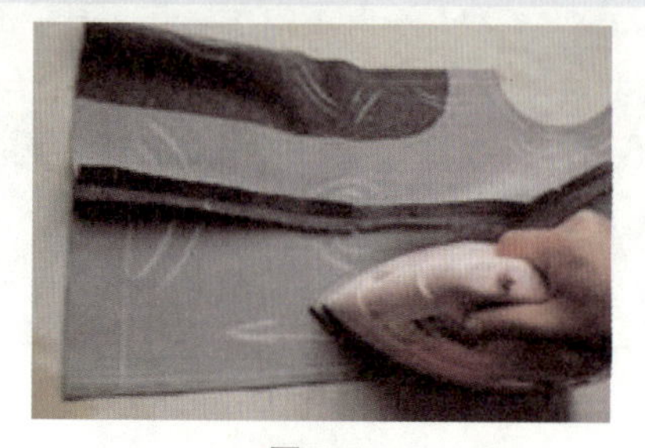

图 6-8

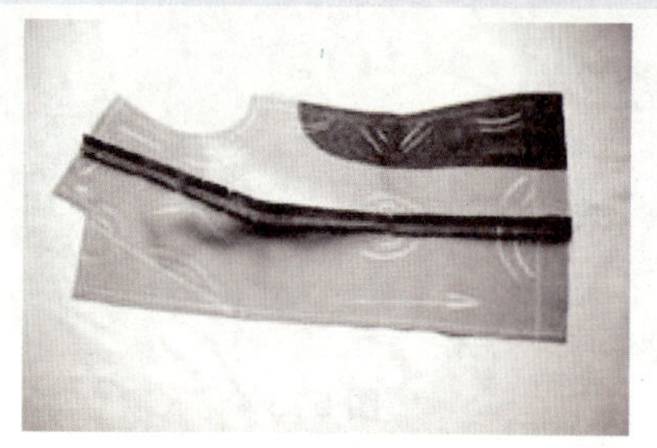

图 6-9

（1）驳领叠门部位 

自叠门下底边起向上推进，直、横丝绺烫直。从第一粒纽位起到驳嘴的直丝绺要向胸高点方向烫直。

（2）摆缝部位

自摆缝底边起烫到袖窿底上，归拔腰节下摆缝的满势。推出腹部胖势，拔开腰节凹势，使整条摆缝成为直线。

（3）脖根部位

前领圈出横、直丝绺归正。把前领圈靠近小肩线 2 cm 以内的直丝绺、小肩线靠近前领圈 2 cm 以内的横丝绺，烫成向上翘的弯形，以适应人的肩与脖之间的弧形需要。

（4）小肩部位

自小肩脖根起，把小肩线中间横丝绺向锁骨处略微拔成弯形，肩外端翘起，以符合锁骨凹进、肩骨外端突出的体形需要。

（5）袖窿部位

自小肩外端起向下，肩部位的斜势不得拉宽和归拔，直、横丝绺归正。袖窿深 1/2 处开始向胸高点处推移。把袖窿一面的直丝绺向胸高点方向烫弯。同时归拢前龙门袖窿弧线，为使前片袖窿处显现出立体形态打好基础。

（6）底边部位

自底边叠门处起向腹部推移，至下底边摆缝处止，推出腹部胖势，把下底边横丝绺烫弯，底边线烫直，不得超过臀部位 2/3 的位置。

（7）中腰部位

以腰节线为界，分别把胸腰省归烫平服。

（8）前胸部位

熨烫驳领叠门与袖窿部位，是从左右两面推出了胸部的胖势。为使胸部造型丰满圆润，还可以经过胸高点的横丝绺为分界线，进一步从上下两面把胸部熨烫圆润。

6. 粘烫驳口和袖窿牵条

沿驳口线内侧上距驳口线 1.5 cm、下距驳口线 1 cm 处，粘烫牵条，粘烫时略带拉力。将归烫好的袖窿粘上牵条以防止拉伸，注意牵条的拉力要适中，以保证胸部的造型。（如图 6–10、图 6–11 所示）

图 6–10

图 6–11

7. 归拔

衣服归拔后的状态应该是整个衣片曲线流畅、自然合体，左右对称，胸部造型丰满圆润，腹部有胖势。（如图 6–12、图 6–13 所示）

图 6–12

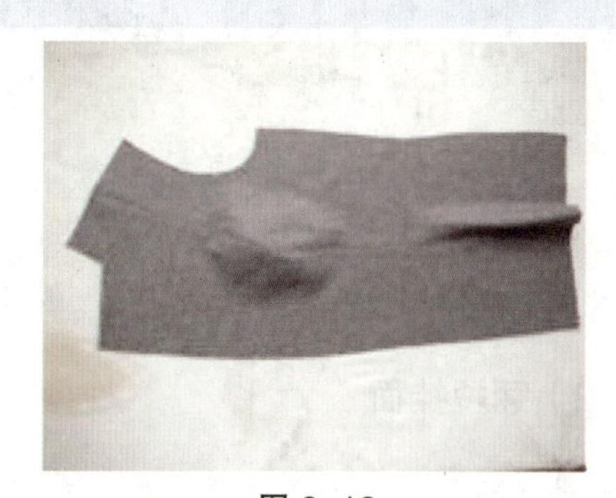

图 6–13

8. 勾挂面

要求：挂面里外平服，有窝势，止口坚固，挺薄顺直。

①定挂面：前片在下，挂面在上，正面复合，扎定住。驳头外止口的挂面横丝缕朝驳折线方向插进 0.7~1 cm，使直丝缕隆起。缺嘴角两边的挂面直、横丝缕也要放有吃势，以利缺嘴角窝服。（如图 6–14、图 6–15 所示）

图 6–14

图 6–15

②底边与叠门 10 cm 交叉角，向挂面卷起，在直、横丝缕上叠门都要有吃势，挂面紧些，定出下角窝势。从驳领下端起，沿着叠门止口向下，距底边 10 cm 处止，直丝缕上挂面松一些，以免叠门回止口。（如图 6–16 所示）

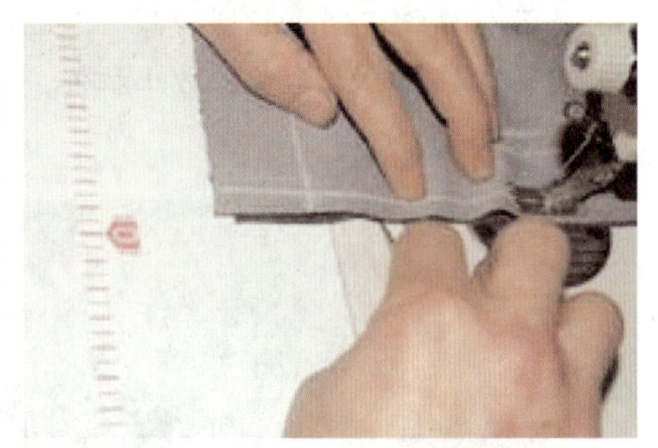
图 6–16

9. 清剪挂面

（1）修剪缝份

把叠门、挂面所缉缝子修成两个层次，挂面缝子宽 0.5 cm。缺嘴角上缝子也修剪成两个层次。这样止口正面缝子比较薄，而且平整。（如图 6–17、图 6–18 所示）

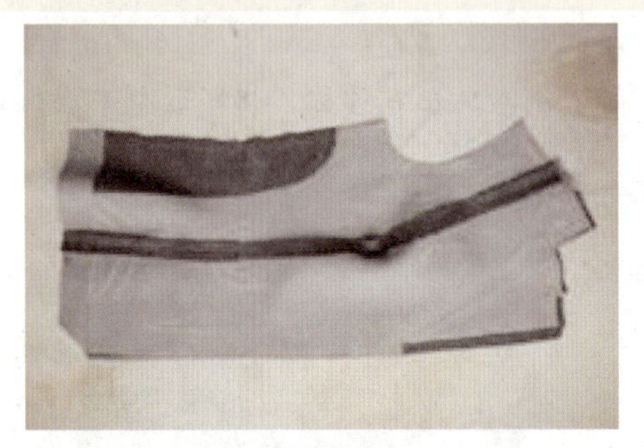
图 6–17

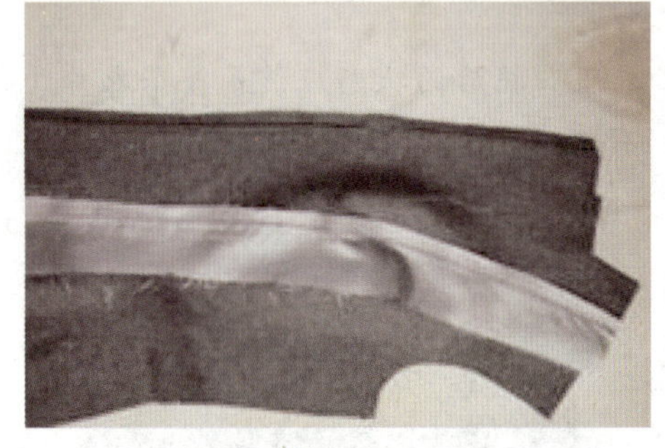
图 6–18

（2）翻烫挂面

把缉好的挂面止口压烫薄。先把底摆按折边宽度烫好，再把挂面正面朝外翻出，保持领脚摆角方正。以叠门驳头止点为界，分上下两段进行，驳领止口处坐出挂面，叠门止口处，前片叠门坐出。烫好后，按里袋位做里插袋，最后将里料前片缝合并坐倒 0.2 cm 烫平。（如图 6–19、图 6–20 所示）

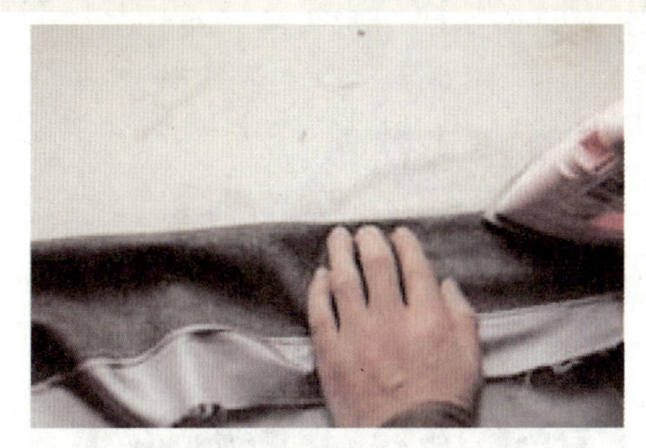

图 6–19

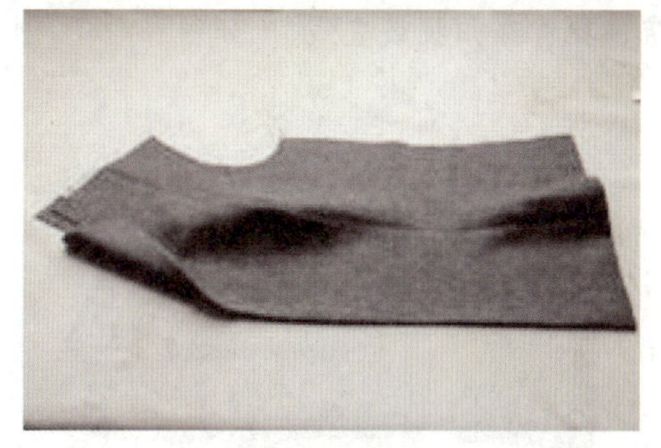

图 6–20

三、后片缝制图解

1. 缝制标记和放缝

可根据不同的生产方式用不同的标记方式，以保证左右衣片的一致性。面料放缝：领口、肩缝、侧缝、公主线处均放出 1 cm 缝份，底摆放出 4 cm，后中缝放出 2 cm 。

里子放缝：领口放出 0.2 cm，袖窿出放出 0.3~0.5 cm。肩缝、侧缝与衣身一致，底摆比面子短 2 cm，后中缝领口处放出 2.5 cm，缉合 2 cm 往下 6 cm 处放出 1.5 cm。至后中腰处放出 2.3 cm。（如图 6–21、图 6–22 所示）

图 6–21

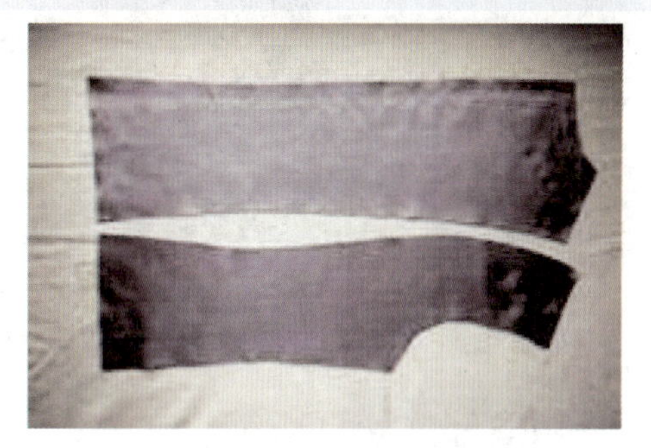

图 6–22

2. 配后领圈

用面料裁配，在后中宽为 6 cm，肩线处宽为 4 cm 与挂面平齐一致，领口处与夹里一致。（如图 6–23 所示）

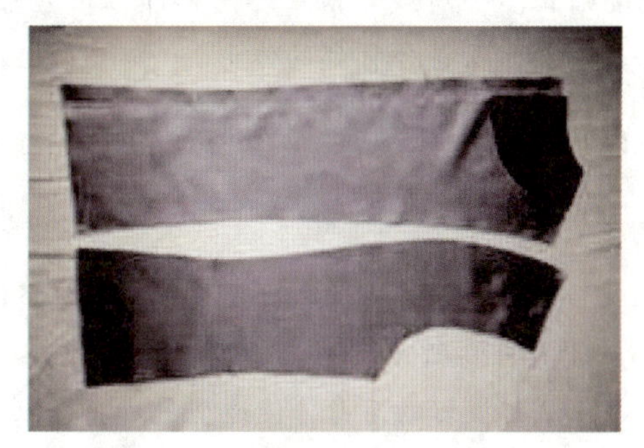

图 6–23

3. 辑合后中缝，归拔后片

要求：背缝、摆缝自然挺直，背部、臀部圆润，胖势适体，袖窿处归拔，左右对称。

(1)背中线部位

把左右两片沿背中缉合，熨斗自背中线下底边向上推进，拔开腰节凹势，推出臀部及背部胖势，把背线归拔成直线。(如图 6-24、图 6-25 所示)

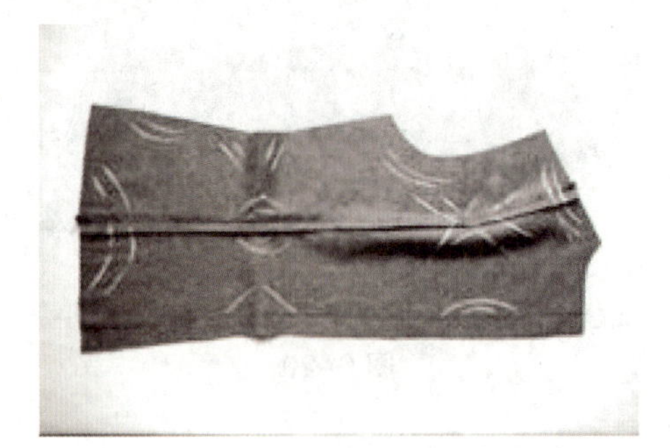

图 6-24

图 6-25

(2)摆缝部位

拔开腰节凹势，推出臀部及背部胖势，把低摆缝线归拔成直线。(如图 6-26、图 6-27 所示)

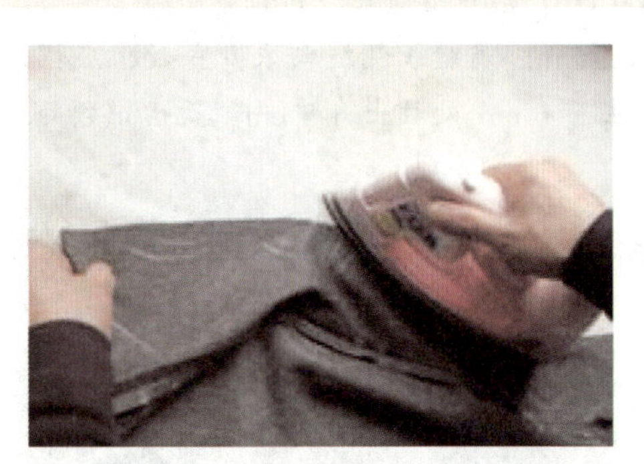

图 6-26

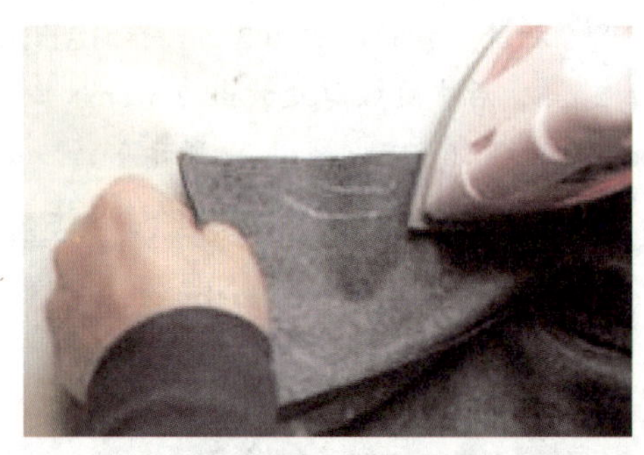

图 6-27

4. 领肩部位

自背中线后领口起向肩部推进，后领直，横丝绺归正。小肩线处横丝绺向背部推出弯形，小肩线归顺直，以符合背部的体形。(如图 6-28 所示)

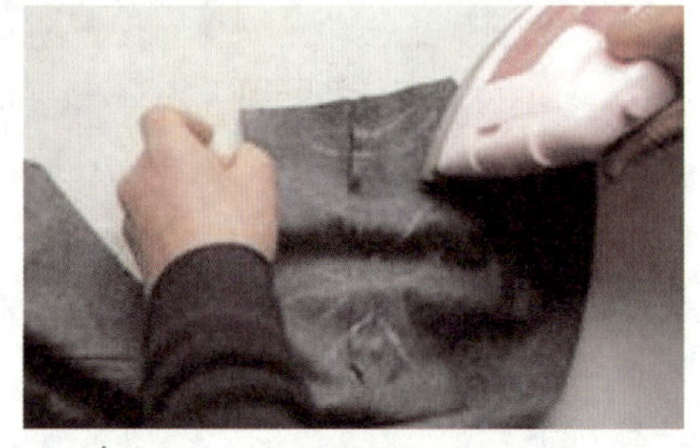

图 6-28

5. 袖窿部位

①自小肩线外端起向下，把袖窿部位的直丝绺向背骨一边推成弯形，为后戳势创造条件。(如图 6-29 所示)

②归拔好的后身，使造型更加符合人体曲面的要求，然后将背中线分烫平。(如图 6-30 所示)

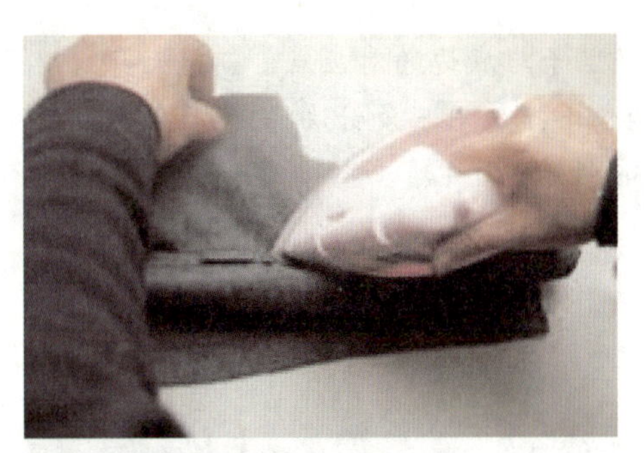
图 6-29

图 6-30

6. 粘牵条

①将归拔好的领线用牵带粘烫牢固；再将牵条粘在袖窿上，要略带拉力粘烫牢固。（如图 6-31、图 6-32 所示）

图 6-31

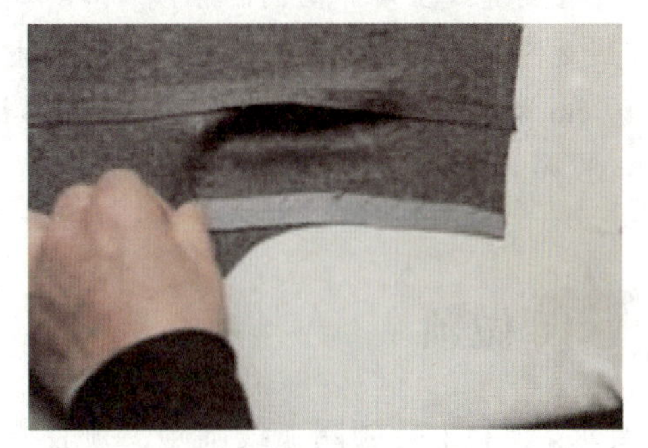
图 6-32

②带底边衬：用横纱有纺衬粘烫在底边上，以保证下摆的稳定。（如图 6-33 所示）

③勾夹里领托：先将后里片按缝份缝合，采用坐倒缝将里料烫平，再把领托按领弧缉缝好。（如图 6-34 所示）

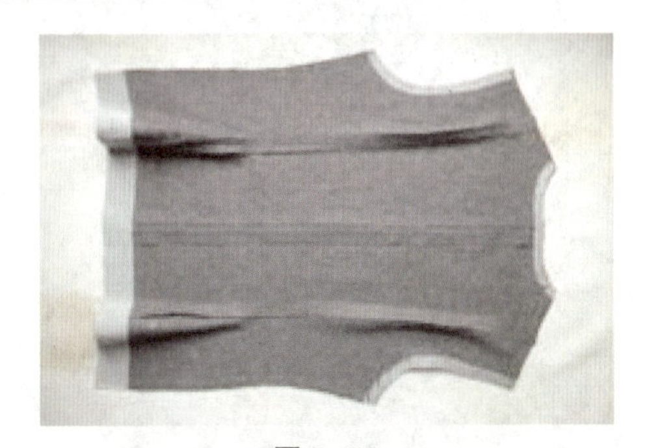
图 6-33

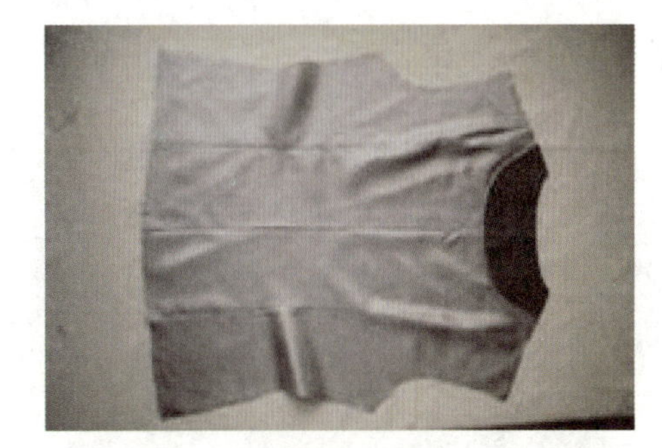
图 6-34

7. 组合前后片、勾下摆

① 缉缝摆缝，分烫摆缝，折烫底边，坐烫里子。注意摆缝缉顺直。

② 缉肩缝，分烫肩缝。注意后肩缝略有吃势，熨烫平服。

③ 勾下摆；将前衣身挂面、里子摆平服，确定好里子与底边的对应点，翻出大身，里子与下摆正面相对，要对准里面的各缝合点，由左至右缝合下摆。用三角针法将底边固定在大身上，挑 1~2 根纱，不要露到正面上。（如图 6–35、图 6–36 所示）

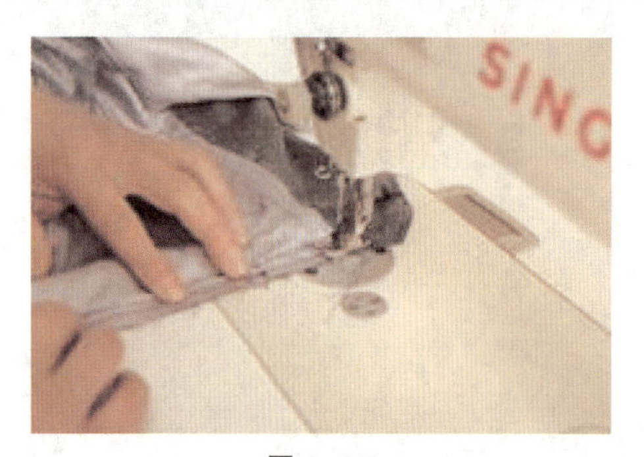
图 6–35

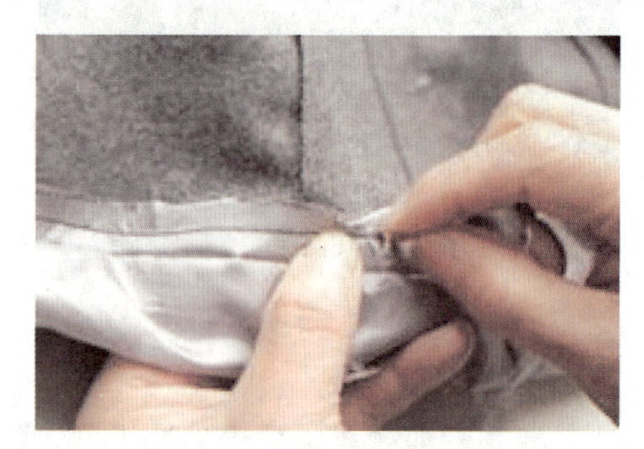
图 6–36

④在侧缝线上对齐里面的腰线剪口，用棉线将里子缝边缝到侧缝上，由距底边 10 cm 处起针至袖隆 10 cm 处收针，每针 4~5 cm，扎线应略松。（如图 6–37 所示）

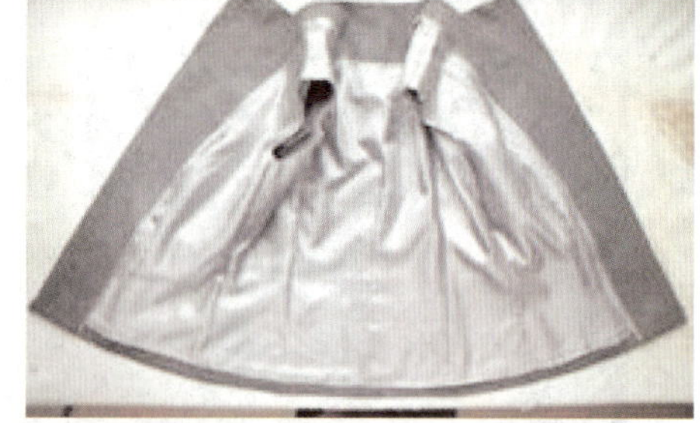
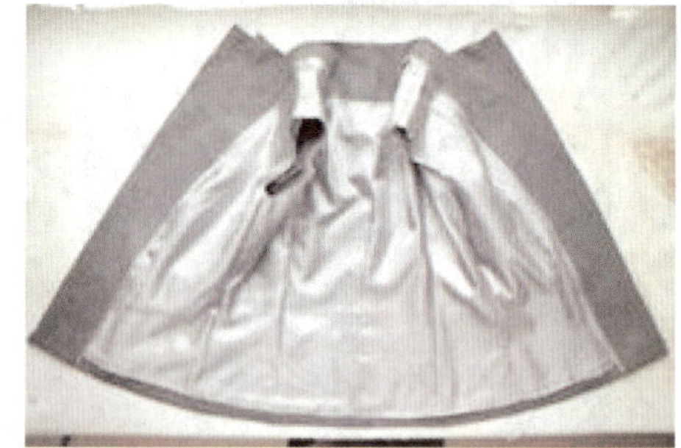
图 6–37

四、做领

要求：领装上后领圈弧线圆顺，领驳线直不曲，上下领窝服帖。（如图 6–38 所示）

①配领面（纬纱一块）、领里（斜纱两块）。

②领面四周放缝 1.5 cm，领里四周放缝 0.8 cm。

③领里粘衬后缉合领里中线，分烫平整。

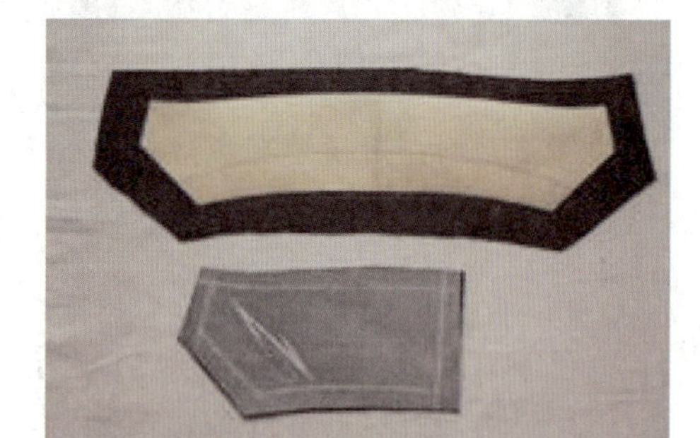
图 6–38

1. 归拔领里

①在归拔领底的同时要归烫领中口，归烫时不要过领中线。归拔领外口方法同领里口。（如图 6–39、图 6–40 所示）

图 6–39

图 6–40

②将领脖口线归进，将脖口线归烫服帖。（如图 6–41、图 6–42 所示）

图 6–41

图 6–42

2. 归拔领面

将领面外口靠近肩线处逐渐拔开，同时归进内领口的余量。（如图 6–43、图 6–44 所示）

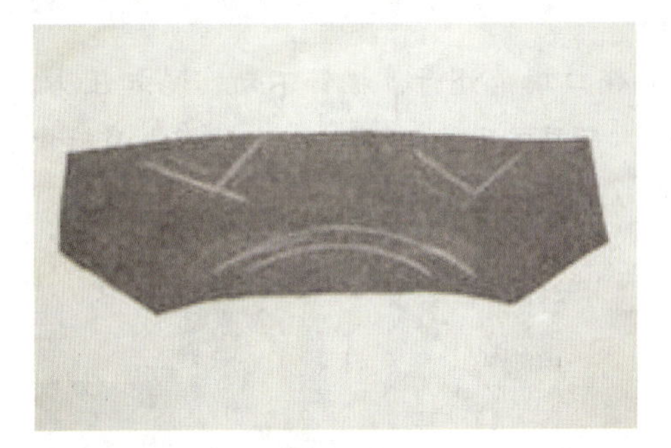

图 6–43

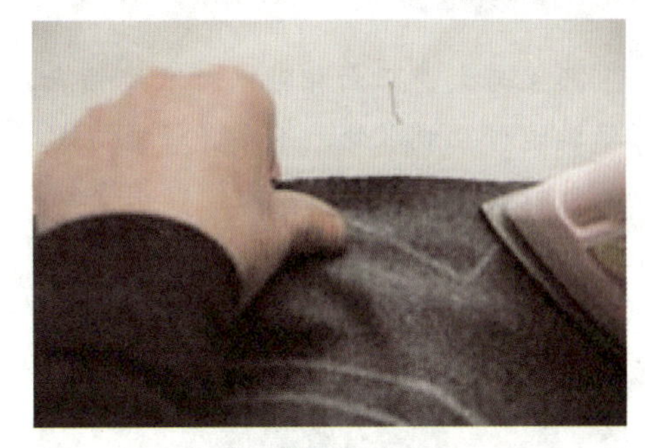

图 6–44

3. 勾领子

将领里领面正面相对沿净线缉合领外口，在领头处吃进 0.7 cm 使领头窝服。（如图 6–45、图 6–46 所示）

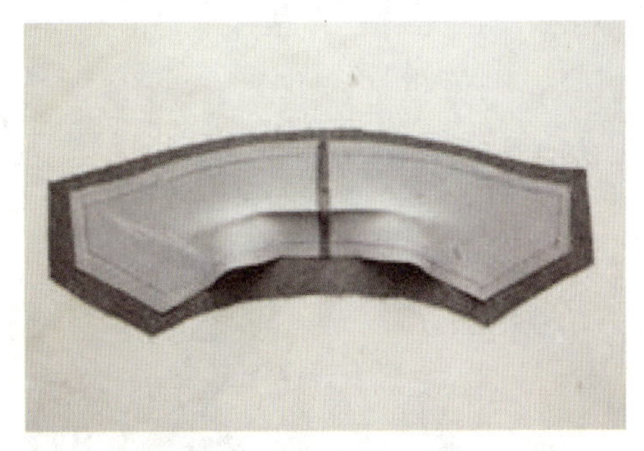

图 6–45

图 6–46

4. 翻烫领子

缉缝好清剪缝份，留 0.5 cm 的缝份，并将缝边倒向一边扣烫；将领子正面翻烫，注意领脚方正；按领中翻折领面，修剪领面里口缝边，并标示小肩对应点。（如图 6–47、图 6–48 所示）

图 6–47

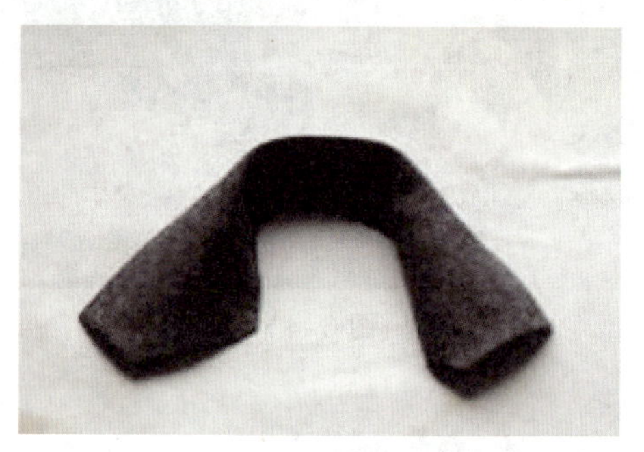

图 6–48

5. 绱领子

①领里与大身正面相对，对准绱领点。当缝至方领口顶角处时，机针不动，抬起压脚，用剪刀沿缝边剪至线跟处，不要剪断缝纫线。在肩缝处，领里吃进 0.3~0.5 cm，对好小肩缝中点，不要拉伸后领口。领面与挂面领口相缝合。（如图 6–49、图 6–50 所示）

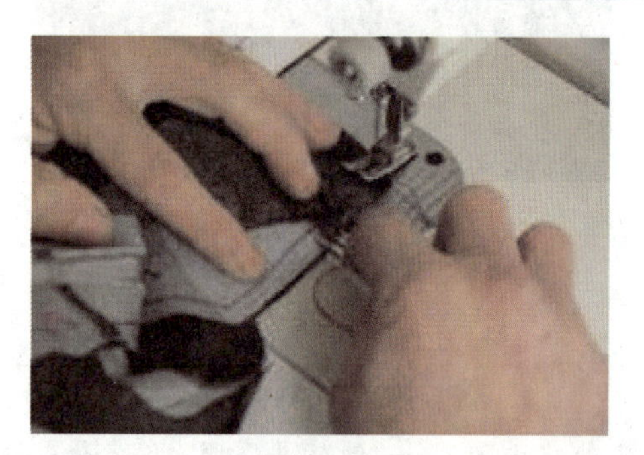

图 6–49

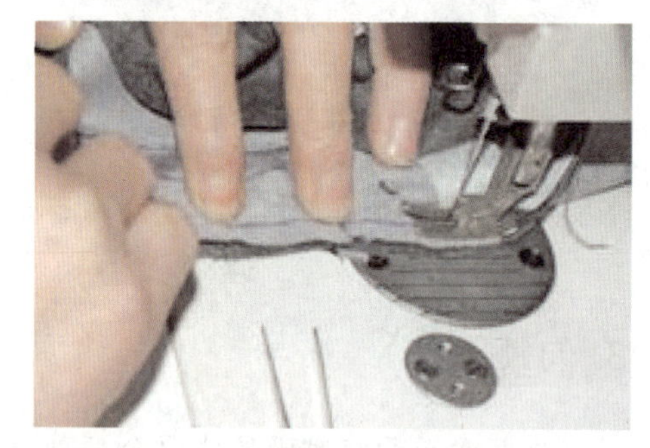

图 6–50

②在领面、领里与小肩接合处打剪口，将绱好的领缝进行分烫。（如图 6–51、图 6–52 所示）

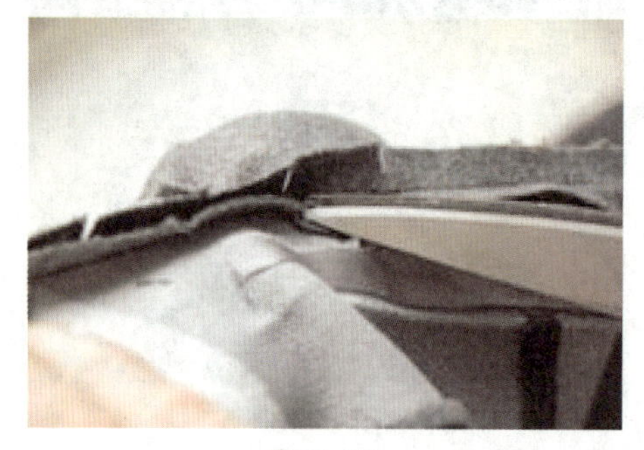

图 6–51

图 6–52

③用棉线将领面与领里缝边固定，将大身翻出，盖上烫布，把领子烫平，压薄。（如图6-53、图6-54所示）

图 6-53

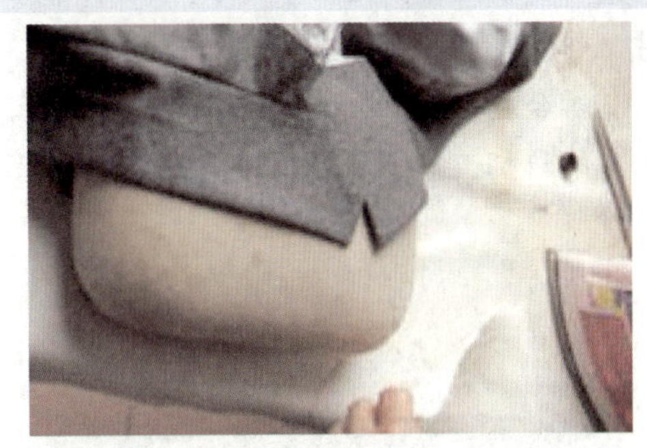
图 6-54

五、做袖子、装袖子

要求：袖子圆顺，袖肘处弯曲自然，适体。装好的袖子丝缕要正直、高低正确，袖山头吃势均匀，前圆后登，左右对称。

1. 放缝

面子放缝：大小袖片、袖山弧线、前后袖缝均放缝 1 cm。袖口处放出 4 cm。袖里放缝：大小片夹里在袖口处比袖面子短 2 cm，袖山头高比袖面高出 1 cm，袖底面高出 1 cm，底处比面子放出 2 cm，前后袖缝处面子与夹里一样。（如图 6-55、图 6-56 所示）

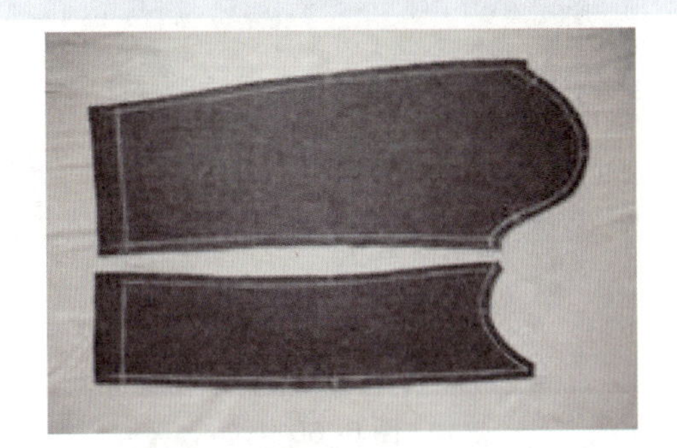
图 6-55

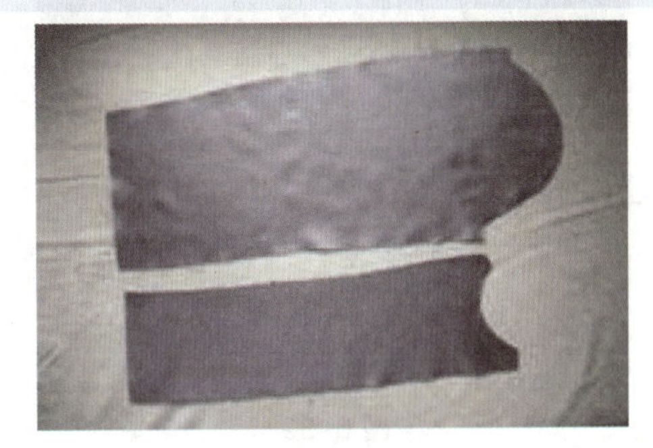
图 6-56

2. 归拢袖片

①大袖片前偏袖部位，自前袖山头处向下推移，把上段 8 cm 部位直丝缕向偏袖线推进，烫成弯形，袖肘线处归拢。

②烫至袖肘处将前偏袖直丝缕拔开，拉弯。

③袖肘到袖口部位的横丝缕烫正直。注：前偏袖部位的熨烫不得超过前偏袖线。

④袖大片中间部位，自袖肥线处起向下推移，把直丝缕向后偏袖线推拔成手臂样的弯形，近后偏袖线的直丝缕略拔长，近前偏袖线的直丝缕略归拢。

⑤后偏袖线部位：自后袖山头处起，向下推移把后偏袖部位向外袖缝方向归拢。

3. 缉袖缝

①缉烫袖里缝：把袖子大小片正面相叠缝合。袖缝顺其弯势烫开。注：烫时袖小片摊平，袖大片呈自然形状。熨斗不得超过前偏袖线。

②缉合外袖缝：把大小袖片的外袖缝正面相对缉合。袖大片袖肘部要放些吃量。分烫袖缝。将袖口折边翻烫。（如图 6–57、图 6–58 所示）

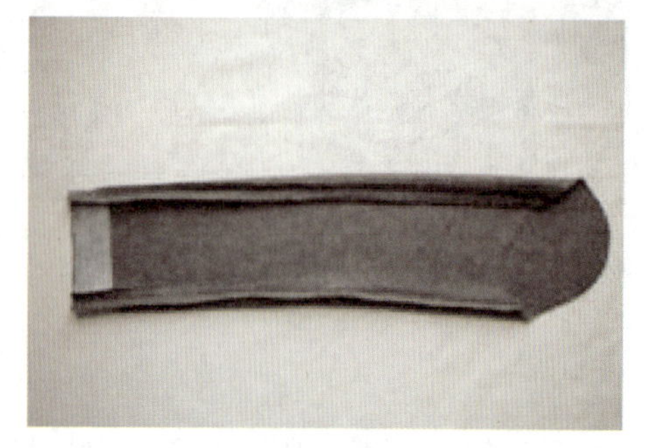

图 6–57

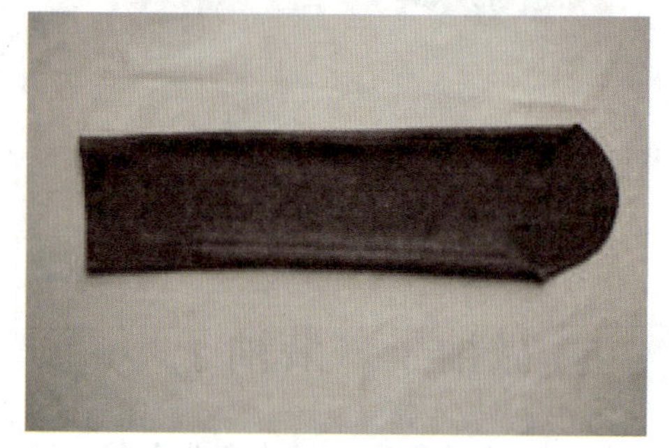

图 6–58

③做袖夹里：大小袖片正面相对缉合，在大袖片前偏袖肘部拔开缉合，以免袖子起吊。外袖缝中段大袖中要略吃进，缉合。缝份要倒向大袖，倒 0.2 cm。（如图 6–59 所示）

④敷袖夹里：把袖的正面和夹里的反面相对，外袖缝与里袖缝的中段相应地用手针缭，3 cm 为一针，线可松些。把袖子翻出，距袖口贴边 1.5 cm 处折转夹里贴边，用白线固定，缉袖底边夹里。（如图 6–60 所示）

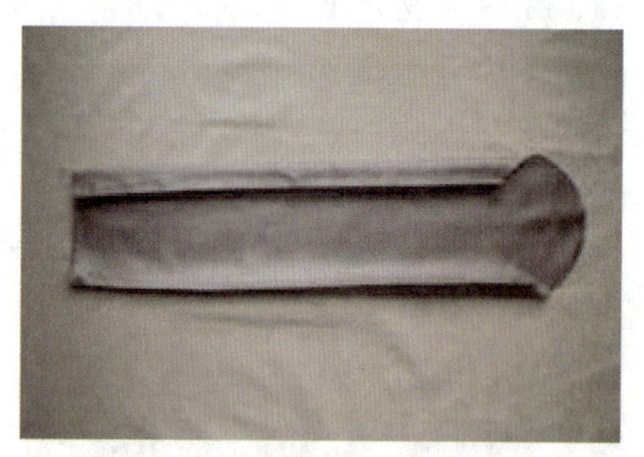

图 6–59

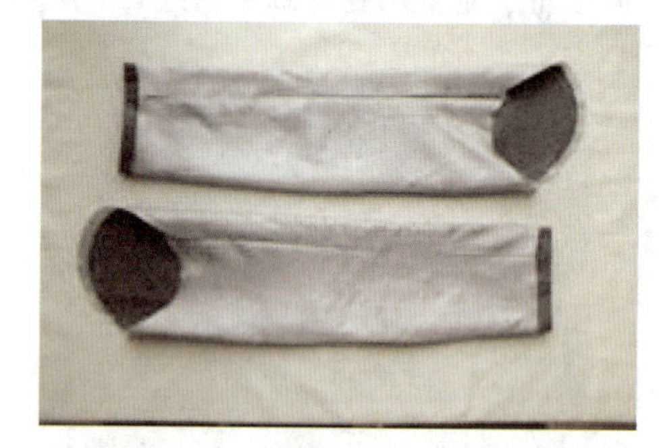

图 6–60

4. 抽袖山线

为满足袖子造型，袖山需要有一定的吃势，收多少视面料厚薄及款式特点而定。一般前、后袖山总吃势量在 2.3~3.3 cm。

方法：距袖山边 0.7 cm 处，用棉线拱缝袖山弧线，注意不要断线，然后将袖山缉缝圆顺。袖夹里抽袖山的方法与此相同。（如图 6–61、图 6–62 所示）

图 6-61

图 6-62

5. 熨烫袖山

为使袖头成为富有立体感的圆润造型。可把袖山放到板凳上，熨烫拱好的袖山吃势。注：烫时不要超过缝子的宽，以免袖山头圆势走形。（如图 6-63 所示）

图 6-63

6. 绱袖子

①将袖山与袖窿的对应点对好，用棉线沿净粉线扎定一周；袖山头的吃势在肩缝前后的 1.5 cm 左右小一些，具体量化需根据面料及肩型的风格特点来确定。在袖窿两侧斜势处可多一些，在袖窿底部 3 cm 处，不放吃势，保持均匀松紧。（如图 6-64、图 6-65 所示）

图 6-64

图 6-65

②将固定好的袖子绢缝 1 cm 。检查扎定好的袖子是否圆顺，饱满，是否均匀。前袖缝基本平行于前门止口，左右袖子要对称一致，不偏前也不偏后，与前衣片要靠紧后片起登，然后沿扎定线绢合袖窿一周，装袖完毕。（如图 6-66、图 6-67 所示）

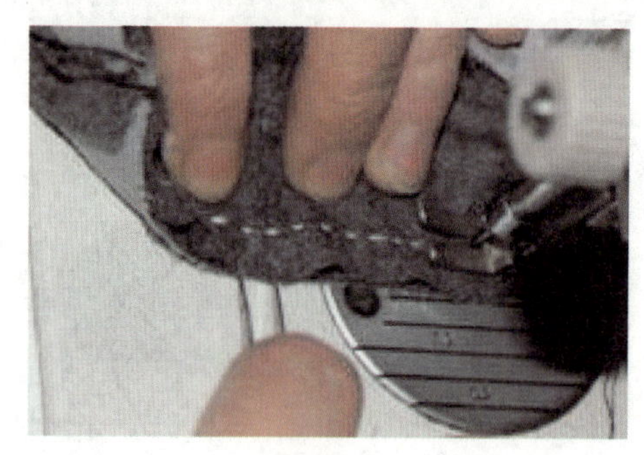
图 6-66

图 6-67

六、做手针

缲定袖夹里、锁眼、钉扣。将前、后衣身的夹里与面子的各对应点及缝子对好，绷缝袖窿一周。右衣片锁圆头眼 4 个，高低以纽位线钉为准，左右以止口进 1.5 cm 为准。左衣片钉纽 4 粒，位置与右片眼位相适应。

七、整烫

整烫前拆除扎线，清除线头，拍去粉印，去除污迹，进行整烫。

1. 烫贴边及里子底边

将衣服里子朝上，下摆放平、摆顺、喷水，先将下摆贴边烫顺烫平服，再将里子底边坐势烫平，顺势将衣服里子轻轻烫平。

2. 烫驳头及门襟止口

将驳头门襟止口朝自身一侧放平，正面朝上，丝缕归正。盖干、湿烫布用力压烫，趁热移去熨斗后立即用烫木加力压迫止口，将其压薄、压挺。用同样的方法再烫反面止口、领止口。

3. 烫驳头和领子

先将挂面、领面正面向上放平，喷水、盖布，将其熨烫平服，串口、驳角熨烫顺直。再将驳头置于布馒头上，按规格将驳头向外翻折，量准驳头宽度，喷水盖布熨烫。注意将驳口线以上 2/3 熨烫，驳口线以下 1/3 不熨烫，以增强驳头的自然感。最后将领子置于布馒头上，按规格将领子向外翻折，喷水、盖布，将翻领线烫顺，并注意驳头翻折线与领子翻折线连顺。

4. 烫肩头与领圈

肩头下垫铁凳，喷水盖布熨烫，肩头往上稍拔，使肩头略带鹅毛翘。前肩丝绺归正，后肩略微归烫，并顺势将前后领圈熨烫平服。

5. 烫胸部

胸部下垫布馒头，按上下左右逐一喷水、盖布，熨烫，把胸部烫得圆顺饱满，使之符合人体胸部造型。

6. 烫摆缝

将摆缝放平放直，从底边开始向上熨烫。

7. 烫大袋

大袋下垫布馒头，喷水、盖布，一半一半地烫，烫出窝势，使之符合人体胯部造型。

8. 烫后背

后背中缝放直放平，喷水、盖布，烫平服。肩胛骨隆起处及臀部胖势处下垫布馒头，喷水、盖布、熨烫，使之符合人体造型。

第二节 男西服制作工艺

一、缝制前期准备

1. 男西服外形概述

平驳头，门襟止口圆角，两粒扣，左、右双嵌线大袋，左胸手巾袋一个，后身做背缝，开背衩，圆装袖，袖口处做袖衩，并有3粒装饰纽。（如图6-68所示）

图6-68

2. 成品规格设计

男西服主要部位规格，以号型170/88A为例，见表6-2。

表6-2　男西服主要部位规格表

单位：cm

名称	号型	衣长	胸围	肩宽	袖口	袖长
规格	170/88A	72	106	44.6	16	59

3. 材料准备

面料：

门幅：144 cm；用料：衣长×2+10 cm；

里料：

门幅：144 cm；用料：衣长×2；

辅料：

有纺衬（150 cm）、无纺衬（50 cm）、领底呢（15 cm）、胸衬（1 对）、垫肩（1 对）、袖棉条（1 对）、牵条衬（400 cm）、涤纶线（1 个）、棉线（1 团）、扣子（大扣 3 个、小扣 7 个）。

4. 质量要求

①西服各部位规格正确，面、里、衬松紧适宜。

②领头、驳头、串口平服顺直，丝绺不歪斜，左右宽窄、高低一致，条格对称。

③袋角方正，袋盖窝服，袋口不起皱、不发毛，左右袋对称。手巾袋四角方正，宽窄一致，袋口不松不紧。

④后背平服、方登，背缝顺直，腰部和腰下均匀服帖，条格对称；后衩长短相符，不搅不豁。

⑤肩缝顺直，左右小肩宽窄一致。

⑥装袖圆顺，前圆后登，袖子前后适宜，无涟形，无吊紧。

⑦里子部位挂面平服、宽窄一致，底边宽窄一致，里袋高低、大小、左右对称，嵌线顺直，袋角方正，封口整洁牢固，整件衣服面、里、衬松紧适宜，融为一体。

⑧缲针、锁针、花绷针等符合工艺要求。

⑨各部位缝子要烫平、烫实，按形状烫服帖，不能有亮光、水花、油污等。

⑩眼位不偏不斜，扣与眼位相对。

5. 男西服缝制的重点、难点

①推、归、拔。

②开袋。

③做领、装领。

④做袖、装袖。

6. 男西服的工艺流程

男西服的工艺流程如图 6–69 所示。

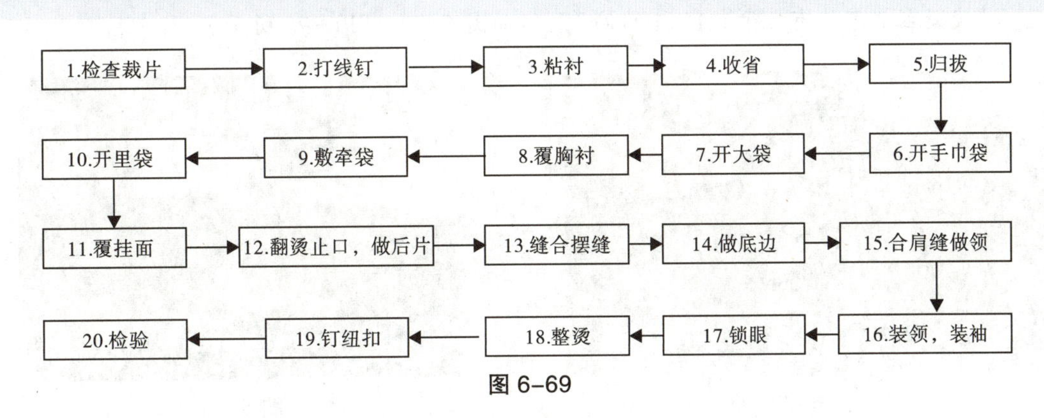

图 6–69

二、缝制图解

1. 检查裁片

检查西服的部件是否齐全。检查有无不合规格的样片，并按样版修改正确或换片。

2. 打线钉部位

打线钉部位包括驳口线、缺嘴线、手巾袋位、前袖窿装袖对档位、腰节线、大袋位、纽位、胸省线、底边线、背缝线、背高线、腰节线、背衩线、底边线、袖山对刀位、偏袖线、袖肘线、袖衩线、袖口折边线。（如图 6–70 所示）

3. 裁剪衬料及粘衬

粘衬的部位包括大身、挂面、领面、袋盖面、手巾袋片、嵌线条、袖口、袖山头等。（如图 6–71 所示）

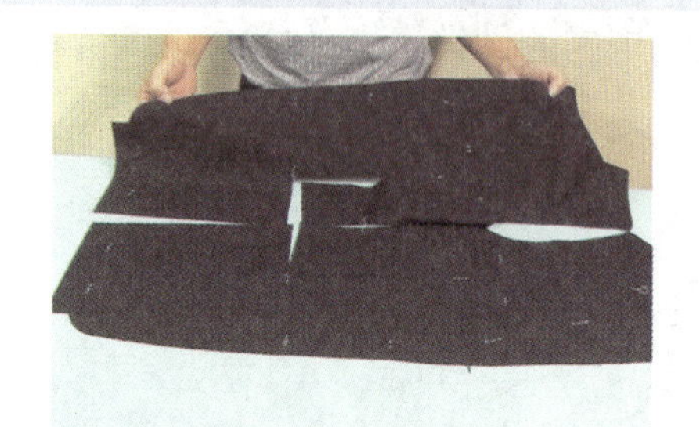

图 6–70

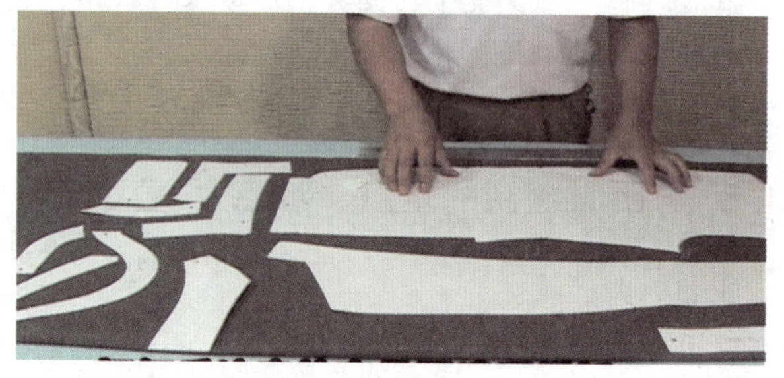

图 6–71

4. 收省

（1）剪开肚省，收胸省

将肚省（袋口线）剪开，胸省剪至距省尖 3.5~4 cm 处，用车缉好线，省尖要缉尖，省缝要顺直。省尖处丝绺不能有大于 0.1 cm 的偏差。（如图 6–72、图 6–73 所示）

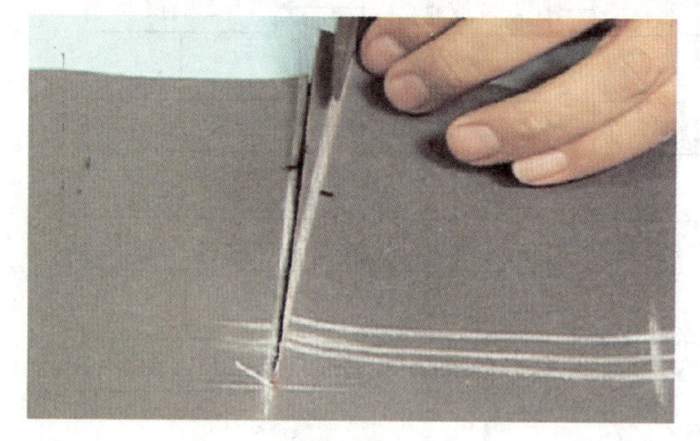

图 6–72

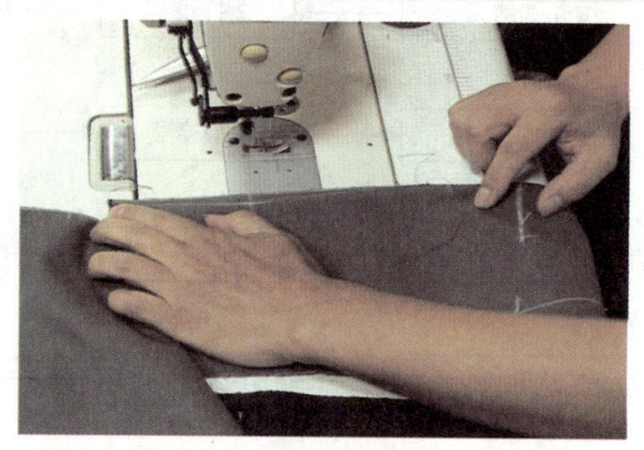

图 6–73

（2）分烫省缝

把衣片止口一边面向自己放平，分烫省缝。省尖处可插一根针，以防省尖偏倒一边。分烫时将腰节处丝绺向止口推出 0.6~0.8 cm，并以腰节线为准向两边略拉伸。将胸省烫开，袋口摆平，袋口处搭合的量在下层剪掉（即肚省量）。合并袋口处肚省缝，将袋口处用黏合衬粘好。（如图 6–74、图 6–75 所示）

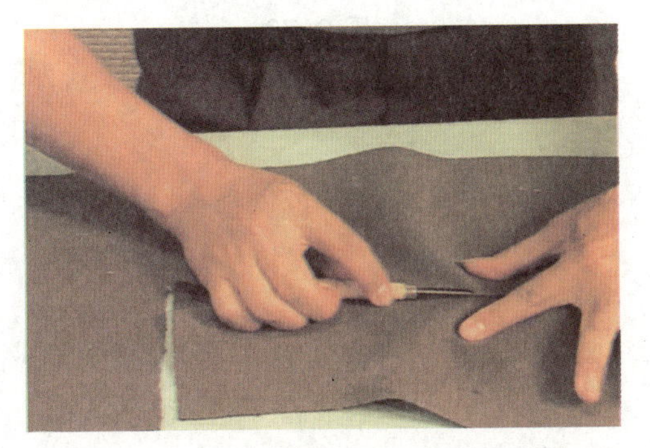

图 6–74

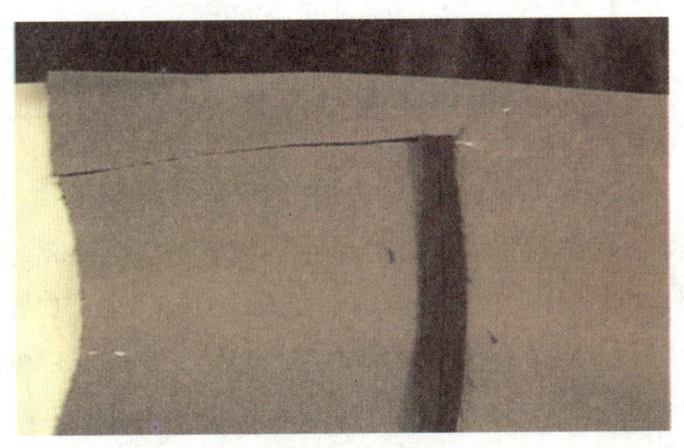

图 6–75

5. 合腋片

大小衣片的腰节线、底边线对准，在袖窿深下 10 cm 一段大片有 0.3~0.5 cm 吃势，缝头为 0.8 cm，缉线松紧适宜，缉线顺直，分烫胁省时，两边丝绺放直，斜丝处不宜拉。（如图 6–76、图 6–77 所示）

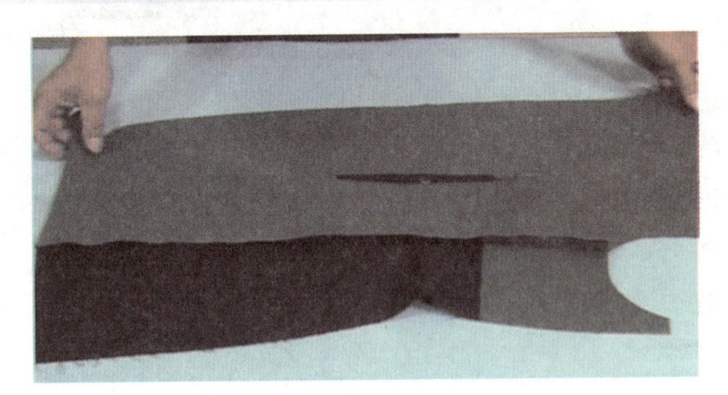

图 6–76

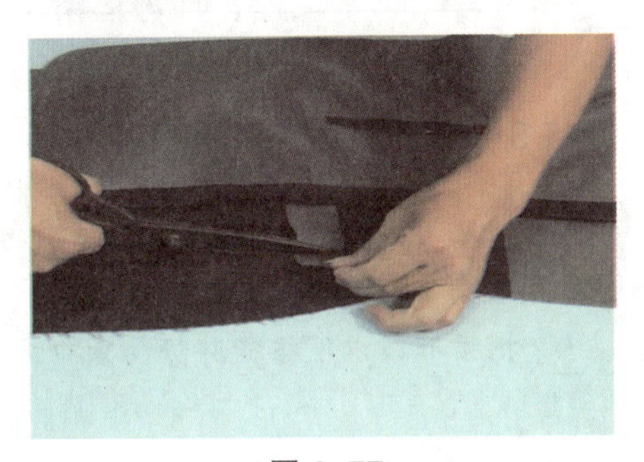

图 6–77

6. 前衣片归拔

（1）拔烫前止口 

止口靠身边，将止口直丝推进 0.6~0.8 cm。熨斗从腰节处向止口方向顺势拔出，然后顺门襟止口向底边方向伸长。要求止口腰节处丝绺推进烫平、烫挺。熨斗反手向上，在胸围线处归烫驳口线，丝绺向胸省尖处推归、推顺。（如图 6–78、图 6–79 所示）。

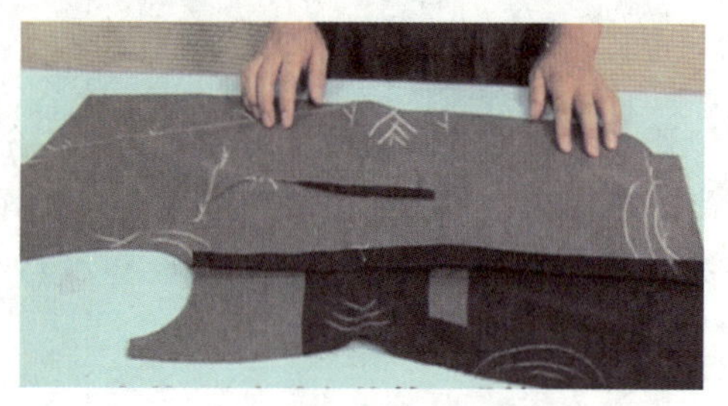

图 6-78

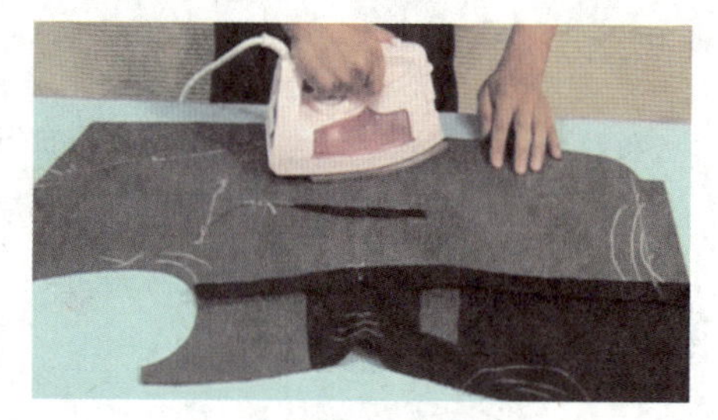

图 6-79

(2)归烫中腰及袖窿处 

把胸省位至胁省的腰吸回势归到胁省至胸省的 1/2 处。熨烫时一定要归平，以防回缩。归烫袖窿时要注意：

①袖窿直丝要向胸部推弹 0.3~0.5 cm（肩点下 10 cm 至腰节处）。

②袖窿处直、横丝绺要回直，横丝可以略向上抬高，归烫时熨斗应由袖窿推向胸部。（如图 6-80、图 6-81 所示）

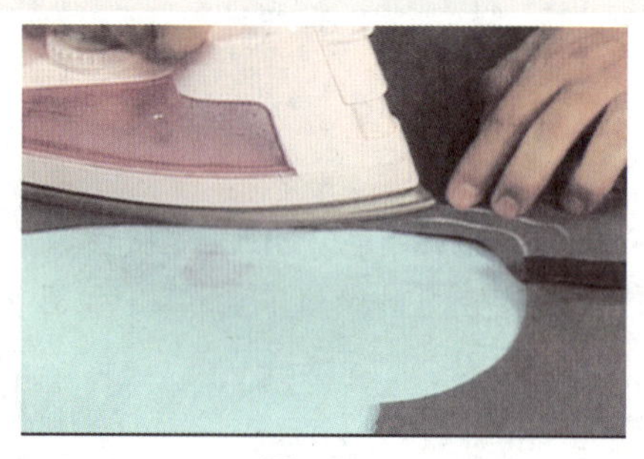

图 6-80

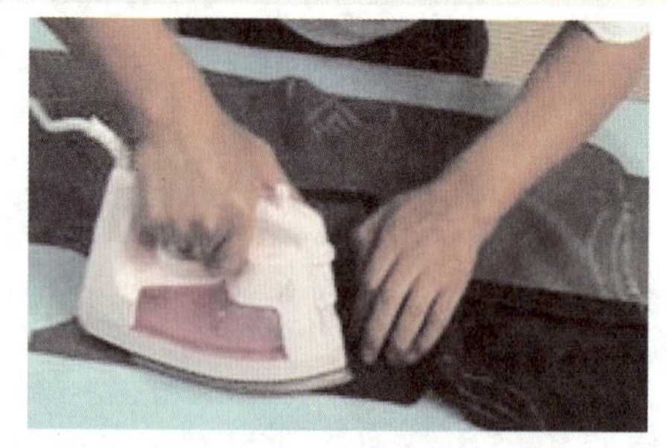

图 6-81

(3)归烫底边、大袋口及摆缝 

①把底边弧线归直，胖势向上推向人体的臀围线处。大袋口的胖势向下归烫，上下反复归烫，直到烫匀。

②把腰节线以下摆缝胖势向袋口方向归烫。要求摆缝处丝绺直顺，袋口胖势匀称。

(4)归烫肩头部位 

衣片肩部靠近身体，把腰节线折起，锁骨部位横直丝绺放直。

①拔烫前横开领，向外肩方向拉大 0.5~0.8 cm，同时将横领口斜丝略归。

②用熨斗将肩头横丝向下推弹，使肩缝呈现凹势，将胖势推向胸部。

③熨斗由袖窿处向外肩点顺势拔出，使外肩点横丝略微上翘，使肩缝产生 0.8~1 cm 的回势。（如图 6-82、图 6-83 所示）

(5)粘烫牵条，防止止口变形 

牵带用 1.2 cm 宽的直料黏合衬。先画出止口和串口线的净粉线，底边沿线钉向下 0.1~0.2 cm 画线，牵带沿净粉粘贴。串口处平敷，驳头上口中间部位带紧，门里襟止口上段平敷，中段略紧，

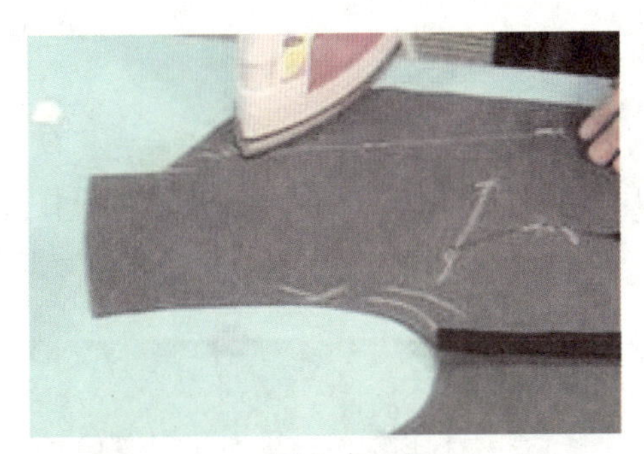

图 6-82

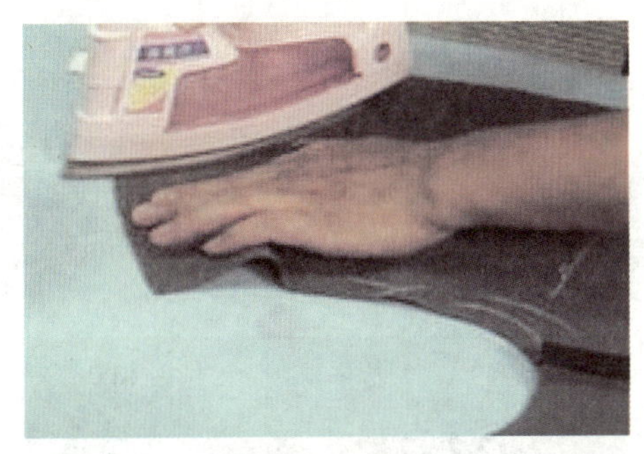

图 6-83

圆角处带紧。为防止牵带脱落，可用缭针将牵带缭在衣身上，正面不能显露线迹。在归拔好的衣片上沿净粉线内粘烫止口牵条，在袖笼弧线上沿净边粘烫牵条，沿驳口线的内侧（0.5 cm）粘烫直丝牵条。弧形处需打剪口。（如图 6-84、图 6-85 所示）

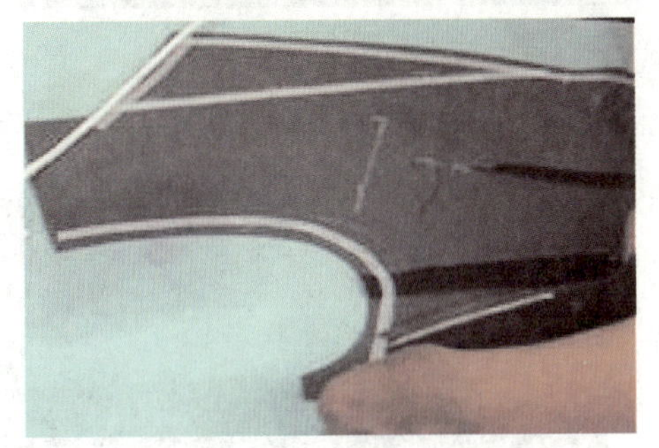

图 6-84

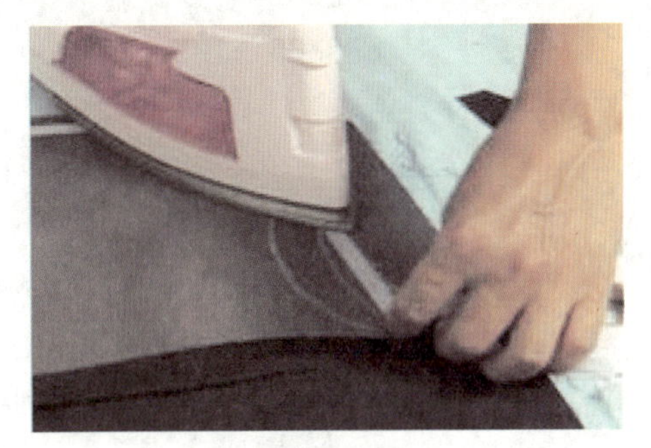

图 6-85

7. 归拔后衣片

后衣片的归拔与前衣片归拔工艺同样重要，它使西服后背更符合人体的背部造型，穿着更加合体。因此，我们在归拔时要了解人体后背部位的肩胛部、背沟部，以及腰、臀的体形特征。

（1）归拔摆缝 

摆缝朝自己摆平、放正。熨斗从肩部开始，肩胛处拔开，左手拉出腰节丝绺，将腰节点向外拔伸。在拔烫腰节的同时，熨斗反手向上，将袖窿处及袖窿下 10 cm 处归烫。熨斗在拔烫腰节的同时，将后腰节线 1/2 处归平，腰节以下至底边摆缝线归直、归平。（如图 6-86、图 6-87 所示）

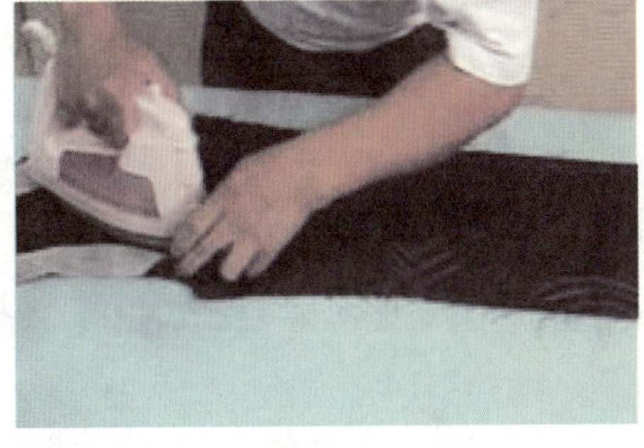

图 6-86

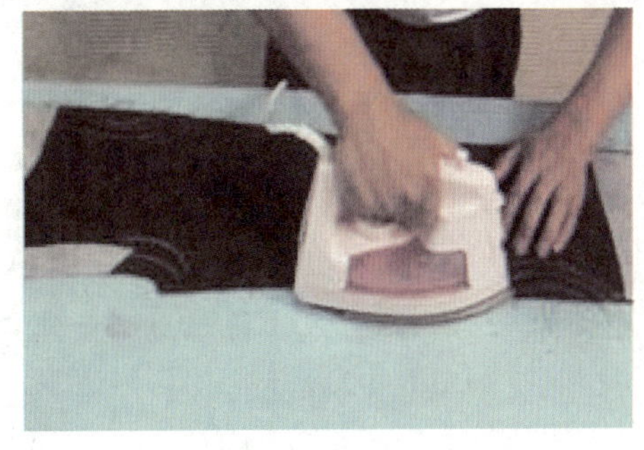

图 6-87

（2）归烫背缝

把后背缝朝自己一边，在腰节处向外拔伸的同时，将后腰节 1/2 处归平。在后背上段胖势处归烫，把丝绺向肩胛方向推，后背下段平烫，把后背缝归直、烫平。将后背反面用同样方法进行归拔，保持后背一致。（如图 6-88、图 6-89 所示）

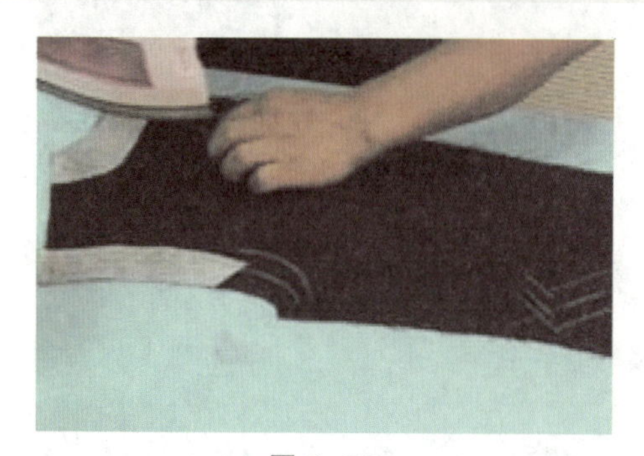

图 6-88

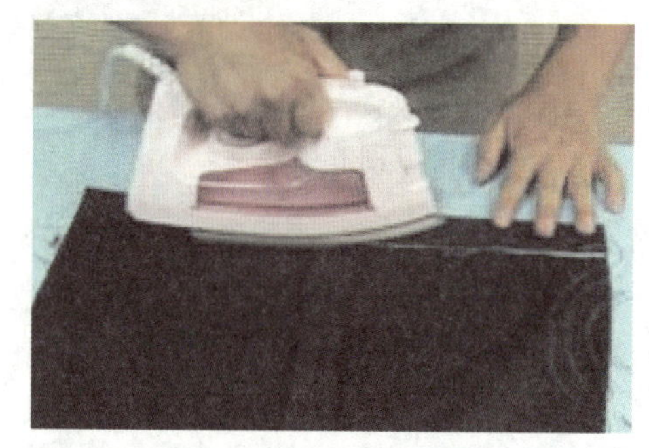

图 6-89

8. 归拔袖片

把小袖片朝向自己一边，喷水把袖缝烫分开缝，烫时将袖肘处进行拔烫，同时将小袖肘处直丝绺向外推出，再把直丝向两端烫弯，大袖前偏缝的回势归烫，烫平、烫煞。注意归拔时熨斗不宜超过偏袖线。将袖口拔开，在袖口和大袖袖衩处粘上黏合衬。（如图 6-90 所示）

图 6-90

9. 归拔挂面

将挂面驳头部分里口略归，然后将驳头外口的直丝拔弯、拔长，使挂面与大身驳头止口相符。

10. 开手巾袋

按线钉位置画好袋位。

（1）做手巾袋片

①袋片粘衬。袋片用硬性黏合衬，袋口方向为直丝，按袋片净样修剪。按大身丝绺对条对格，将衬与手巾袋面料黏合。（如图 6-91 所示）

②扣烫袋片。袋片左上角先剪去一缺口，避免缝头重叠。将袋片两侧及上口扣转，沿衬边包紧烫倒。（如图 6-92 所示）

图 6-91

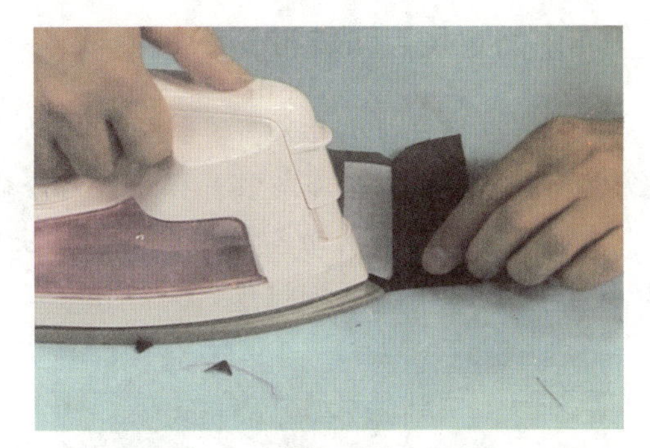

图 6-92

（2）缉袋片及袋垫布 

按袋片下口缝头（约 0.6 cm）将袋片缉在大身袋口位的下沿，把袋垫布缉在袋口的上沿，两线相距 1 cm，袋垫布两端各缩进 0.3~0.5 cm。（如图 6-93、图 6-94 所示）

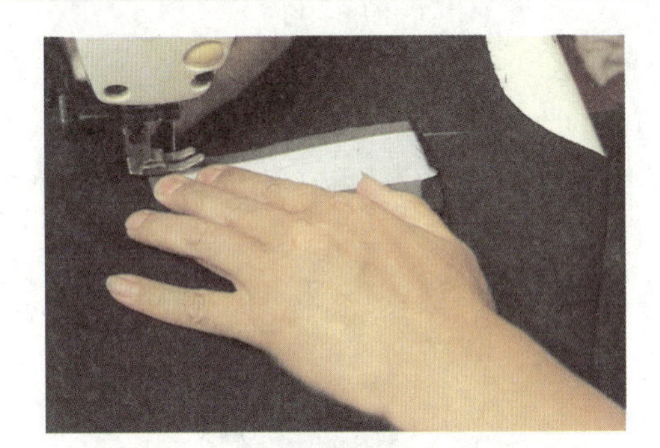

图 6-93

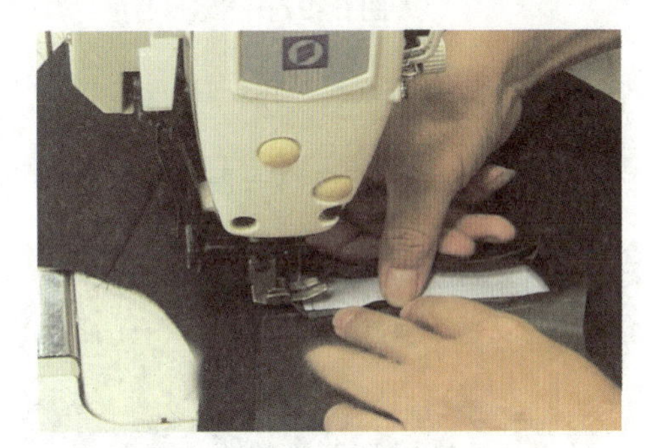

图 6-94

（3）开袋口 

在两线中间剪开，袋口两端剪成三角形，注意不能剪断缉线。（如图 6-95 所示）

（4）分烫缝头 

将袋片缝份烫分开缝。（如图 6-96 所示）

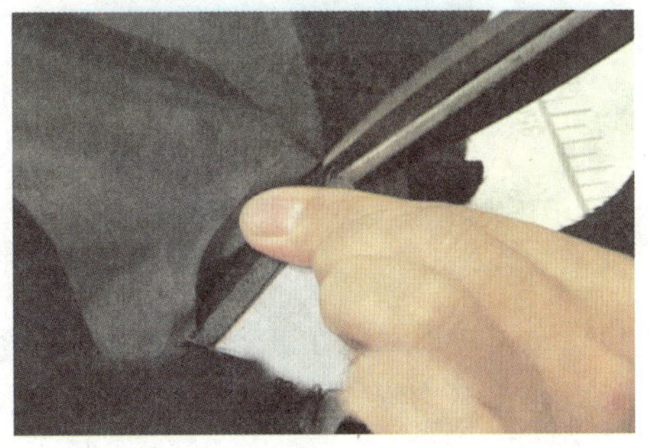

图 6-95

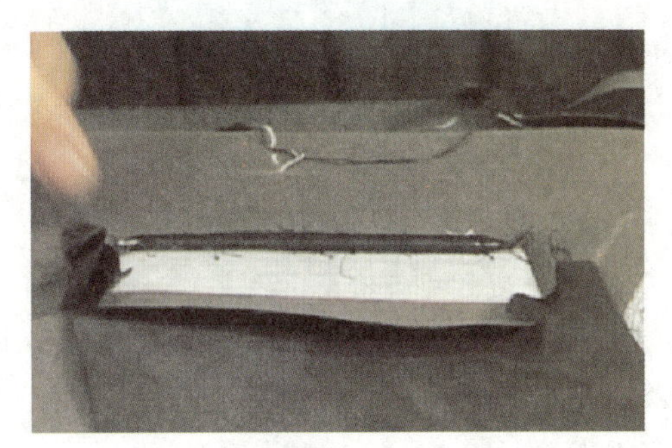

图 6-96

（5）固定袋片和袋布

缉合手巾袋片与小片袋布。扣烫好的袋片与小片袋布正面相叠，袋片上口与袋布缉合袋片与袋垫布翻进，小片袋布与袋片摆平，沿分缝的缝份缉线一道，固定小袋布。再将下层袋布放上，在正面袋垫缝份两面各缉 0.1 cm，清止口。袋垫布下口扣光或拷边缉线固定在下袋布上。（如图 6–97、图 6–98 所示）

图 6–97

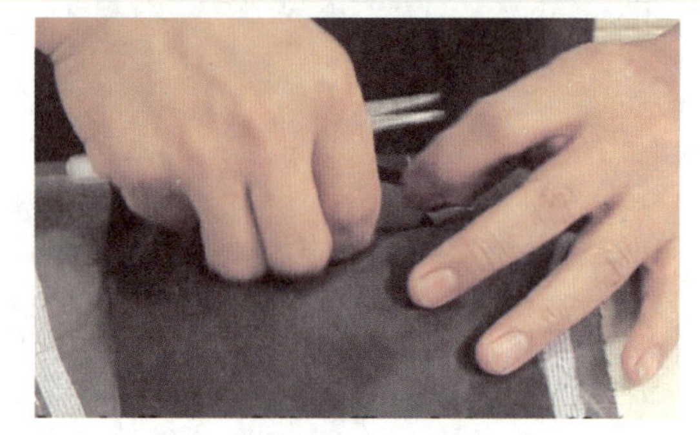

图 6–98

（6）兜缉袋布

将两层袋布摆平，兜缉一圈。（如图 6–99、图 6–100 所示）

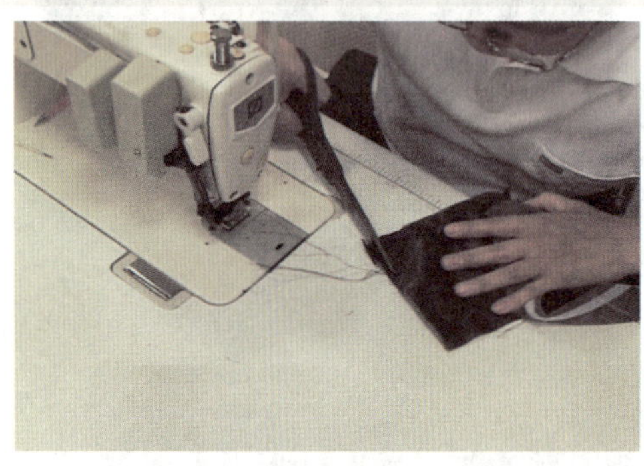

图 6–99

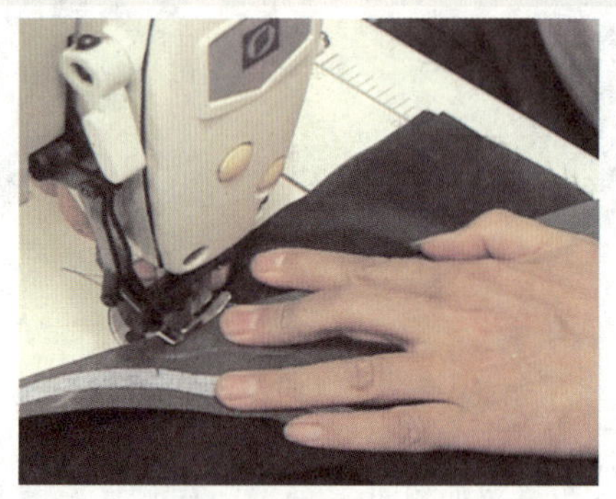

图 6–100

（7）封袋口

将手巾袋片两端摆正，三角插入，车缉来回针，缉线距袋片止口 0.15~0.2 cm。（如图 6–101 所示）

11. 开大袋

按线钉位置画好大袋位。

（1）做袋盖

①备料。袋盖面料的条格与大身相符，上口放缝 1.2 cm，周围放缝 0.8 cm，把多余的缝头修净；袋盖里布粘黏合衬，按面再修去 0.2 cm，作为袋盖的里外匀层势，并在袋盖里反面按净样版画粉线。（如图 6–102 所示）

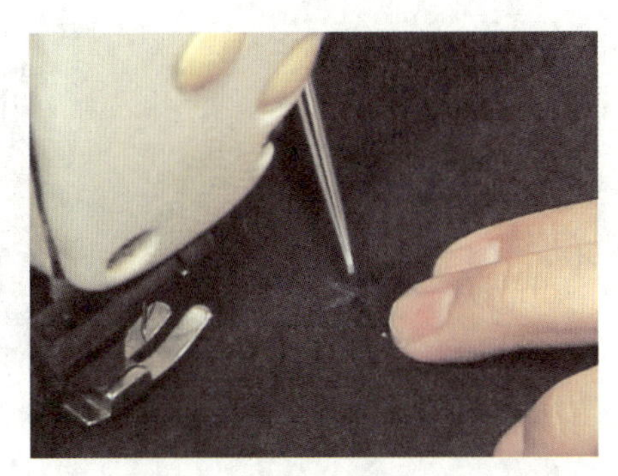

图 6-101

图 6-102

②勾袋盖。把袋盖面和袋盖里正面相对车缉，车缉圆角时，袋盖里要拉紧，以防袋盖翻出后袋盖圆角外翘。（如图 6-103、图 6-104 所示）

图 6-103

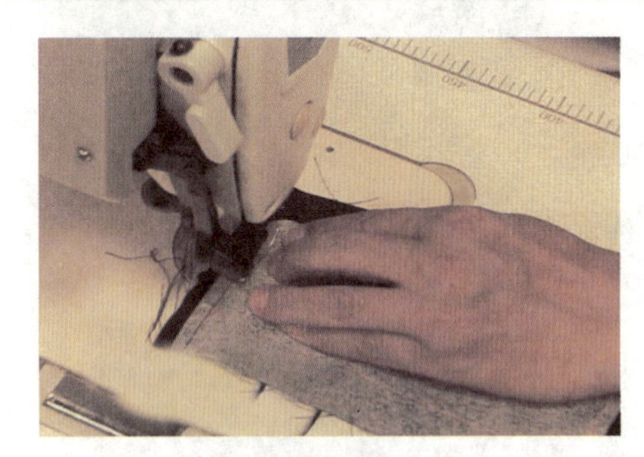

图 6-104

③翻烫袋盖。将缝合好的袋盖缝头修剪到 0.3 cm，注意圆角处缝头略微窄些，使袋盖圆角圆顺，不出棱角，然后翻出烫平，要求夹里止口不可外露，止口顺直。袋盖做好后要将两片袋盖合在一起，检查袋盖的规格、大小及丝绺，前后圆角要对称。（如图 6-105、图 6-106 所示）

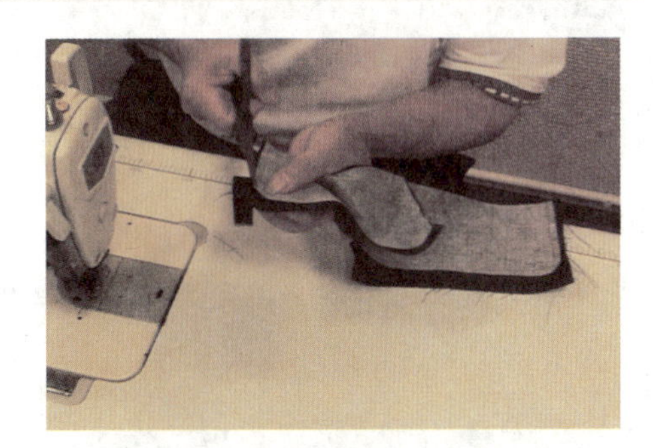

图 6-105

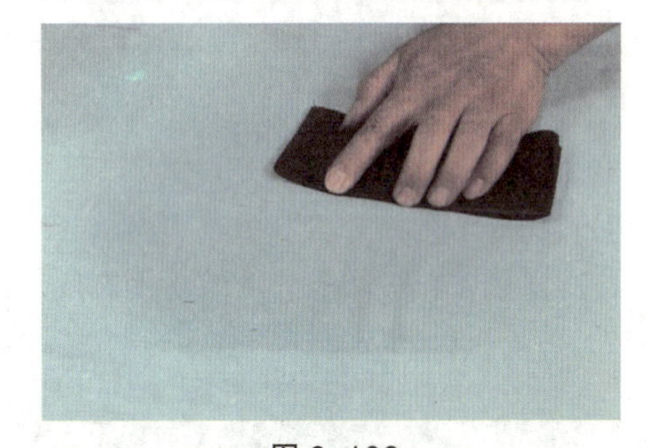

图 6-106

（2）缉嵌线 

在衣片正面画好袋口位置，注意左右要对称，把嵌线条缉在袋位上，要求缉线顺直，两端进出一致，两线间距 0.8 cm。（如图 6-107 所示）

（3）剪、封袋口

①剪三角。将袋口剪开，两端剪三角，注意不要剪断缉线，以免袋口角毛出。将嵌线烫分开缝，折转嵌线，要求两嵌线顺直，宽 0.4 cm，用线要牢，袋角要方正、平服。（如图 6−108、图 6−109 所示）

②封袋口。将袋角两端三角翻进，与嵌线一起封牢。（如图 6−110、图 6−111 所示）

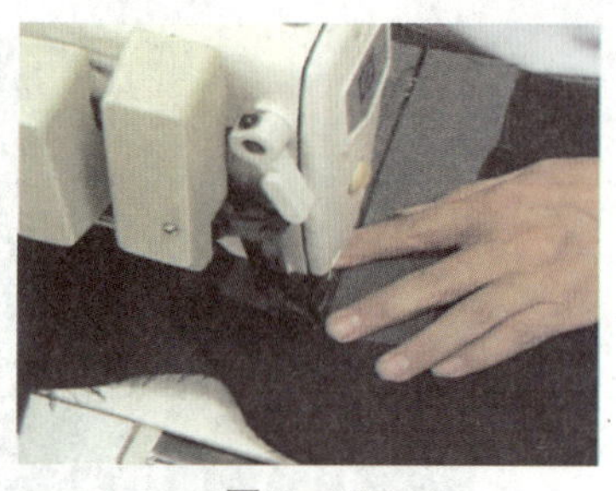
图 6−107

图 6−108

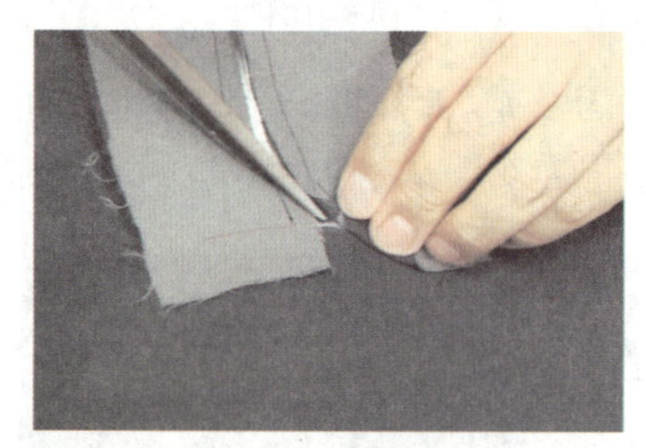
图 6−109

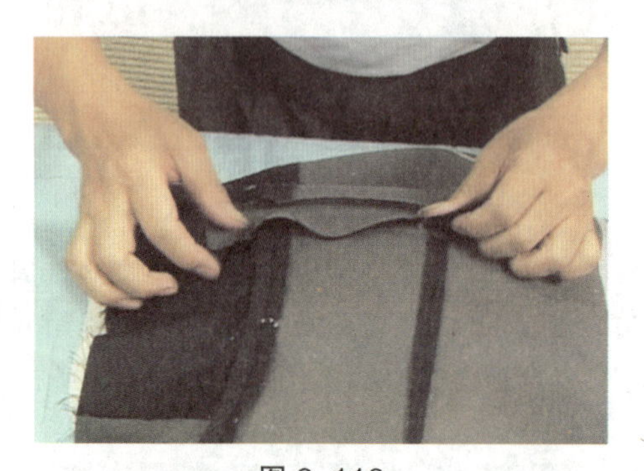
图 6−110

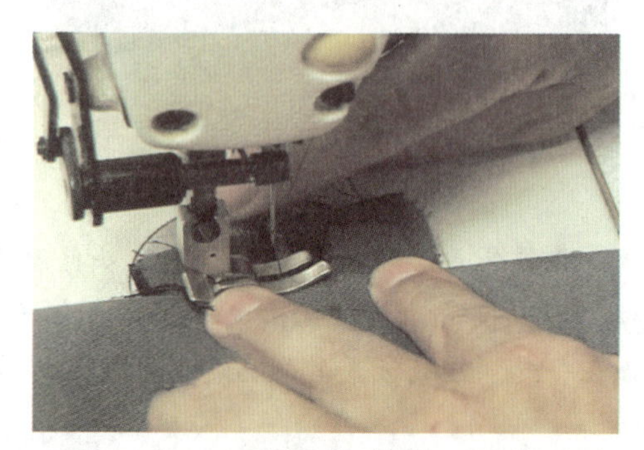
图 6−111

（4）装袋盖，兜缉袋布

①装袋盖。先把袋盖及袋垫布缉在下层袋布（大片）上，将袋布塞入袋口嵌线内，袋盖净宽线与嵌线对齐，用漏落针缉线在上嵌线分缝中，将袋布和袋盖一起缉牢，固定上嵌线。（如图 6−112、图 6−113 所示）

图 6−112

图 6−113

②固定下嵌线。用漏落针将下嵌线两层缉牢。注意：漏落针不能缉在面子上。（如图 6–114 所示）

③封三角，兜缉袋布。上下嵌线缉牢后，大身撩起，袋布放平，封袋口三角，兜缉袋布。（如图 6–115、图 6–116 所示）

图 6–114

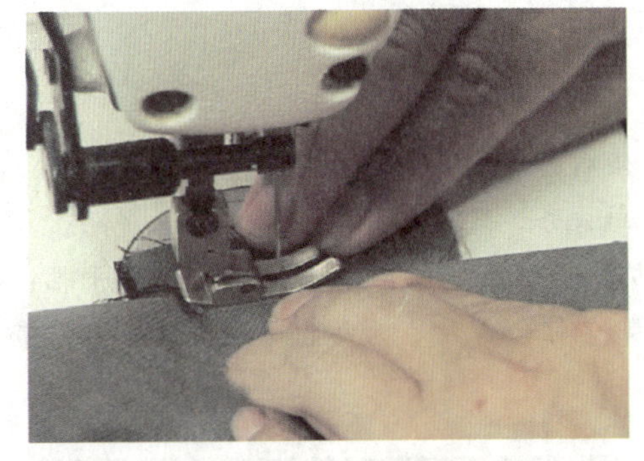

图 6–115

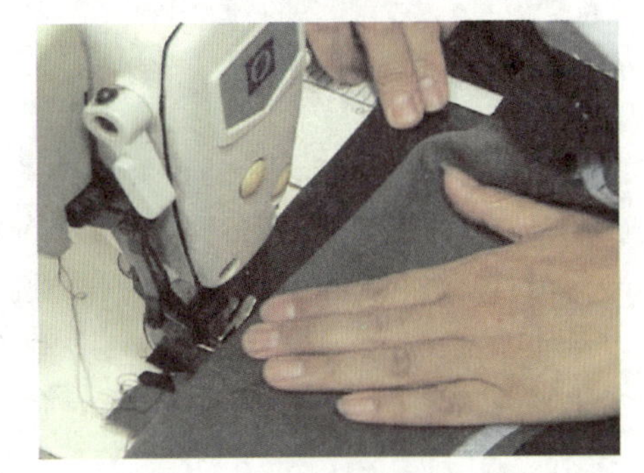

图 6–116

12. 覆胸衬

（1）做胸衬

①缉省。将胸部毛衬上的胸省剔掉，然后对合，下层垫布，缉锯齿形针；将肩省剪开，向外肩拉开，下层垫衬，两边缉住。（如图 6–117、图 6–118 所示）

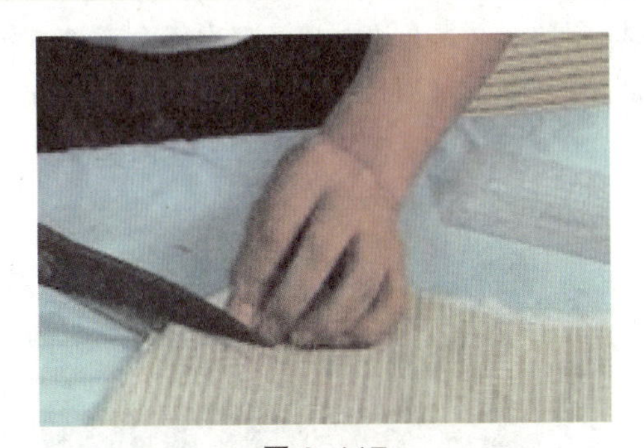

图 6–117

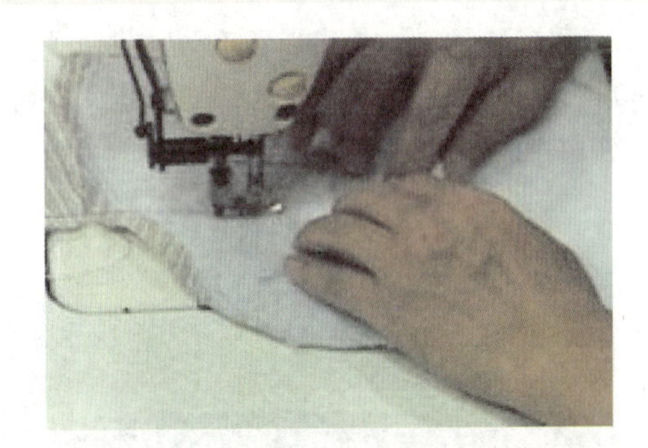

图 6–118

②胸衬、胸绒合缉。将胸绒黏合在胸部毛衬上层缉三角形线，用熨斗归烫好胸凸量，并将肩省转至袖窿。（如图 6–119、图 6–120 所示）

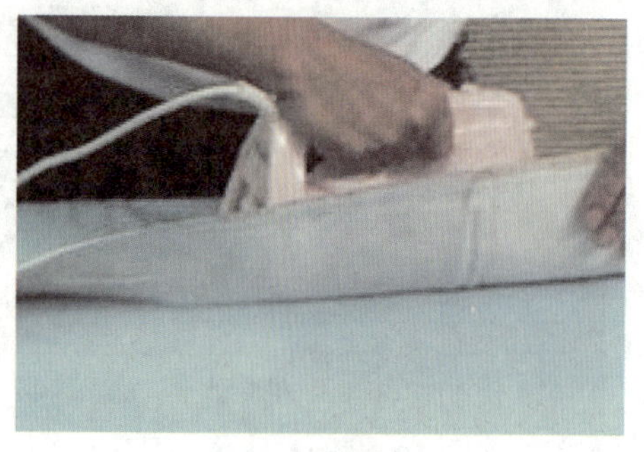

图 6-119

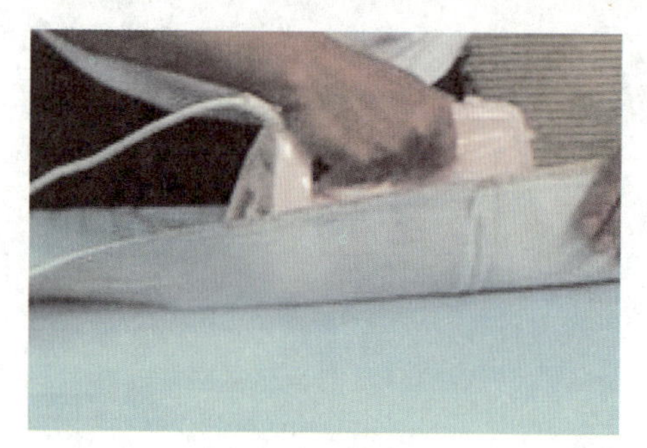

图 6-120

（2）覆胸衬

覆胸衬要特别注意面、衬的松紧、丝道和左右条格对称。

①粘驳口牵带。将制作好的胸衬与前衣片胸部反面放齐，距驳口线 1 cm 左右。

按配衬位置摆准胸衬，然后将胸衬的驳口牵带粘在前身上，上下两端各 10 cm 处平粘，中间处拉紧 0.5 cm 左右，使衣片胸部凸势与胸衬凸势完全黏合一致。为防止牵带脱落，可用撩针将牵带与衣片固定。（如图 6-121、图 6-122 所示）

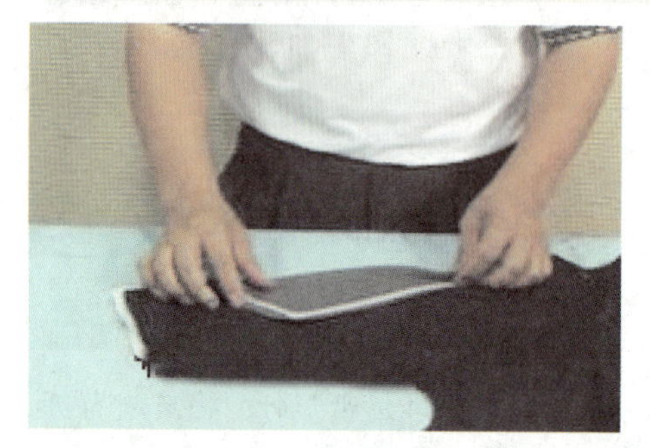

图 6-121

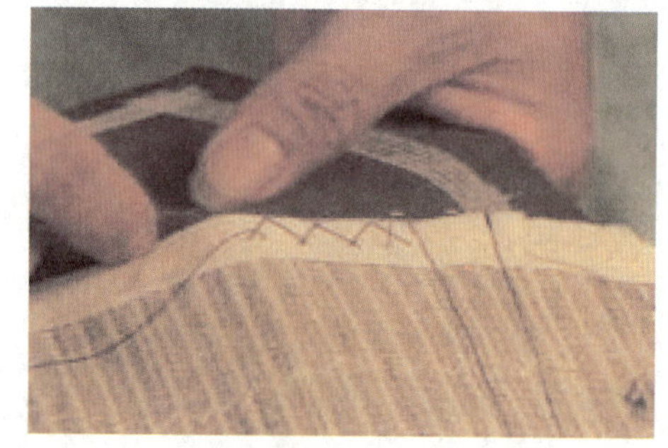

图 6-122

②固定胸衬。把衣片翻到正面，将面子上下左右捋平。止口靠身边，从肩部中间向下 3~5 cm 开始起针，约 3 cm 一针，边捋平衣身，胸省处线在省缝中间，到胸衬下口离开边沿 1 cm 为止。（如图 6-123、图 6-124 所示）

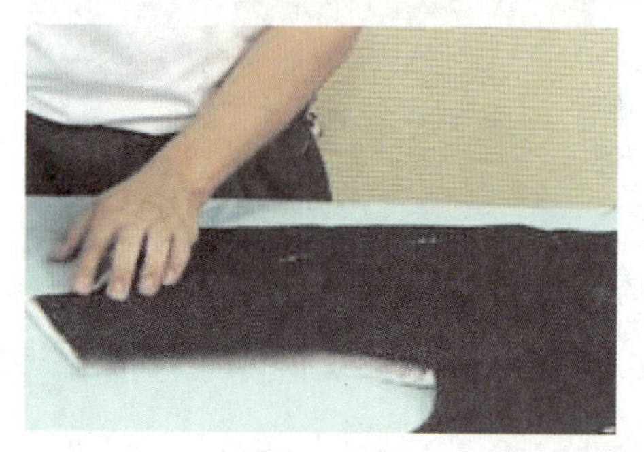

图 6-123

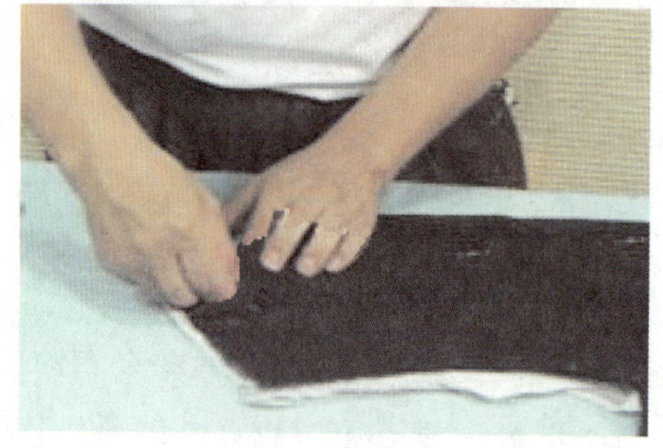

图 6-124

将靠摆缝一边衣片翻开，将胸省缝与胸衬线固定，左襟衣片由于还有胸袋，要把胸袋袋布缝在胸衬上，使胸袋布不再移动。（如图 6-125、图 6-126 所示）

图 6-125

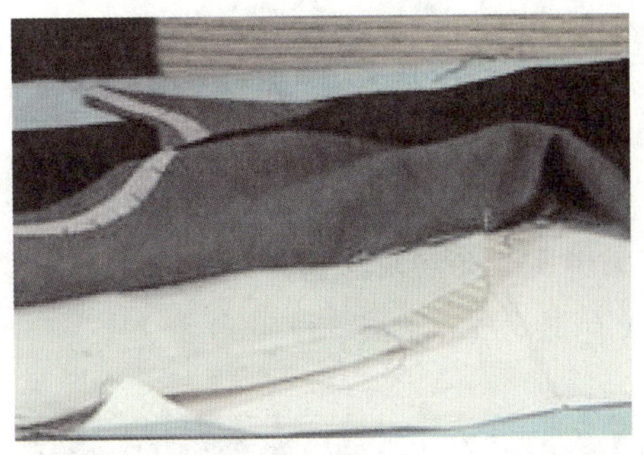

图 6-126

把衣片与胸衬捋平，继续固定驳口部位。驳口部位时离开驳口线 2 cm，注意：当固定一边衣身与胸衬时，另一边衣身与胸衬应用布馒头垫靠起来，使胸部有窝势。（如图 6-127、图 6-128 所示）

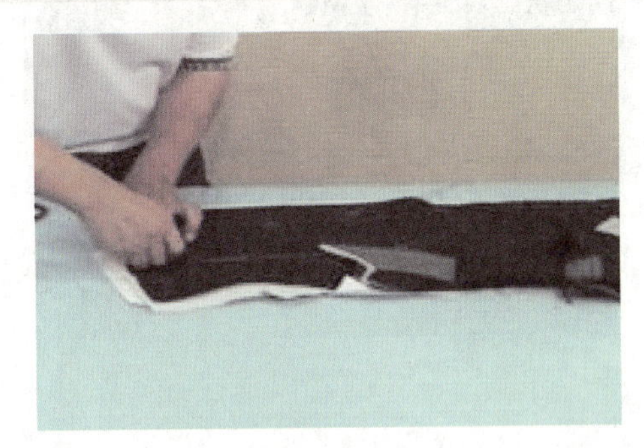

图 6-127

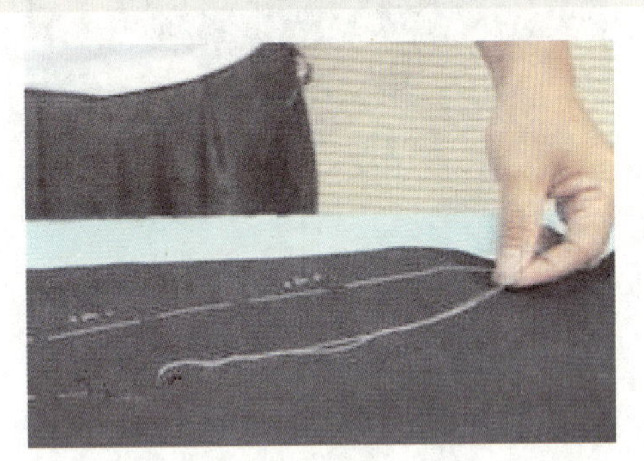

图 6-128

③固定袖窿。袖窿部位时离开袖窿边 4 cm，袖窿用倒钩针固定好。胸衬与胁省缝头固定完后将胸衬多余部分修剪掉。（如图 6-129~ 图 6-132 所示）

图 6-129

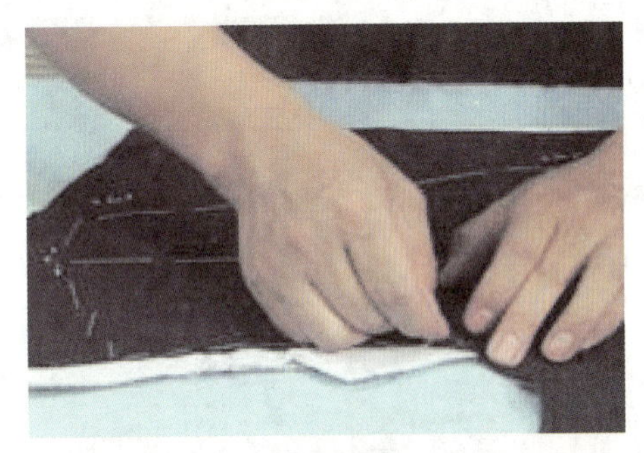

图 6-130

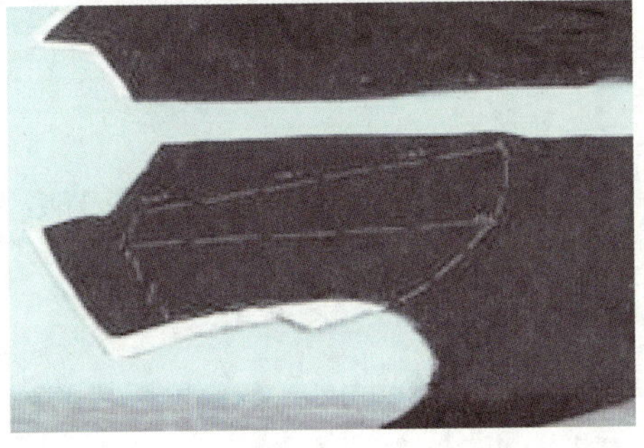

图 6-131

图 6-132

13. 拼接挂面、开里袋

（1）夹里收省

前片夹里的肋省同面一样分开，无肚省（不剪开），胸省下部是收成尖形的。省缝向侧缝烫倒。（如图 6–133、图 6–134 所示）

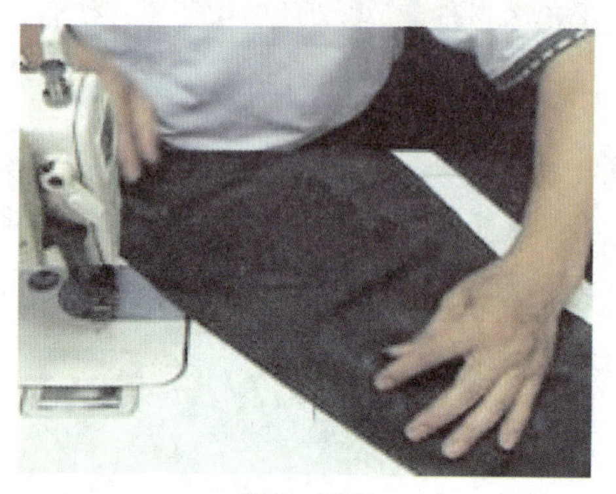

图 6–133

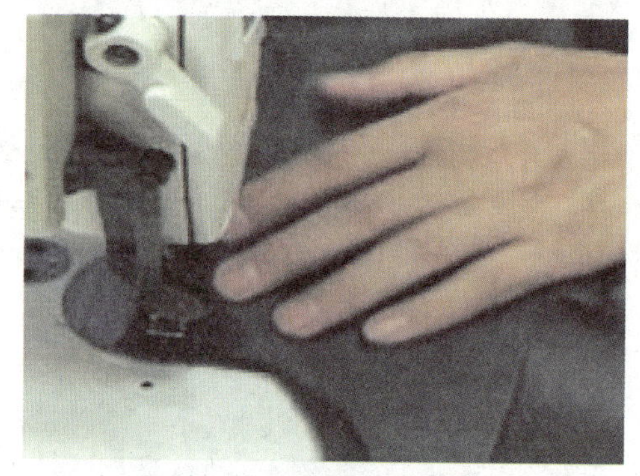

图 6–134

（2）合挂面与夹里

将挂面与夹里正面相叠缉合，缉到下端要对齐对位点，不要缉到底。缉合时夹里在胸部要有吃势（0.5 cm），缝头向夹里方向坐倒烫平。烫平后在正面画好里袋位，袋口大 14 cm。（如图 6–135、图 6–136 所示）

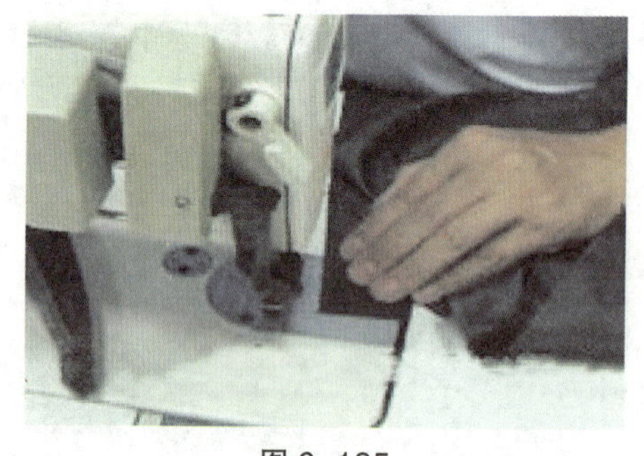

图 6–135

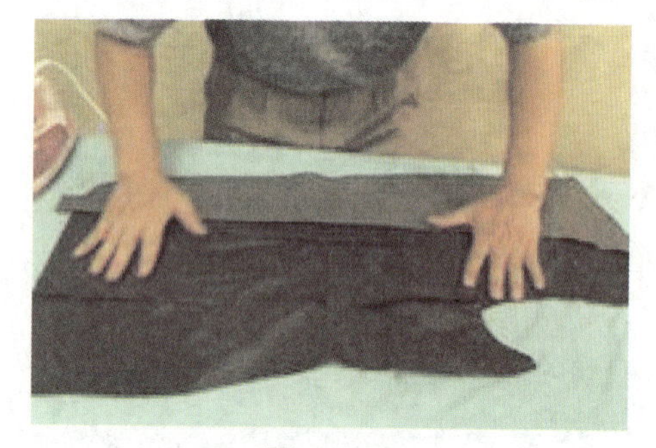

图 6–136

（3）开里袋

袋位及嵌线布粘衬。在袋位反面粘衬，嵌线烫一层黏合衬，在嵌线布上用粉印画好袋口的位置。（如图 6–137、图 6–138 所示）

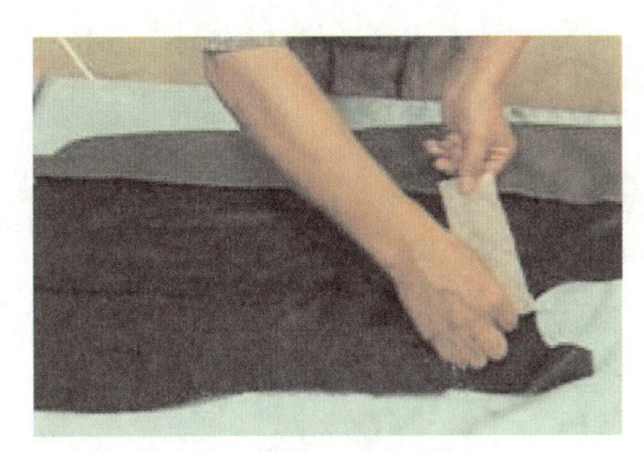

图 6-137

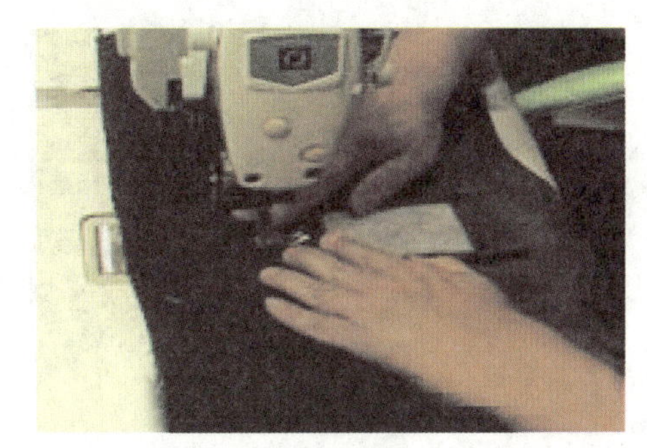

图 6-138

（4）缉袋嵌线

将嵌线布的袋口线与衣片上的袋口线相对，缉线一周。两线间距 0.4 cm，袋口大 14 cm，两头缉平角。开密嵌线里袋。沿嵌线中间将袋口剪开，把上、下袋口嵌线密进，嵌线宽 0.2 cm，包紧烫平。（如图 6-139、图 6-140 所示）

图 6-139

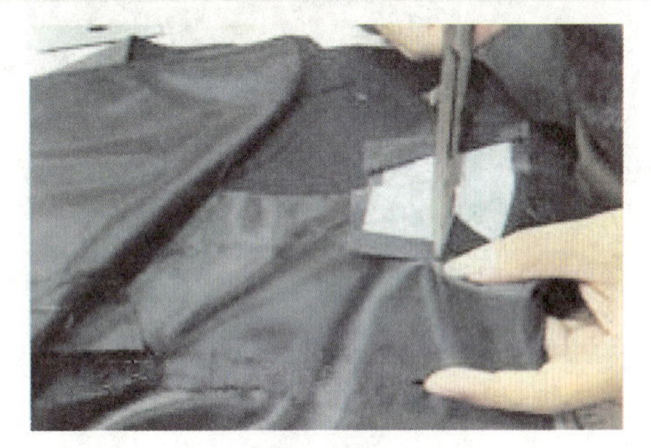

图 6-140

（5）固定下嵌线

下嵌线压缉 0.1 cm 止口线固定在袋布上。（如图 6-141 所示）

（6）装袋鼻

先把袋鼻（里料 10 cm × 10 cm）做好，再把袋鼻夹在袋口中间，正面封口缉 0.1 cm 止口线一道。（如图 6-142~ 图 6-144 所示）

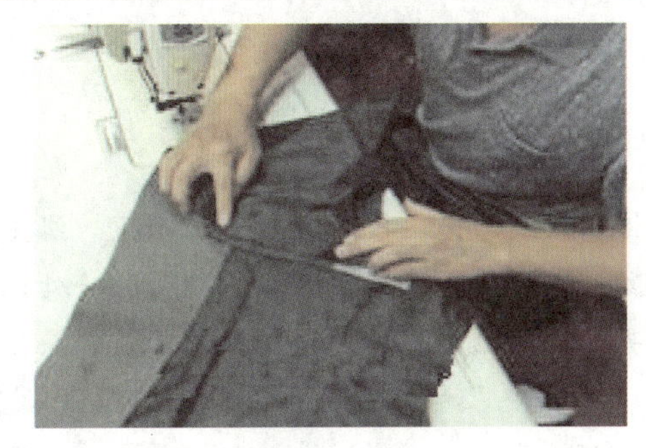

图 6-141

图 6-142

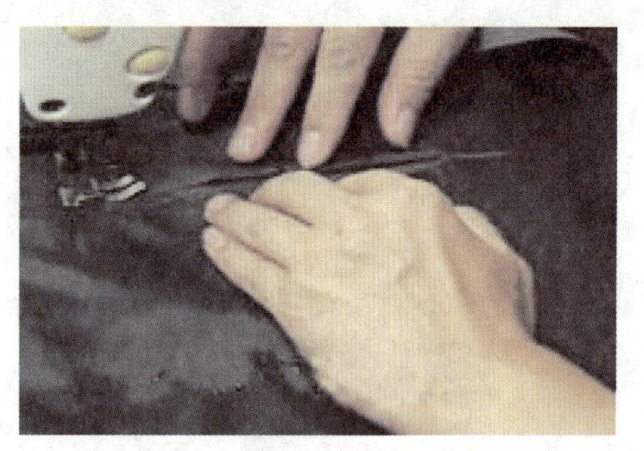
图 6-143

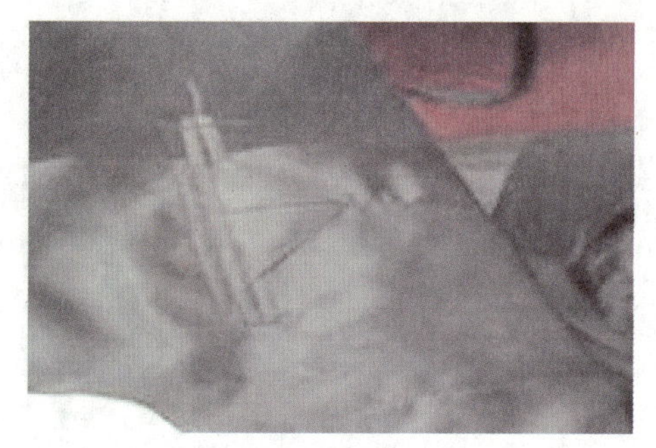
图 6-144

(7) 缉袋布

先把小袋布接在下嵌线上，两袋角来回缉倒针三道。左边里袋钉商标一个，然后将袋布放平，上袋布略松，兜缉一周。(如图 6-145、图 6-146 所示)

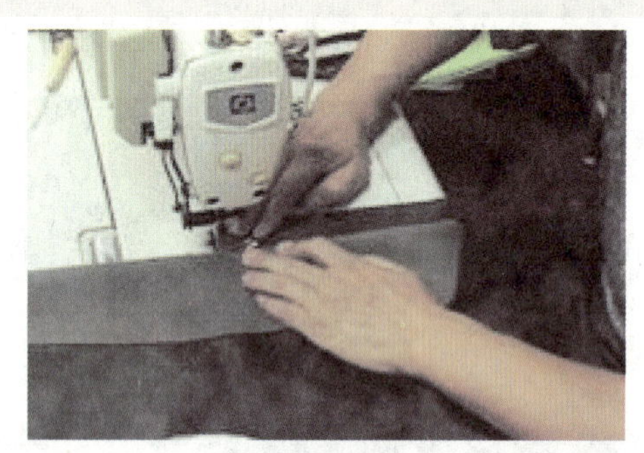
图 6-145

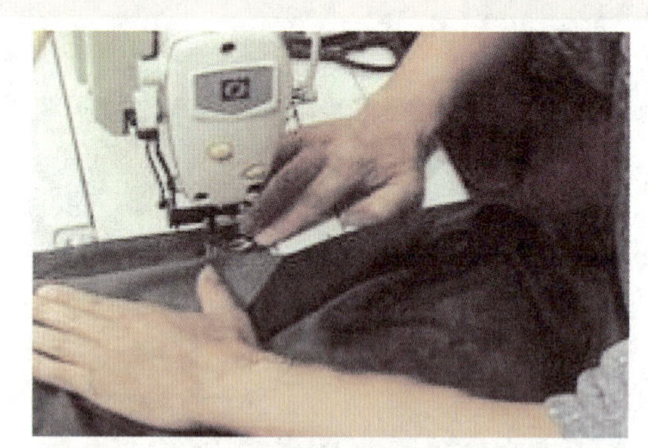
图 6-146

(8) 整烫里袋

整烫时下面垫布馒头，上盖湿布。要求袋口平挺、不豁口，嵌线宽窄一致，袋角平服。

14. 覆挂面

(1) 检验挂面

检查挂面左右条格、丝绺是否符合规定要求，在驳头上段直丝不允许偏斜，上眼位置至驳头 5~6 cm 之间允许偏差 0.5 cm 左右。

(2) 前片与挂面缝合

将挂面和衣片正面相对，驳头处挂面比衣片放出 0.5~0.7 cm。挂面时要从上而下。线先从驳口线起针，到上眼位处转弯沿圆角止口线。覆挂面的松紧程度要分段掌握。挂面驳头处比衣片多出 0.5~0.7 cm 推进后，使挂面形成里外匀。驳头上段、上眼位处驳头挂面略松。驳头中段和腰节以下平，下摆圆角处挂面带紧。沿止口净线缉线。要求两格驳头条格对称，缉线顺直，缺嘴大小一致，吃势符合要求。(如图 6-147、图 6-148 所示)

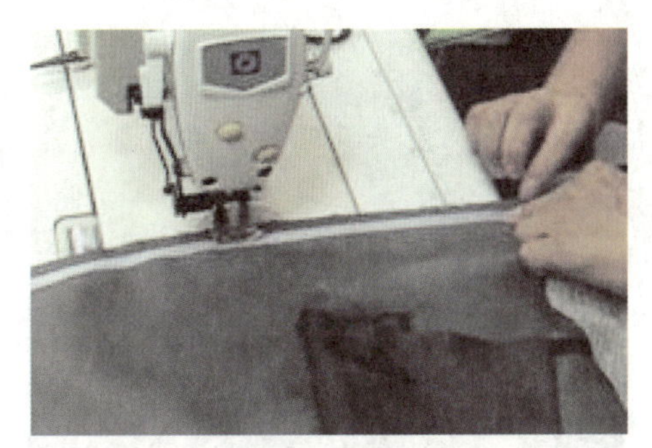

图 6-147

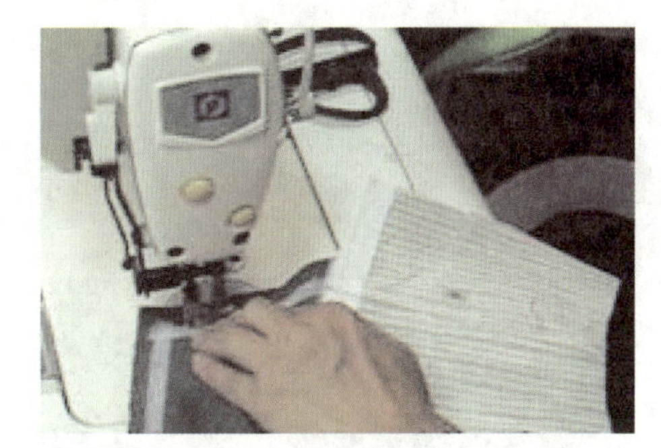

图 6-148

15. 翻烫止口

（1）修止口

把止口缝份分烫开，然后修剪缝头，大身留 0.4 cm，挂面留 0.6 cm，驳头缺嘴处剪好眼刀。（如图 6-149、图 6-150 所示）

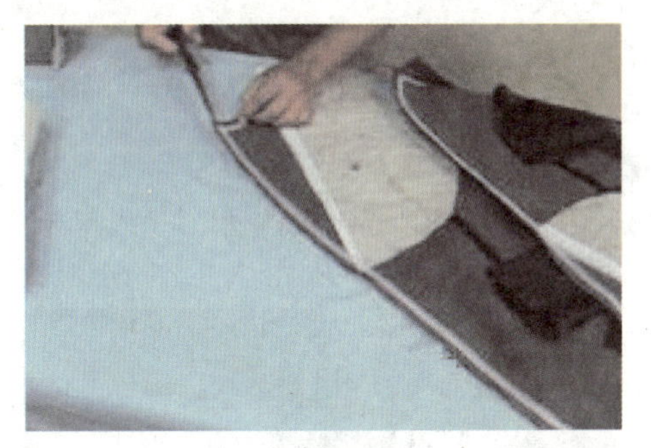

图 6-149

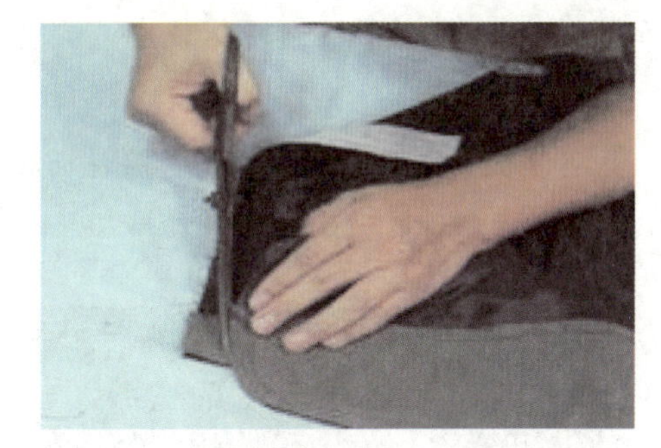

图 6-150

（2）扳止口

用单根线将驳头挂面缝头沿缉线向衬头方向扳倒，上眼位以下沿缉线坐进 0.1~0.2 cm 向大身扳倒，用缭针将缝头缝牢，圆角处圆顺。用熨斗将止口烫薄、烫平、烫煞。（如图 6-151、图 6-152 所示）

图 6-151

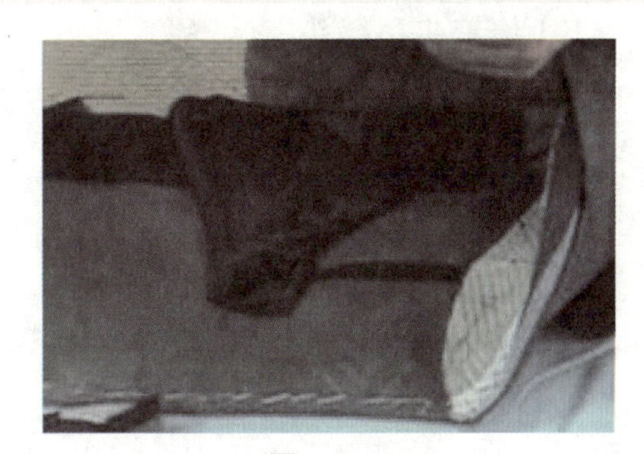

图 6-152

（3）翻烫止口

①翻烫止口。把驳头翻出，驳角翻方正，门里襟止口翻牢，驳头及圆角左右对称，盖烫布将止口烫薄、烫煞。（如图 6–153、图 6–154 所示）

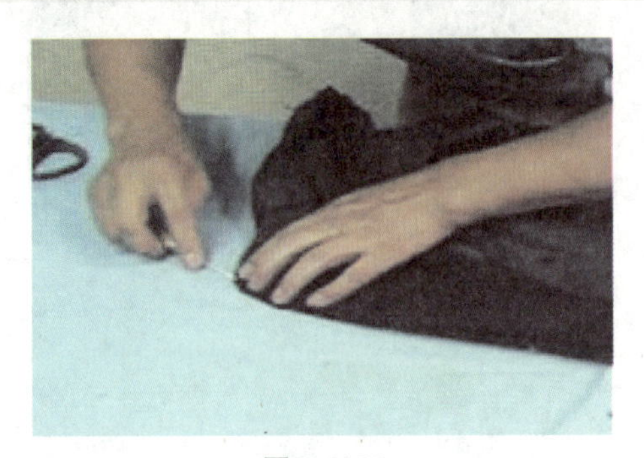

图 6–153

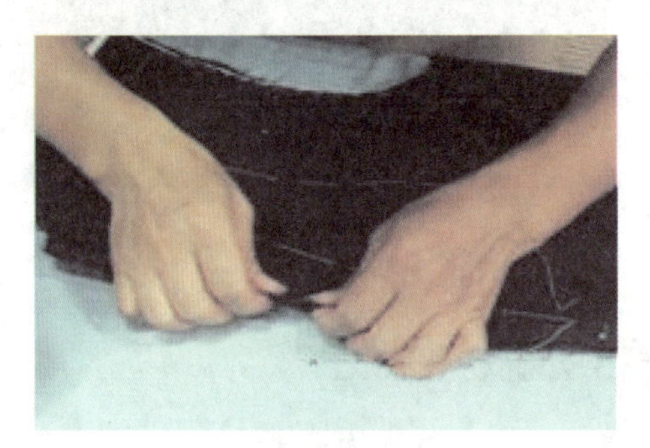

图 6–154

②烫驳口线。驳头处放在布馒头上，沿驳口线折转驳头，烫出里外匀窝势，注意上眼位以下大身止口坐出 0.1 cm 左右，上眼位以上驳头止口坐出 0.1 cm 左右。

（4）定挂面

先将挂面用驳口线缝一道，再将挂面摆平，夹里向上，沿夹里拼缝线一道，然后将夹里撩起，将缝头与衬头几针固定，同时把大、小袋布也几针固定。（如图 6–155、图 6–156 所示）

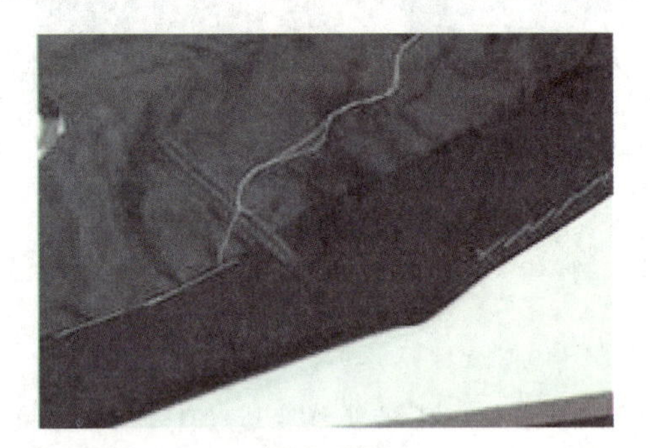

图 6–155

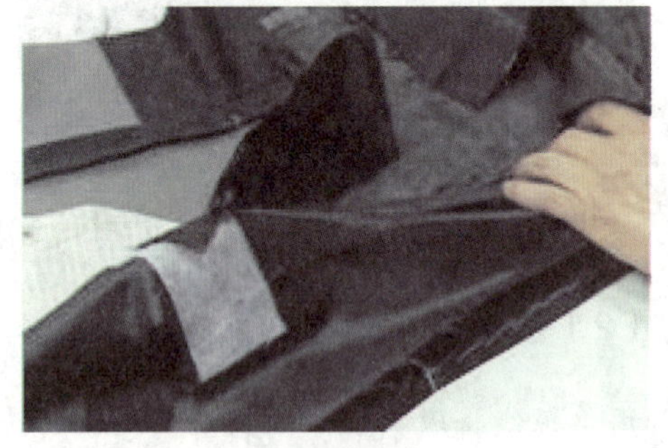

图 6–156

（5）修剪夹里缝头

将衣片正面向上摆平，驳头折转，把串口、肩头、侧缝的夹里按照面料剪齐，袖窿放出 0.7 ~ 0.8 cm，底边按面料的线印放出 1 cm 坐势修剪。然后将夹里与底边贴边同时做好标记，以备兜缉底边夹里。

16. 做后片

（1）缝合后衣片

从领口起针缝合后中缝，缝份为 1.5 cm；里料采用相同的方法缝合。（如图 6-157、图 6-158 所示）

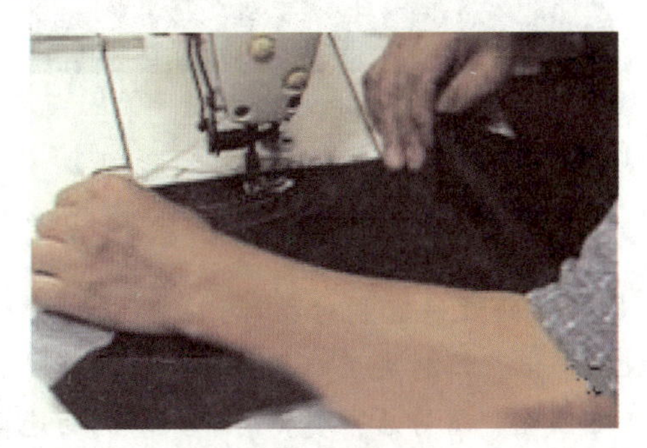

图 6-157

图 6-158

（2）熨烫后片

将面料的缝份烫开，注意要保持归拔好的形状；里料采用坐缝烫到。（如图 6-159、图 6-160 所示）

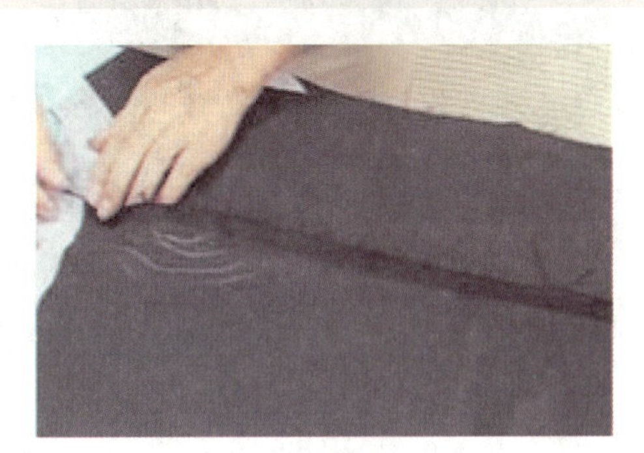

图 6-159

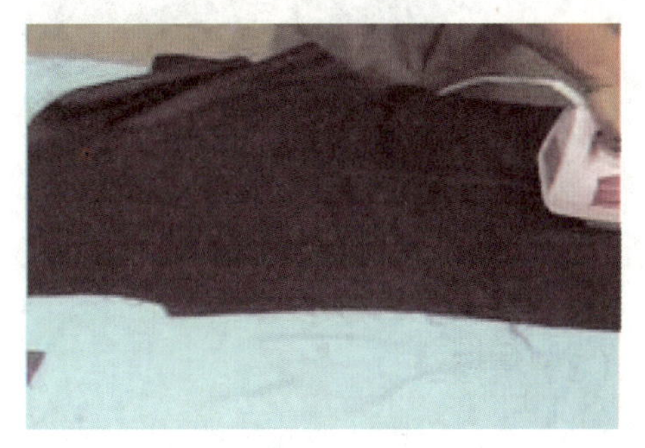

图 6-160

17. 缝合摆缝，做底边

（1）缝合摆缝

前后摆缝正面相叠，后身在上，腰节处对准，摆缝归拔处不可拉还，腰节至底边平，袖窿下 10 cm 这段后背略送。缝份 1 cm，缝好后用熨斗烫平。先缉面子摆缝，再缉夹里摆缝，上下两层要求松紧一致，缉线顺直。缉好后将摆缝喷水烫分开缝，腰节处略拔开，夹里向后片烫倒缝，下摆贴边按线钉折转烫平，烫圆顺。（如图 6-161、图 6-162 所示）

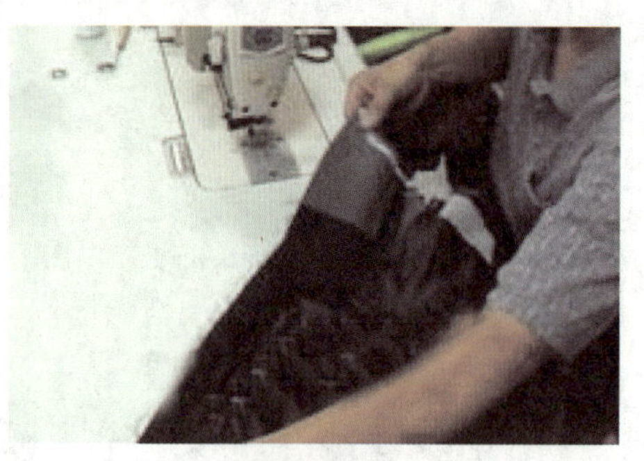

图 6-161

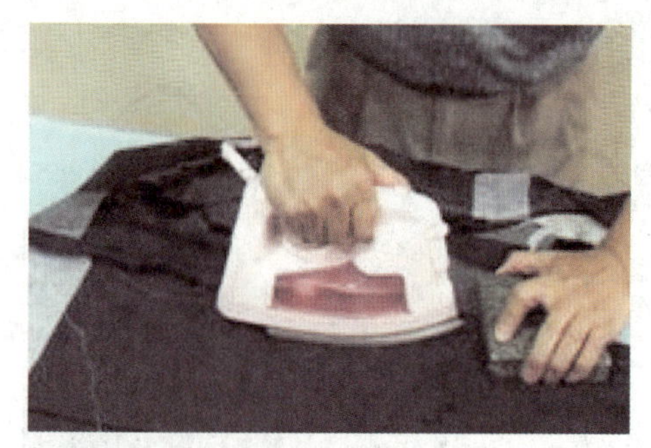

图 6-162

(2) 做底边

①兜缉底边。衣片下摆放平，在底边挂面处和背开衩处做好缝制对档标记，将夹里翻转，先缉里襟，夹里在上，从挂面处标记开始起针至背衩位标记，缉时夹里略紧，面、里摆缝对齐。缉门襟夹里时，从后背衩标记处开始起针至挂面处标记位置。缉好后，熨烫好。未缉到的地方，如左右片挂面底边处，需用手针缝好。（如图 6-163 所示）

②缲底边。底边按线钉折转，用缲针固定。（如图 6-164 所示）

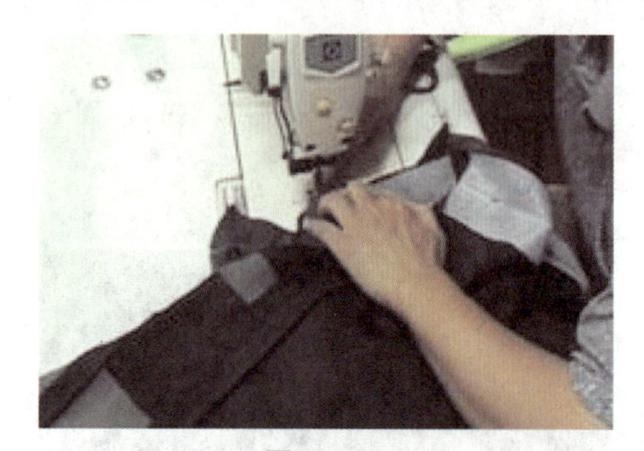

图 6-163

图 6-164

(3) 攥摆缝

底边夹里坐势好，烫平。离底边 10 cm 开始到后袖窿高离下 10 cm 止，面、里摆缝以攥线固定，一般 3 cm 一针。夹里要放吃势 0.5~0.6 cm，攥线放松，使面料平挺，有一定伸缩性。

18. 合肩缝

(1) 检验肩缝

在拼肩缝前先检查前后肩缝的长短是否适宜，领圈弧线、袖窿弧线是否圆顺，袖窿高低及丝绺是否符合要求，如发现问题及时调整。

（2）擦肩缝

后肩缝放上，从领圈开始起针向外肩点，在颈肩点至小肩处放吃势 0.6 cm 左右，线离进缝份 0.7 cm，针距 1 cm，后肩缝要松于前肩缝。

（3）缉肩缝

将肩缝吃势放平、烫匀，前肩缝放上层合缉肩缝，要求缉线顺直，缝头宽窄一致，缝份 0.9 cm 左右。夹里肩缝按 0.8 cm 缝份缉合。（如图 6-165 所示）

（4）分烫肩缝

将擦线拆除，肩缝放在铁凳上喷水烫分开缝，注意：不可将肩缝烫还。夹里缝份向后身坐倒。（如图 6-166 所示）

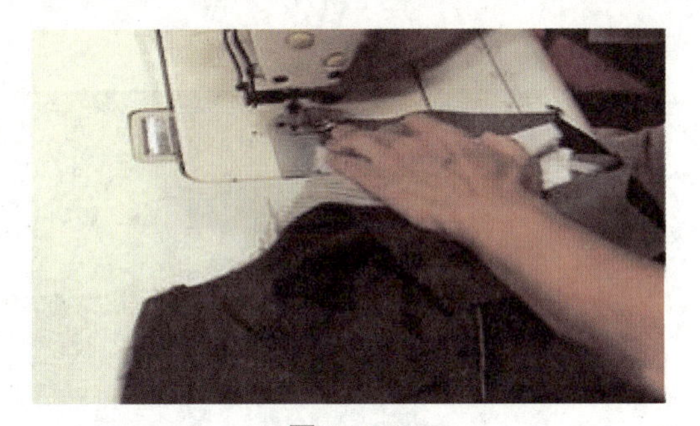

图 6-165

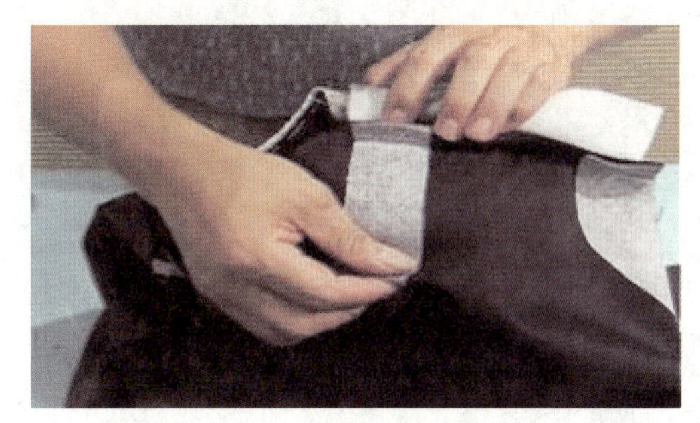

图 6-166

（5）定擦肩缝

胸衬摆平，手针先在衣片正面固定胸衬，最后固定在肩缝缝份上，并烫平。（如图 6-167、图 6-168 所示）

图 6-167

图 6-168

（6）缉肩里缝 

缉缝方法同面布肩缝，夹里缝份向后身坐倒。

19. 做领

（1）做领面

用净样版将领面上口及两领脚净样画准，做好标记。上口按净线烫弯，顺势将领外口拔开一些，使翻折松量更为合适，注意丝绺、条格左右对称。（如图 6–169~ 图 6–171 所示）

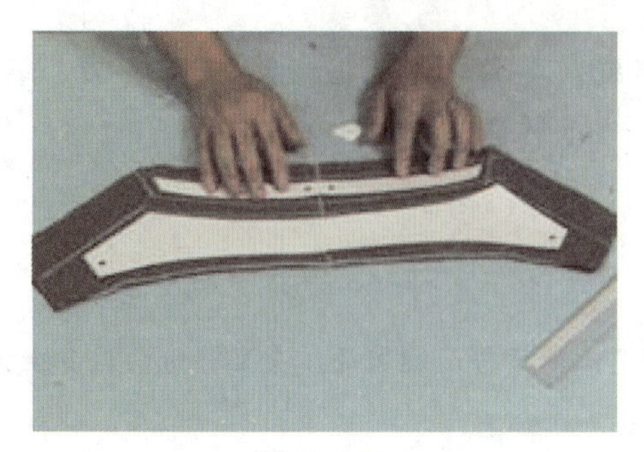

图 6–169

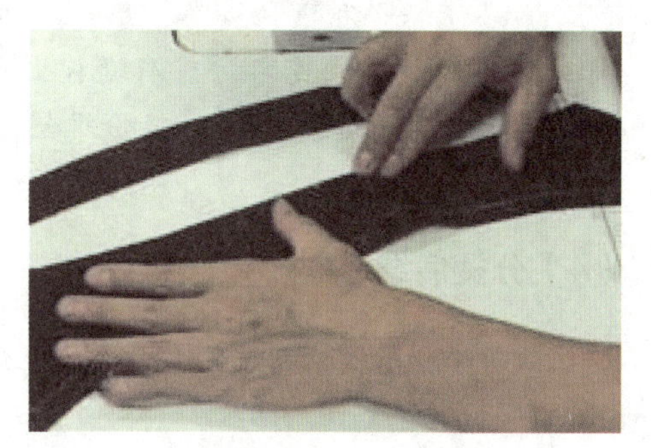

图 6–170

（2）做领里

将领底呢（斜料）上口（净）与领面上口净粉线对合，扣烫领面上口 1.5 cm 缝份包住领底呢，在领底外口用三角针绷牢，针距 0.3 cm。若用机器绷三角针，则是领底呢压领面缝份。盖水布烫平、烫煞，领面下口比领里多留 0.8 cm 缝份以备装领用，并做好装领对档眼刀。

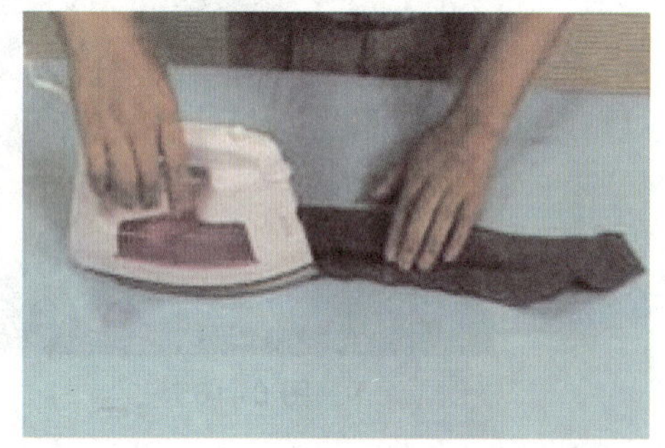

图 6–171

20. 装领

（1）装领面

将领面与衣身挂面、夹里正面相叠，串口、领圈处对齐，各对档标记对准，从里襟起针缝合串口线及后领圈（可以先缉两头串口线部分，最后缉前后领圈）。缉线要顺直，肩缝转弯处领面略放层势，串口松紧适宜，领脚不毛出。（如图 6–172、图 6–173 所示）

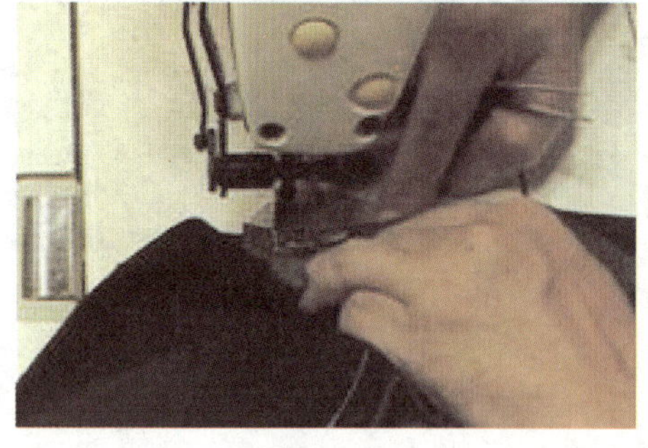

图 6–172

图 6–173

（2）分烫缝份

在衣身领圈转角处剪一眼刀（不可剪线），将串口烫分开缝，烫平、烫煞，不可烫还。然后修剪大身串口处缝头，留缝头 0.5 cm 前后领圈缝份倒向领面。（如图 6–174、图 6–175 所示）

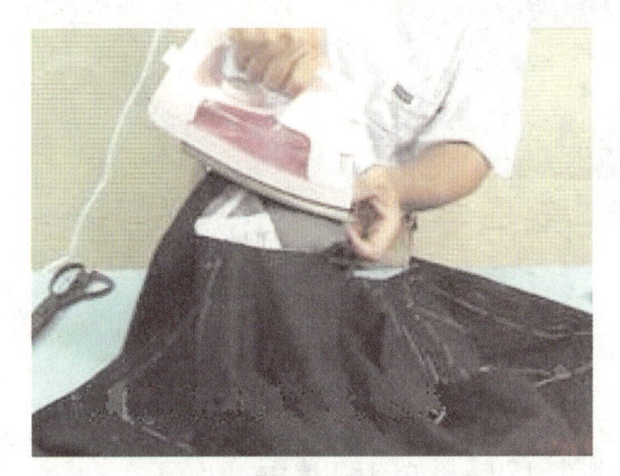
图 6–174

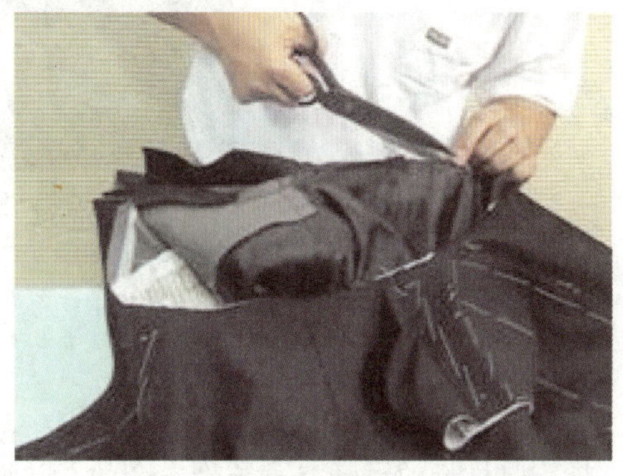
图 6–175

（3）定擦领里、领面

将领头放在布馒头上，把领面串口缝在挂面上。西服摊在桌板上，领面与领里丝绺放正，领里与领面的领脚线对准，缝一道。注意：领里同领面后中心相对，缝时领面略松，丝绺不要拉口。

（4）绷领里

领底呢下口盖住串口、领口缝份，用线固定。注意：两肩缝拐弯处领里略放层势，装领对档标记对准，领里下口及串口用 0.3 cm 三角针绷牢，两领脚处领面扣转包住领头，也用三角针绷牢，针迹要平齐，领脚左右对称，窝势一致。（如图 6–176、图 6–177 所示）

图 6–176

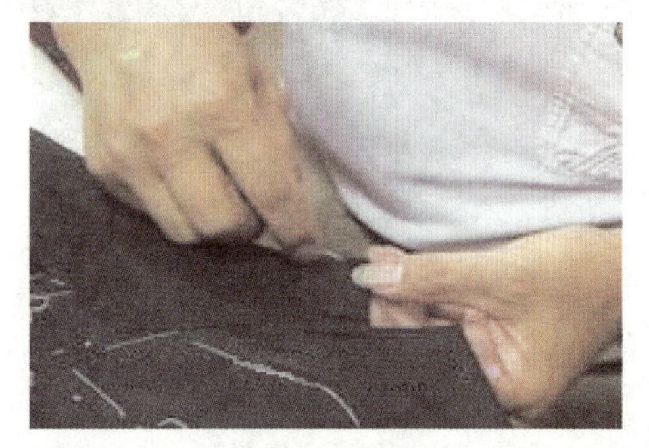
图 6–177

（5）熨烫定型

将领头放在布馒头上，使驳领与驳头按驳口线、领脚线自然翻折于衣身上，用熨斗整烫使之自然贴服于前身与肩部。注意：驳头不要烫实，要有自然弯折曲度，驳口线与领脚线要顺直一致。（如图 6–178 所示）

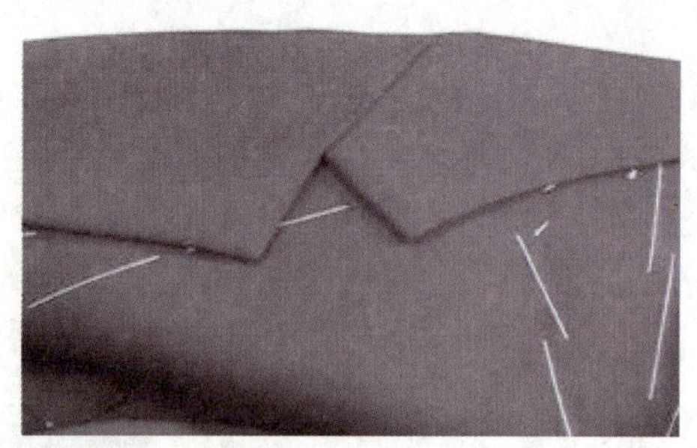

图 6-178

21. 做袖

（1）修剪袖衩

将已归拔好的大袖衩角去除多余的折边量。（如图 6-179~ 图 6-182 所示 ）

图 6-179

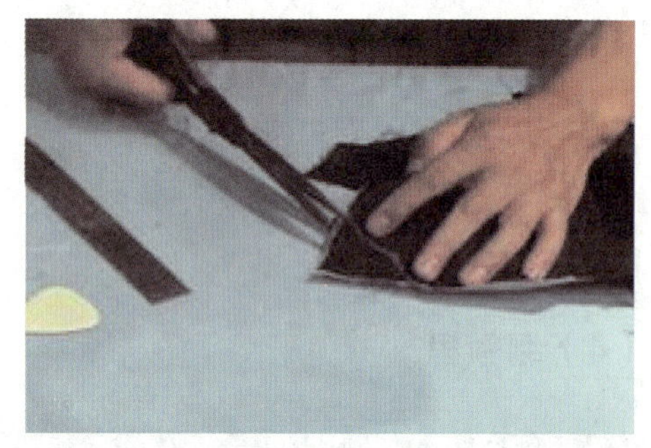

图 6-180

图 6-181

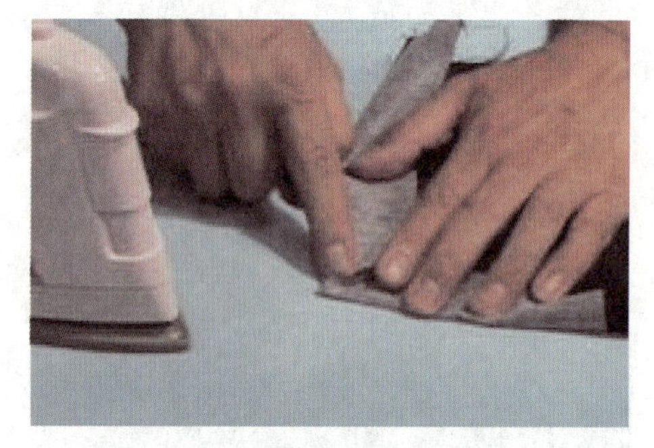

图 6-182

（2）缉前袖缝，烫袖折边

大、小袖片正面相对，车缉前袖缝。缉线要顺直，然后烫分开缝。袖口和袖衩处粘黏合衬，袖口衬在袖口线钉向下 1 cm 以上，宽约 5 cm。然后按线钉将袖口折边烫好。接着，大袖放下层，袖衩处做好缝制标记，车缉后袖缝，大袖上段 10 cm 略放吃势。缉线要顺直。缝至距袖口 2.5 cm 左右处止。缉好后，烫分开缝，袖衩倒向大袖。正面翻出，自袖口向上 10 cm 处将袖衩折好，盖烫布在小袖袖缝与袖衩折角处打一眼刀烫煞。（如图 6-183、图 6-184 所示）

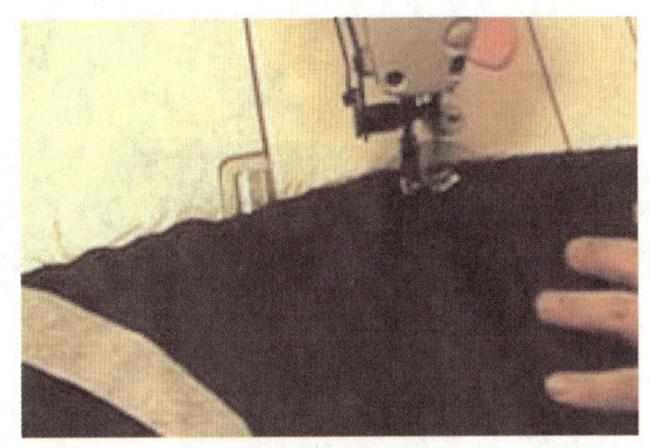
图 6–183

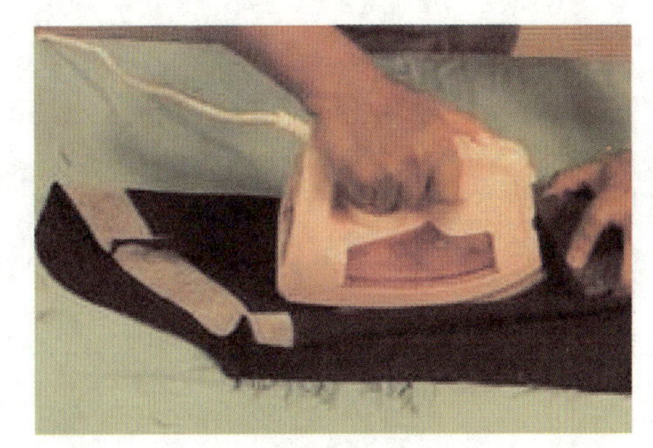
图 6–184

（3）缉大小袖衩 

将大小袖衩按袖口折边正面相对车缉，小袖衩勾缉时，上口留 0.8 cm 不要缉到头，大袖衩分缝烫平。正面向外翻出，将袖衩贴边和袖口折边熨烫平整。

（4）缉袖夹里 

将大小袖片夹里正面相对，缉线顺直，缝头 0.8 cm。缉好后把缝头朝大袖片一面扣转烫坐倒缝。

（5）装袖夹里 

将袖夹里与袖片袖口套合在一起正面相对，袖衩处做好标记，前袖缝、后袖缝要对准。然后车缉袖口一圈。缝头 0.6~0.7 cm。将袖口贴边翻折缲好，袖夹里 1 cm 坐势烫好。把袖夹里与前后袖缝头用手针缝好，上、下各预留 10 cm 不缝。注意线要松，夹里略放松。（如图 6–185、图 6–186 所示）

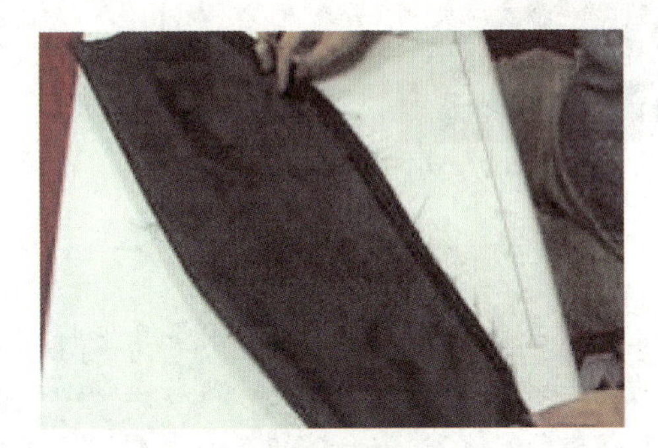
图 6–185

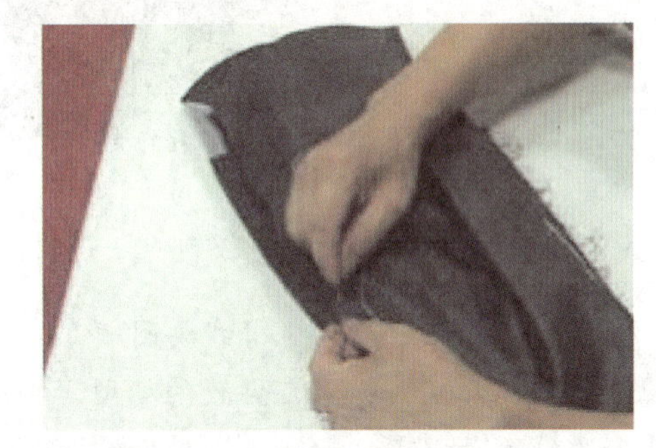
图 6–186

22. 装袖

（1）抽袖山头吃势 

从前偏袖缝处起用 2.5 cm 宽斜布条带紧袖山弧线缉缝；需掌握各部位的吃势量，保证袖山的立体造型。（如图 6–187、图 6–188 所示）

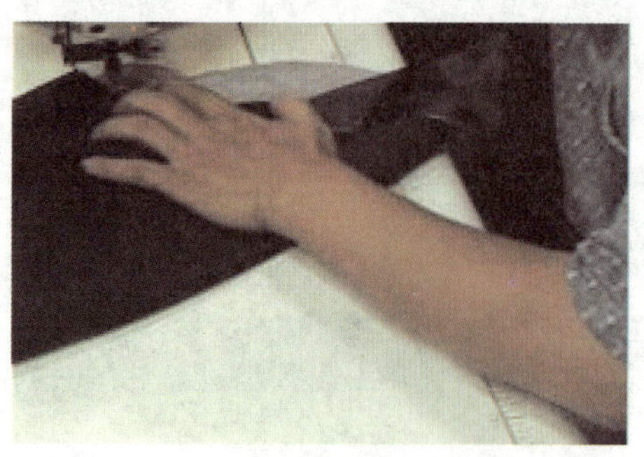

图 6–187

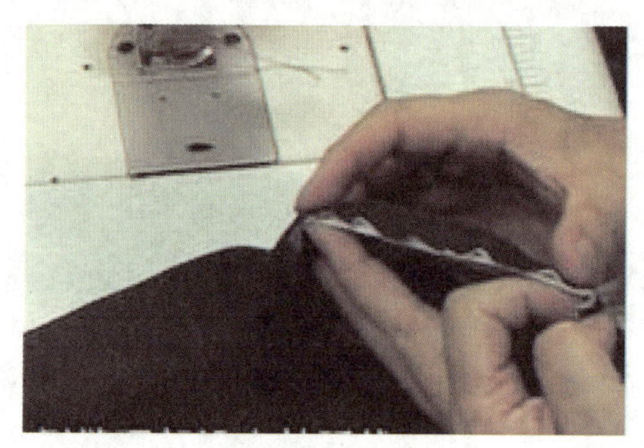

图 6–188

（2）装袖的对档位置

一般装袖的对档位置有 3 个：前袖缝与前袖窿对档；袖山头对肩缝；后袖缝对后背高线。在实际装袖时，对档位置都会产生偏移，因此，还要按照装袖的要求对档位置适当进行调整。

（3）擦左、右袖

将前袖缝与前袖窿对档标记对准，调整好袖子位置，起针定袖子与袖窿时袖片在上，缝份 0.7 cm 左右，针距 0.8 cm，袖山头部分要以直取圆的操作方法缝好。然后检查袖山头是否圆顺，吃势是否均匀，以及装袖位置是否正确。袖窿后弯处是否随衣身自然弯势。如有问题，及时纠正。右袖从后背高线对档眼刀起针向前，各对档眼刀对位好，具体方法与左袖相同。（如图 6–189 所示）

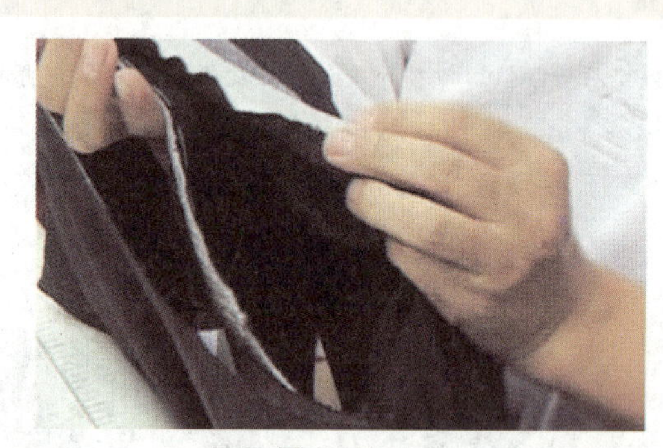

图 6–189

（4）车绲袖窿

车绲时不能让线移动，绲线要圆顺，绲好后检查是否符合质量要求。然后用熨斗尖将缝份从里面烫平、压实。如果是劈缝的袖型，要在袖山前、后端打眼刀进行劈烫。然后在袖山一面垫上斜丝绒布条，重合袖窿，绲线车绲袖窿衬条。绒布条长 25~28 cm，宽 3 cm 左右，位置在前偏袖缝以上 3 cm 至后袖缝以下 3 cm 一段。（如图 6–190 所示）

（5）装垫肩

将垫肩 1/2 移前 1 cm 对齐肩缝外口，按袖窿毛缝放出 0.5 cm，用双股线将垫肩与袖窿缝牢，线不要太紧。注意：垫肩与衣片里外匀窝势，防止袖窿反弹。垫肩里口与肩头缝固定，线略松。（如图 6–191 所示）

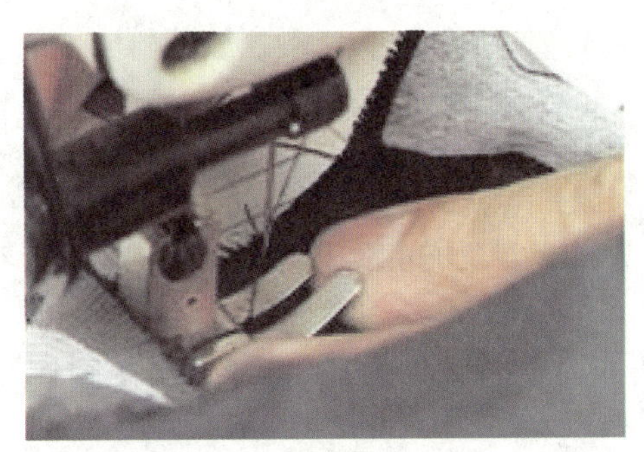

图 6–190

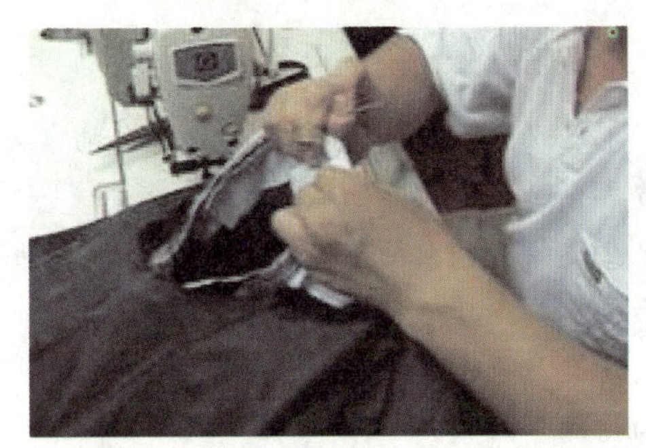

图 6–191

（6）固定袖窿夹里 

沿袖窿定一圈固定衣身夹里。袖子夹里与袖缝相对，固定一圈。（如图 6–192、图 6–193 所示）

图 6–192

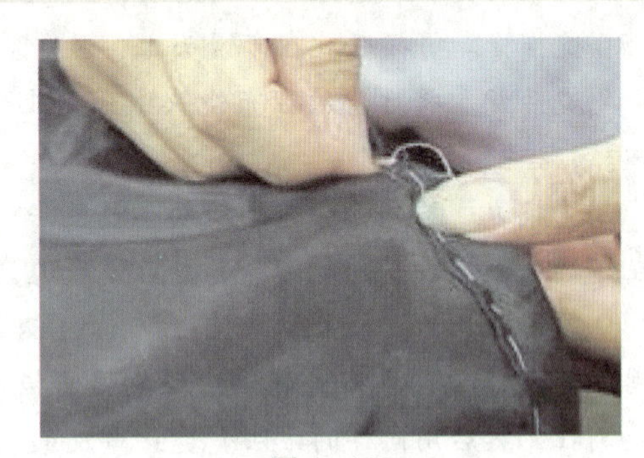

图 6–193

23. 锁眼、钉扣

①门襟扣眼。西服的扣眼位在左襟（门襟），高低按线钉位置，进出按叠门线偏出 0.3 cm，眼大一般为 2.3 cm。扣眼可用机锁圆头扣眼。

②插花扣眼。驳头缺嘴下 3.5 cm，进出约 1.5 cm，眼大为 1.8 cm。插花扣眼可用手工锁眼或拉线袢的方法，也可以机锁平头眼，但不开口。

③里襟纽位。眼位高低与扣眼相对应，进出按叠门线。

④袖衩纽位。距袖口 4 cm，进出 1.5 cm。

24. 整烫

（1）整烫步骤 

整烫步骤为：轧袖窿→烫袖子→烫肩头→烫胸部→烫吸腰及袋口位→烫摆缝→烫后背→烫底边→烫前身止口→烫驳头、领头→烫夹里。

（2）整烫工艺

①轧袖窿。将衣片翻转反面，把袖窿无垫肩部分放在铁凳上，盖湿布熨烫，将袖窿的里、面烫黏合，有垫肩部位不轧烫。

②烫袖子。在袖子下垫上布馒头，将袖缝摆顺直，盖上湿烫布熨烫。先烫小袖，再烫大袖，最后烫袖口。袖衩部位要烫平、烫煞。

③烫肩头。将肩部放在铁凳上，盖干、湿两层烫布熨烫，使肩头干挺窝服，袖窿圆顺，使袖山饱满、圆顺。

④烫胸部。烫胸部和前肩时要放在布馒头上，一半一半地熨烫。要注意大身丝绺顺直，胸部饱满，要注意手巾袋条格同大身相符。

⑤烫吸腰及袋口位。把前身放在布馒头上，吸腰丝绺放平、推弹，按西服推门时要求将腰烫平、烫挺。注意吸腰处不能起吊，直丝一定要向止口方向推弹。烫袋口部位时要注意袋盖条格与大身相对称，注意袋口位的胖势。要放在布馒头上，一半一半地熨烫。

⑥烫摆缝。将摆缝放在布馒头上，放平直，垫两层烫布熨烫，注意不能将摆缝烫坏。

⑦烫后背。将后背放在布馒头上，盖上干湿两层烫布由下向上熨烫，在肩胛骨部位袖窿处略归。

⑧烫底边。首先烫底边的反面，要使底边夹里的坐势宽窄保持一致。然后，再将底边翻正，放在布馒头上一段一段熨烫，熨烫后使底边产生里外匀。

⑨烫前身止口。将止口朝自己身体一侧放在桌板上，先烫挂面和领面一侧。烫止口时熨斗要用力下压，干、湿布烫好后，还要用烫板用力压止口，使止口薄、挺。烫止口时应注意止口不能倒吐，然后用同样的方法熨烫止口反面。

⑩烫驳头、领头。将驳头放在布馒头上，按驳头样版或驳头线钉翻转烫煞。在烫领子驳口线时，要注意领驳口线的转弯，要将领驳口线归拢，防止拉还影响领头造型。驳口线正反两面都要烫煞、烫平。驳口线烫至驳头长的 2/3，留出 1/3 不要烫煞，以增加驳头的立体感。

⑪烫夹里。西服面子烫好之后，翻转反面，将前、后身夹里起皱的部位用熨斗轻轻烫平。

第七章　服装工艺设计

知识目标

了解服装工艺设计的概念和内容，理解服装工艺设计的性质和和意义，熟悉工艺设计的作用和要求。掌握工序符号的表示方法、服装缝制作业动作、时间研究等，并能够掌握缝制缝口强度与缝制质量。

技能目标

能对工艺的工序进行分析，会对工序进行编制做加工工序分析表，掌握缝口强度与缝制质量以及进行工艺文件编制与技术档案管理。

情感目标

通过编制加工工序分析表以及工艺文件编制与技术档案管理，可以培养学生主动探索、勇于创新的精神。

思维导图

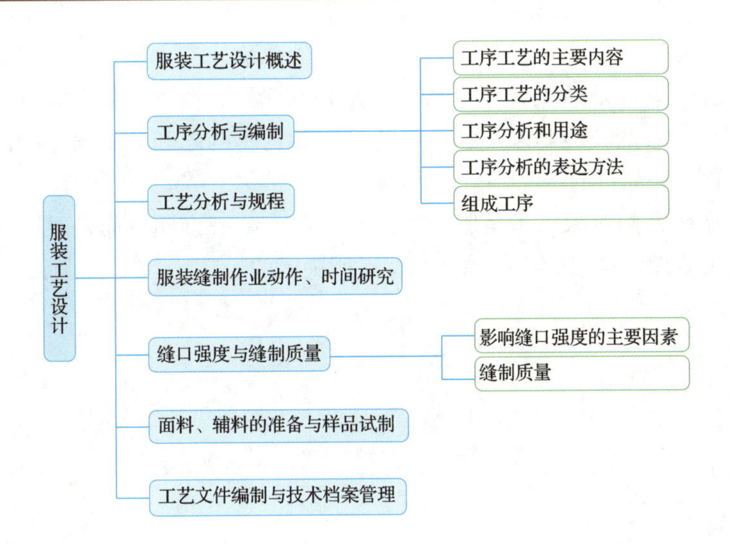

第一节 服装工艺设计概述

一、服装工艺设计的概念和内容

服装工艺设计是在款式设计、结构设计的基础上，运用服装工程学的原理和方法所进行的服装设计的第三环节，因此也称为“服装第三设计”。它包括：对形成产品的各道工序分析、编制；生产过程中所需的各类工具、设备以及工作人员的合理配置；高新技术的应用、改进与革新；缝制作业者的动作与时间配合的标准化研究设计以及围绕着“生产效率”“生产效益”所进行的有计划、有组织、有目标的合理化管理方案的实施意见等。作为服装工业化大生产中最终的筹划阶段，服装工艺设计是款式设计、结构设计这两个阶段物质产品的具体实现，是将体现设计者风格的艺术作品完美体现的过程。

服装工艺设计是一门与生产实践密切相关的实用科学，它既强调严密的科学性与高度的实用性的统一，又注重高超的技术性与完美的艺术性的统一。工艺设计是在工艺制作基础上的提高与升华，既可为工艺制作提供可靠的理论依据，又能帮助修正工艺制作中的不合理部分，不断改进，提高工艺水平。

二、服装工艺设计的性质与意义

服装工艺设计是根据款式造型的要求与结构组合的特点而定制的科学的工艺方法，是最终实现服装产品的一种技术设计。服装工艺设计必须遵循技术上先进、艺术上完美、方法上科学、经济上合理的原则，它是工艺技术设计和工艺装备设计的总称。它主要通过文字和图表等形式，指导生产，并尽可能完美地体现造型设计者意图，充分发挥人、设备、材料等方面的最大的综合效率，全面展现工艺设计者的技能与水平，最终达到服装艺术构思和艺术表达的高度统一，使其既是艺术品又是规范化、高品位的产品。

服装工艺设计所研究的对象，不是服装的某一部分或某一方面，而是对服装整体设计全方位进行研究，这是由服装设计这门学科的性质和特点所决定的。

三、工艺设计的作用和要求

1. 工艺设计的作用

20 世纪 50 年代，我国的服装工业处于手工作坊的生产形式阶段，不存在工艺设计。20 世纪 70 年代，特别是 80 年代以后，服装工业逐步转变为大工业的生产体系，专业化程度不断加强，而服装工业企业的技术管理工作主要是通过产品的工艺设计来实现的。服装工艺设计，能帮助人们更好地了解产品的造型结构、品质要求、工艺规程和加工设备条件，是指导服装工业生产的技术依据。

现代服装工业生产品种多变，工艺复杂，而且批量少、周期短，往往一个工厂同时交叉生产多种规格的产品。同时，现在的原、辅材料众多，工艺处理层次要求高，再加上服装企业由于各种因素的制约，大多企业生产规模不大，管理机构和人员配备不能像大、中型企业那样完备，这些现象都对服装企业的工艺设计提出了新课题。也就是说，服装工业面临着发展的新形势，服装工艺设计的要求越来越高，内容越来越多，作用也越来越大。

2. 工艺设计的要求

在对服装进行工艺设计的时候，既要充分考虑到缝制技巧与方法的简便合理，保证产品质量，提高产品效益，又要注重服装缝成后穿在人们身上的效果。这就要求服装工艺设计者不仅是技能娴熟的技术工作者，还应是一个有较深的艺术修养和较高的审美情趣的艺术工作者。过去，在大多数人的心目中，总认为服装的款式造型设计才属于艺术创作的范畴，而实际上服装的款式造型设计只完成了服装设计的一半，要将服装款式效果图变为成品实物，还必须有结构、工艺设计的配合，这种配合是否默契，对整个款式造型设计能否成功有着极密切的关系。因此，现代服装工艺设计要求我们的工艺设计师具有艺术的眼光、超前的意识、鲜明的时代感和高超的技术素质。总之，服装工艺设计者不能是一个单纯的“工匠”，而应是有一定艺术修养、头脑敏捷、信息灵通、知识丰富、趣味广泛的复合型人才。

服装的面料、辅料是裁制服装的物质基础，没有理想的物质材料，再高明的“巧手”也无法做出人们喜爱的服装。服装档次的高低，在一定程度上取决于面料、辅料的档次，因此也要求服装工艺设计者熟悉并掌握服装材料学的相关知识，并注意在实际中灵活运用。

工艺设计工作者应该了解、熟悉并在一定程度上掌握现代服装工业的设施装备和高新技术的应用与发展，并对其中的某些方面进行研究、开发与利用，不断减轻劳动强度，合理安排工艺规程，努力提高产品质量、产品效益。

工艺设计工作者也应该深入社会，了解市场，广泛掌握消费者心理，要具有一定的分析、综合消费信息、把握市场的能力。

第二节 工序分析与编制

工序工艺是具体指导每一道工序操作的技术文件。在服装生产过程中，由于专用机器设备和劳动分工的发展，服装制品生产过程往往分为若干个工艺阶段，每个工艺阶段又分成不同工种和一系列上下联系的“工序”。

一、工序工艺的主要内容

①应用的设备和工艺装备。

②加工材料或裁片、半成品的规格与技术要求。

③零部件的尺寸规格和质量要求。

④正式操作前应做的准备工作。

⑤具体操作的程序和方法。

⑥结束及移交工作。

目前，服装工业的工序工艺一般都将每一具体产品的各道工序的工艺制订成册，工作量较大，使用也不方便。我们可以采用工序工艺卡片（也称操作卡片、工艺卡）的形式，制定和使用都较方便。（如图 7-1 所示）

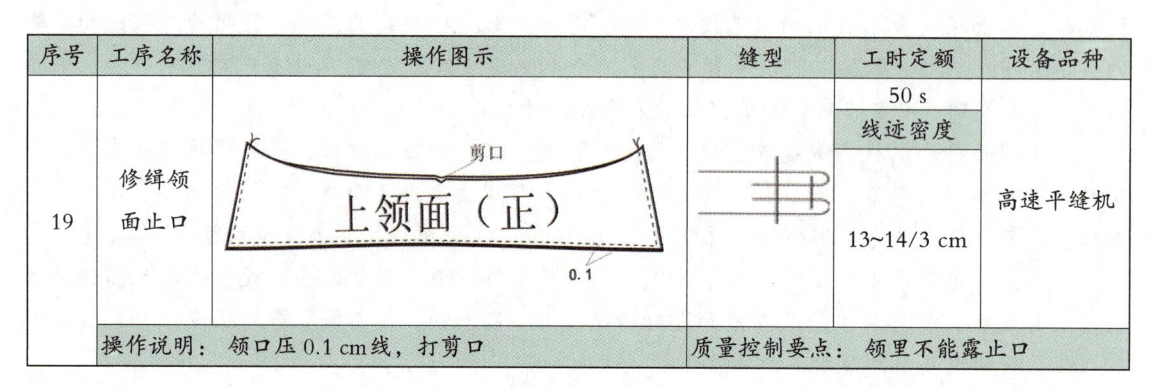

序号	工序名称	操作图示	缝型	工时定额	设备品种
19	修绲领面止口			50 s 线迹密度 13~14/3 cm	高速平缝机
	操作说明：领口压 0.1 cm 线，打剪口		质量控制要点：领里不能露止口		

图 7-1 缝绲上领面止口工艺卡片

二、工序及工序分类

“工序”是构成作业系列的分工单位，是生产过程的基本环节，是工艺过程的组成部分，也是产品质量检验、制定工时定额的基本单位。

服装制品生产过程的全部工序，在性质上是不完全相同的。一般可分为下列几类：
①使劳动对象发生物理或者化学变化的加工工序，如裁剪工序、缝制工序等。
②对原材料、半成品和成品质量进行检验的工序。
③裁剪或缝制以及检验工序之间运送劳动对象的运输工序。

三、工序分析和用途

工序分析是一种基本的产品现状分析方法，是把握生产分工活动的实际情况、按工序单位对工序加以改进的最有效的方法。

1. 工序分析的目的

①可以按工序单位进行技术改善，并跟其他作业水准做比较。
②可以作为动作改进的基础资料，从中挑出进一步改进的重点。

2. 工序分析的用途

①明确工序顺序，便于编制工序一览图。
②明确加工方法，便于理解成品规格及质量特征。
③作为生产设计的基础资料。
现以某工序流水作业占用时间分析图为例。（如图 7-2 所示）

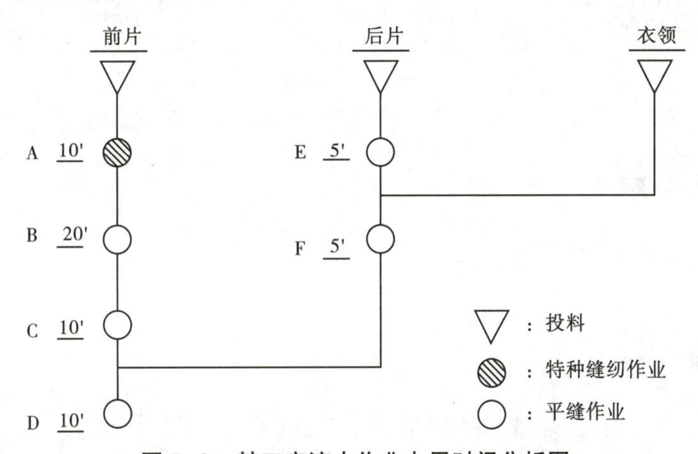

图 7-2　某工序流水作业占用时间分析图

④可作为工序管理的基本资料，准确计算每批任务所需的生产周期。
即：

$$生产周期=\frac{实用工作时间\times 订货数量}{工作人员数\times 1天工作时间}$$

四、工序分析的表达方法

1. 工序符号表示法

①一般工序符号，见表 7-1。

表 7-1　工序符号表示法

工序分类	符号	内容说明
加工	◯	按作业目的，物品发生物理性或化学性变化的状态，或者为了下段工序做准备的状态
搬运	○	把物品由一个位置移到另一个位置的状态
检验	▢	测定物品，将结果跟基准比较并做好与不好的判定时的状态
停滞	▽	物品既不加工，也不搬运和检验，处在储存或暂时停留不动的状态

注：物品是指面料、辅料、半成品或成品。

②缝制使用符号，见表 7-2。

表 7-2　缝制符号

符号	内容说明	符号	内容说明	符号	内容说明
◯	平缝作业	(斜线圆内含圆)	机器熨烫作业	◇	质量检验
(斜线圆)	特种缝纫机缝纫作业、特种机械作业	○	搬运作业	▽	裁片、半成品停滞
◎	手烫、手工作业	□	数量检验	△	成品停滞

2. 图表表示方法

图表表示方法，如图 7-3 所示。

3. 排列填写方法

①大小不同的材料组合，如图 7-4 所示。

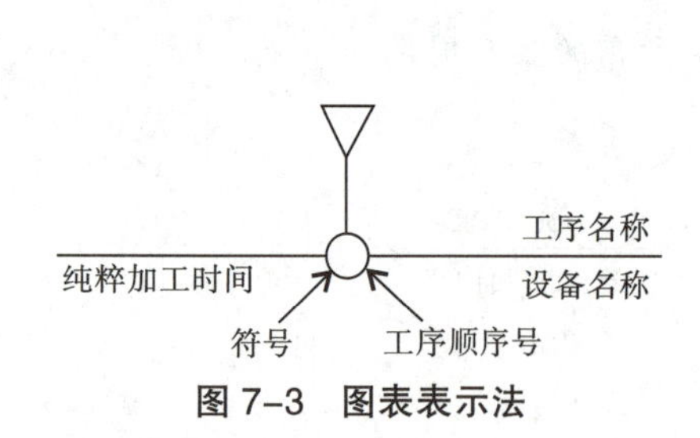

图 7-3　图表表示法

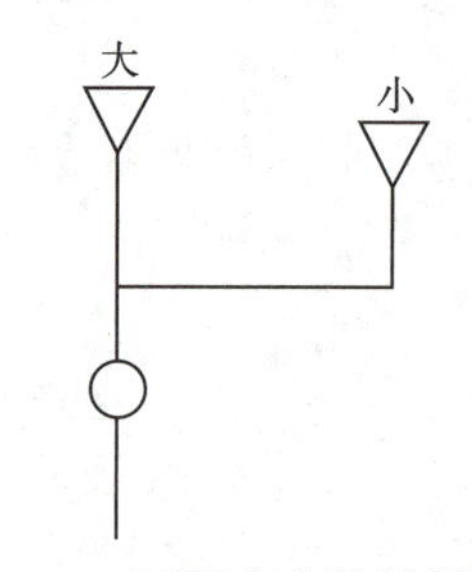

图 7-4　不同大小的材料组合

②同等大小的材料组合，如图 7-5 所示。

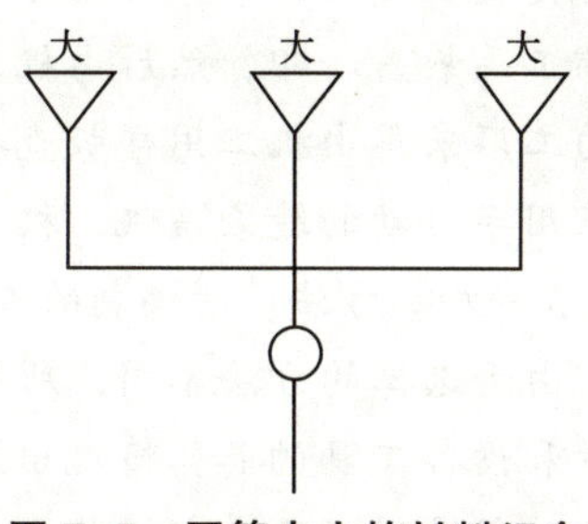

图 7-5　同等大小的材料组合

4. 编排次序

①准备产品实样。

②确定大身衣片组合数、组合次序及编排位置。

③由大身开始分析，按工序工艺依次编排。

④半成品需待装配时才可插入排列。

⑤列出总加工时间明细表。

左右对称的工序可省略，合并排列。

5. 工序组织

服装工业生产的工序组织，是按生产形态分解和组织制品生产工序以及制定工序的工时定额和技术要求的管理工作，包括划分不可分工序，确定工序技术等级、工时，研究流水形式，组成工序等几项工作。

(1) 划分不可分工序

所谓不可分工序，就是在不变更技术性质和不更换生产工具的情况下，不能够再进行细分的生产工序，否则就会造成技术不合理及浪费现象。例如上袖子暗线，不可能把袖子上了一半再交给另一个工序上；缉裤腰表面明线时，也不可能一个人只缉了一半再交给另一个人继续操作。一个加工件经过两个人重复的取放动作，不但浪费时间，影响劳动生产率，而且对质量也有影响。因此，不可分工序划分得正确与否，将为组织生产是否先进合理打下基础。

划分不可分工序，主要取决于产品结构的复杂性、加工方法，及所使用的机器设备。一般地说，划分不可分工序的依据主要是以下 3 个方面：

①按照上级机关颁发的技术文件进行，包括制成品尺寸、制作要求、实物标样、产品结构和加工方法等。如果是新产品，则必须通过试制，找出工序的特点、性质和内在联系因素，以便了解产品全部的加工过程和制作工艺上的要求，经过研究、核对后，作为划分不可分工序的技术依据。

②划分不可分工序前，应收集厂内和同行业其他一些工厂历史上生产同类产品所取得的一些经验及资料作为依据。

③划分不可分工序时，要研究采用什么样的加工方法，何种专用机器设备。随着生产的发展、革新成果的应用，加工方法将会发生变化，工序的划分也将随之有所变动。例如，缝制中山装袋盖，有一些工厂是采用先辅工画袋盖粉印，然后由机工按粉印进行缝合。这种加工方法费时，而且质量得不到保证。有的工厂采用由机工用样版直接缝制的方法，这样就省去辅工画粉印的工序。现在有许多工厂都采用半自动的缝袋盖机，机工只需将袋盖的里料、面料送入夹具内，则可以自动进行缝制。以上3种加工方法，所编制的工序显然都不一样。

在划分不可分工序的工作上，由于选择的方法不同，所起的效果不同，因此，在划分不可划分工序时，必须从本厂技术力量和设备工具的具体情况出发，在详细了解产品结构、规格样式、工艺方法和技术要求的前提下，通过对产品全部操作内容的分析与研究，然后以加工部件和部位为对象，按其加工顺序划分开来。一般地讲，应使划分工序既不影响制作规格，又要便于操作；既要保证产品质量，又要考虑生产效率；既要考虑传统的加工方法，又要尽可能地多采用新的技术革新成果。此项工作是进行许多其他方面工作的技术依据和基础资料，不可分工序若有变动，如增加或减少，其他许多工作也将随之变动。因此，对这项工作应本着多研究、细分析、一次成功的方向去努力。

（2）确定技术等级

工序的技术等级是根据工序在操作上的难易程度和该工序在产品质量上的主次地位等情况确定的，一般可参考有关工种既定的技术等级内容，确定某种工序应由何级别的技术工人来担任。

（3）确定工时

分析工序的操作情况，会发现有“定期”和“不定期”两种动作。缝纫车工在操作中，如用手拿衣片→放到缝纫机作业位置→启动机器→缝制结束→手取剪刀切断缝线→把缝好的作品放到传送台。这些连续不断发生的重复动作，称之为“定期动作”，或称为“操动”，这些操动所占用的时间称为“操动时间”。在全部工作时间里，除了操动以外的其余动作称为“不定期动作”，所占用时间称为“余裕时间”。

$$操作率=\frac{操作时间}{工作时间}\times 100\%=\frac{操作时间}{操作时间+余裕时间}\times 100\%$$

$$余裕率=\frac{余裕时间}{操作时间+余裕时间}\times 100\%$$

五、组成工序

工序组织工作，就是将所划分的不可分工序，按照一定的要求合并成新的工序，这种新的工序就称为“组成工序”。

工序组织工作是为了达到工序的同步化，因此也称为工序同步化。工序的集中与分散，是实现工序同步化的重要一环，通过把小工序化大、大工序化小的办法，可以使各个与节拍不成比例的工序，调整为与节拍相等或成整数倍的关系。此外，改进工艺过程、采用先进的工艺方法、采用高效率的设备、合理设置机台和配备人员等都能调整工序的长短，以达到工序同步化。

1. 组成工序的要求

（1）连续性

合并在一个组成工序内的各道不可分工序，应当符合连续性的要求，以减少辅助动作时间。

（2）同类型

合并在一个组成工序内的各道不可分工序，在工艺技术上应当符合同类型的要求。

（3）经济性

组织工序要符合经济原则，一般来说，机、辅工工序宜分不宜合。

（4）合节拍

组织工序在完成时间上虽然以节拍为标准，但经常不能与节拍正好相等或成整倍数关系。一般要求所组成工序的完成时间与节拍的差距应在7%以内。

（5）顺序性

各组成工序的加工顺序，必须符合顺序性的要求，不应当发生倒流、倒放现象。

（6）区别性

宜于在流水线外集中加工的部件，应尽量置于流水线外加工，具体产品、具体情况应做具体分析确定。

2. 组织工序的步骤与方法

①按照不可分工序表，填写不可分工序卡。

②确定节拍、工作数量，核算负荷率等。

③将需要集中合并加工的不可分工序卡抽出，然后以节拍作为组成工序的时间标准。

④按照制品的加工顺序，逐部件或逐部位地把所包括的不可分工序组织成一个新的组成工序，最后编制成“组成工序表”，尽量避免逆流和交叉。

3. 工序编成效率

制品在工序间要进行协调均衡的生产，减少在制品积压的数量，所以有必要引入“时间间隔”的概念。所谓“时间间隔”，实际上是每名工人平均经手一定作业量所需的实际作业时间。运用“时间间隔”可以计算某条生产线应配作业人数和机台数，但不能保证各工序间时间绝对一致，造成工序间工作负荷有轻有重，其中负荷量重的工序称为“瓶颈工序”，则加工负荷最大的工序所需的时间称为“瓶颈工序时间”。工序编成效率就是用来表示作业分配平衡度的一种系数。

$$\text{工序编成效率}=\frac{\text{间隔时间}}{\text{瓶颈工序时间}}\times 100\%$$

在编制工序时，应分清主流工序（衣服前后片）和支流工序（如领、袖、袋）等，从中调剂工序编成效率，使编成效果得到改善，且使各工序的标准作业时间趋向平衡。一般要求工序编成率能达到 85% 以上。

4. 加工工序分析表

加工工序分析表是对一个工序或整个加工工序的分解，以及对其加工所需的设备和时间的工程设计表，见表 7-3。

表 7-3　加工工序分析表

部位	工序号	工序名称	缝纫示意	缝纫机型	单项操作时间	每小时产量	节拍占有率	缝纫机数量
	9-01	取左前衣片		手工	0.05 分	9 600	0.10	—
	9-02	取胸袋		手工	0.05 分	9 600	0.10	—
	9-03	钉胸袋		GC8-1	0.05 分	960	1.04	2 台
	9-04	修剪线头		手工	0.03 分	16 000	0.06	—

其主要内容包括：

①部件分解图（形状结构）。

②加工实需的设备工具及其型号和数量。

③工序的单项工作时间（标准时间）。

④工序在总工程中所占的节拍率。

图 7-6，是男衬衫工序流程图。

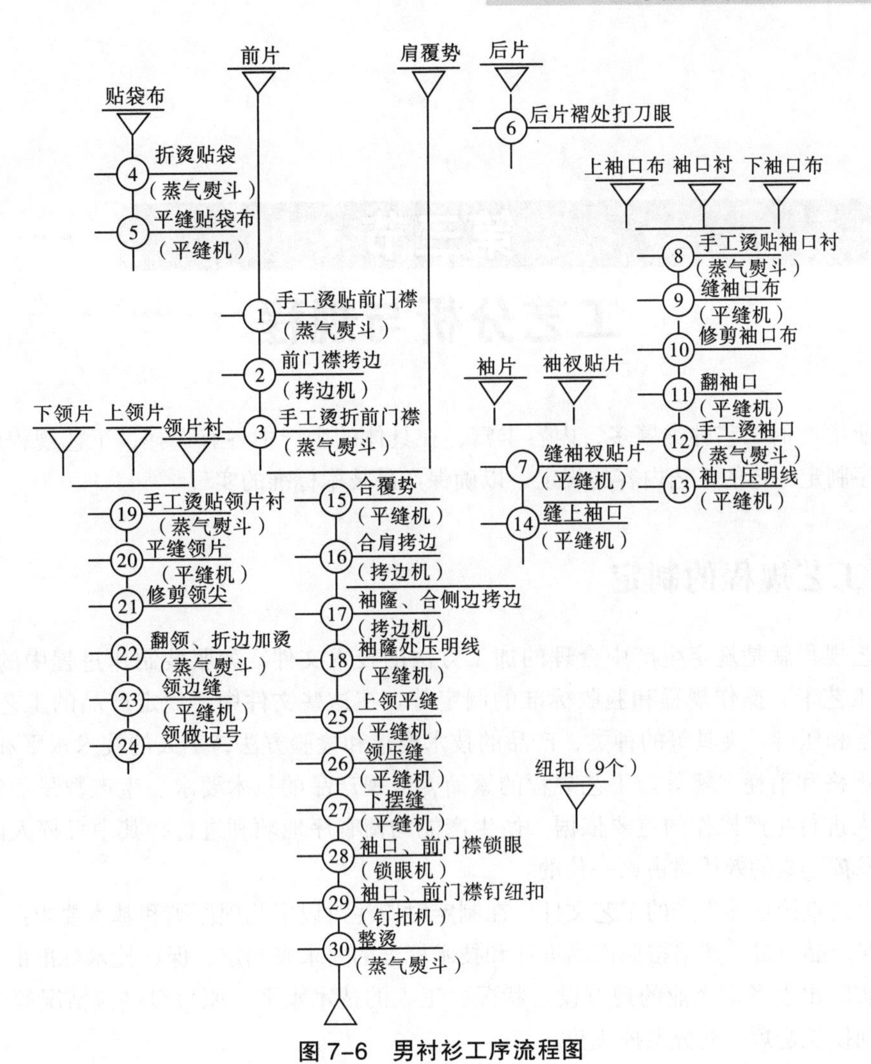

图 7-6　男衬衫工序流程图

第三节 工艺分析与规程

服装工业生产的工艺种类繁多，内容丰富，在具体的生产中各有选择，工艺规程就是对所选择的具体工序制定一定的工艺内容的规定，以确保产品技术标准的实现。

一、工艺规程的制定

所谓工艺规程就是规定生产中合理的加工方法的技术文件，如服装制作过程中的流程工艺、工序工艺、工艺卡、操作规程和验收标准的制定等。在这些文件中，规定产品的工艺流程路线，所用机器设备和压脚、夹具等的种类，产品的技术要求和检验方法，工人的技术水平和工时定额，所用材料的规格和消耗定额等。工艺规程的繁简，应视产品的技术要求、生产数量而定。它是组织生产和工人进行生产操作的重要依据，使生产能均衡有序地顺利进行，其中发挥人的积极作用和最大限度发挥工具的效用是占第一位的。

工艺规程是直接指导生产的工艺文件，在制定时应注意以下几项原则和基本要求：

①要确保产品质量，严格按照产品设计和技术标准的要求来制定，保证技术标准的全面贯彻。

②要从实际出发考虑企业的现有设备状况、工人的技术水平、原材料供应情况等各种生产技术条件，做到扬长避短，充分发挥优势。

③在合理利用企业现有生产技术条件的同时，应尽可能地采用国内外的先进技术，不断改进工艺，提高生产技术水平。

④要保证工艺的统一性，要求每一产品的整个生产过程中的每一道工序，都由统一的工艺做保证，紧密衔接，互相协调。

⑤要保证工艺的先进合理，力求做到流程简单，工序划分合理，操作方便，设备投资少，占用场地小，技术经济效果好。

⑥要尽可能地采用典型工艺，做到总结推广先进工艺，简化工艺文件，提高工艺设计的工作效率。

⑦制定工艺规程要集集思广益，必要时要把有关领导、技术人员和有经验的工人组织起来研究分析，从中选择最佳的方案。

二、工艺规程的作用

工艺规程是用来指导具体生产的，它是实现技术标准的重要环节，其主要作用有以下 3 点：

1. 工艺规程是用实现产品设计要求，贯彻技术标准的必要保证

产品设计主要是提出生产什么样的产品，产品标准则是提出产品的质量要求。为了实现产品的各项质量标准，工艺规程具体规定了应该选用什么样的原辅材料和零部件，使用什么样的工具设备，采用什么样的程序和方法。因此，工艺规程的制定和贯彻是以具体手段来保证实现产品设计要求和贯彻技术标准的。

2. 工艺规程是决定产品技术经济效益的重要手段

工艺规程的制定是通过工艺分析和对不同的工艺方案进行经济评价，从中选出最优的方案。因此，工艺规程的制定和贯彻能起到促进采用先进技术和先进操作方法、合理利用资源等的作用，而以上这几项都是决定产品技术经济效益的重要因素，从这一意义上说，工艺规程的制定和贯彻是决定产品技术经济效益的重要手段。

3. 工艺规程是组织生产的主要技术依据

工艺规程除了指导具体生产以外，企业在组织生产中的计划安排、生产调度、劳动组织等各方面，都要根据工艺规程的工艺流程和各具体工序的工艺要求来安排。材料供应和工具设备的准备工作，也要依工艺规程所规定的要求来进行，技术检查也要以工艺规程为依据，离开了工艺规程，以上这些工作就失去了主要技术依据。

三、工艺分析与处理

简单来说，工艺分析就是根据订货合约或产品设计的技术标准，选择恰当的面料、辅料和加工工艺，以保证产品质量达到规定的技术标准，求得预期的经济效果。服装工业的工艺分析与处理，一般有两种情况：一种是客户订货或来样加工；另一种是根据市场需要，自行设计产品。不论是哪种情况，工艺分析和处理的主要内容包括面料、辅料选用是否适宜，选用的加工方法是否合理，零部件的几何形状和尺寸配合是否协调，加工测量是否方便，误差等级和尺寸标准是否正确，在现有设备和技术力量基础上加工的可能性以及外协加工的条件，等等。总之，工艺分析是一项十分严谨、细致又非常具体的技术工作，必须认真对待。

任何一件具有使用价值的物品，都包含着各种各样的技术因素，服装工业的产品也不例外。因而当我们接到订货合约、实样或产品设计任务书以后，就要了解各种技术因素、工艺分析，弄清产品所包含的全部的比较准确的技术要求，不能有丝毫的疏忽和大意，否则将会使产品失实、标准走样，造成不可挽回的损失。

那么，服装产品包含着哪些基本的技术条件和因素呢？

（1）了解选用的面料、辅料的基本性能

弄清面料、辅料的品号、品名、规格、花色、色号以及物理和化学上的性能，如光泽度、伸缩率、色牢度、耐热度等。

（2）了解产品的号型系列及名称

产品的号型系列及名称是否与订货合约、实物样品及产品设计的要求相符。

（3）了解产品的规格尺寸要求

①规格尺寸有公制、英制两种，一定要注明采用哪种形式。
②注意所提供的规格尺寸是人体尺寸（净尺寸）还是服装成品规格。
③注意产品零部件的几何形状及规格尺寸要求。
④弄清产品各部位规格尺寸的测量方法，如衣长、胸围、下摆大小等。

（4）选择产品加工制造的手段

如采用哪些专用机台和设备，采用怎样的技术条件等。

（5）确定产品的工艺组合方法

工艺组合方法主要包括零部件的安装、各部位的缝合要求及产品部件的组合等。

（6）产品采用哪一级技术标准

产品是采用国家标准还是部颁标准，或是企业自行制定的标准等，各级标准对技术指标的要求不尽相同。

（7）审核数量及搭配

注意审核各档规格、花色的组数是否与总数相等，每盒、每箱搭配的规格、花色数量是否符合要求。

（8）熨烫方法和要求

采用何种熨烫工具（如电熨斗、蒸汽熨斗、定型设备等）以及各部位的熨烫方法等。

(9) 商标及其他标志

包括使用何种商标、吊牌、尺码、成分标志、洗涤说明、商品代号及其具体钉法。

(10) 包装要求

主要内容如下:

①包装方式,如盒装、袋装、立体包装等。

②具体折叠方法及所折叠的尺寸。

③包装时所使用的别针、夹针、衬板、领衬条、衣架等及其规格要求。

④内外包装所使用的胶带、纸袋及小包装、大包装的尺寸规格和数量以及包装物的标志等。

(11) 其他特殊要求的注明

通常指超越正常标准范围的要求及质量指标等。

弄清产品的全部技术要求,是一项十分细致而又具体的工作。对来样加工的产品,要在弄清要求的基础上,结合实样进行复核和查对;老产品要与过去的有关资料核对;新产品则要与设计任务书核对;对外技术要当场做好记录;变更内容要具备一定的手续程序,不能主观判断。

第四节 服装缝制作业动作、时间研究

缝制作业中动作、时间的研究是服装工艺设计中一项十分重要的内容，它是衡量一个企业管理水平与员工素质高低的主要标志。早在 20 世纪 40 年代，美国及西方一些国家的功效学专家就曾提出过服装缝制作业中动作、时间研究的问题。由于各种条件的制约，我国在这方面的研究还亟待重视与加强。

一、研究的意义

服装的缝制作业主要是通过生产一线的缝制工人来完成的，在生产工艺、设备及其他外部条件相同的前提下，两个企业的工人加工同一种产品的日产量有很大的差别。以男式休闲裤生产为例，某外贸服装企业生产流水线人均日产量为 16.4 条，而某制服厂裤装生产流水线人均日产量只有 9.6 条，主要原因是由缝制作业者的动作、车缝时间比率不同造成的。

每个工人动作的快慢程度，缝制作业过程中是否有多余的动作并如何将多余的动作减少到最低限度，如何改进工艺方法，规范操作过程，有效降低余裕时间的比率，极大地提高车缝时间的比率，在各个工艺环节寻求一种科学的作业方法和最佳的时间配置，这是摆在每个服装设计工作者面前的一个紧迫的、应当常抓不懈的重要课题。这对大幅度地增加产品数量，保证产品质量，实现缝制作业的动作、时间和质量的标准化必将产生积极的作用。

二、动作标准化研究

服装缝制的所有作业都是由重复出现的动作（亦称定期动作）和出现次数较少的动作（亦称不定期动作）这两种方式所组成，动作研究是以不定期动作为主，进而掌握定期动作在整个作业动作中的比率的一种方法。不定期动作发生的时间是比较难以预测的，一般只能通过预测一天中在不定期动作上所花费的时间的百分比来了解，可以说不定期动作的发生率是衡量工厂管理水平的尺度之一。而缝制作业是以人为主体的，每个工人的动作不可能统一，因此，应首先进行充分的动作研究，并努力实现动作标准化。

1. 分析缝制作业动作的方法

缝制作业的内容是不断变化的，缝制作业所要达到的目的也会根据款式、材料的不同而有所差异。与之相应的缝制作业的动作也会有所改变，因此，经常进行缝制作业动作的分析是非常必要的。常用的动作分析法有以下几种：

(1)目测分析改善法

目测分析改善法即用眼睛仔细观察缝制作业工作者的动作，及时发现动作过程中的问题，提出改善问题的方法。此种方法适宜于初学者或容易经常出现的问题。

(2)图文记录改善法

即将缝制作业的内容按照各工序的编排分成若干个具体的动作，再用文字与图解的方式将每一个动作记录在册，对每个动作进行仔细分析、比较，并反复实践，从各方面对动作进行充分的论证、改进、优化组合，然后，将本道工序以最佳作业图解与文字说明的方式固定下来，逐步地将所有工序的作业按标准落实，如同建筑有施工图一样，按图施工，一丝不苟。

(3)VCR(录像)法

使用 VCR，一般使用 8 mm 录像机摄下工人的动作后，组织专门人员坐下来反复播放观看并分析研究作业工人的连续动作，找出改善点，提出改进的方法与意见，为缝制作业的标准化做准备。

(4)既定时间标准法

采用 PTS 法进行分析，求出时间值。它是通过设定身体某部位的活动时间值，在作业前便能规定出标准作业量的方法。作为此类代表性的有 WF 法、MTM 法两种，我国服装企业大都采用 MTM 法。

2. 明确缝制作业动作的改善点

缝制作业者主要依靠手、眼、脚的配合来完成动作，根据缝制作业的内容与要求的不同，其动作的改善点也不一样，总的要求是:

①尽量减少动作的数量。包括手指、手腕、双臂以及肩与腰的动作。能够不用手去做的工作，尽量不用手去做。例如，机器的启动、压脚的抬起和放下等。

②尽量减小动作的幅度。应注意将所需的材料放置在正常的作业区或者最大的作业区范围内，常用的工具、材料等要放在个人顺手可取的地方或某个固定的位置。

③保持固定一个动作时，尽可能多地利用附属装置或其他器具。例如，采取增加堆放装置的方法，堆放架的形状与放置的地点可根据具体情况设计，尽可能考虑如何有效地活用这些设备，从各方面对所有动作进行改善。将最佳动作规定后，将作为届时的“标准动作”予以设定，使所有作业按标准动作进行。

④一次动作开始后，注意不停地进行曲线动作。

⑤动作应按先后顺序，使动作节奏化，形成自然连续的动作，轻松便捷地完成整个缝制作业的全过程。

总之，每一位缝制作业者都要有意识地明确缝制作业的改善点，并在实践过程中不断完善、总结、提高。表 7-4 是缝制作业改善点的具体做法，供参考。

表 7–4 缝制作业改善点

区分	行动	内容说明	改善着眼点	一般比率（%）	
				少品种多量	多品种多量
作业	主作业	缝：（开动缝纫机）用机器对材料进行加工	进行作业的标准化，以便提高缝纫机的工作效率。减少作业的进、出针，增加缝纫作业的连续性	27~30	20~24
	附带作业	取、放、剪线、对合		46~49	53~56
作业余裕	条件整备	附带设备的安装、拆卸、检查温度、清除熨斗锈迹，开关 ON、OFF 处的注油、清扫、整理工作台与椅子等	扩大批量，增加分工人员（作业单纯化），设置预备用缝纫机，进行机械器具的保养教育	1.9~2.9	1.5~2
	产品整理	材料与产品的替换、确认数量、捆开包	调整工序平衡，缩小批量，加工顺序（接收订货）的标准化，利用整理架、放置台、箱等	4.6~6.3	4.8~6.6
	换线	上线下线的更换	预备线的准备，供应及换取动作的标准化	0.9~2.5	1.7~2.5
	记录	账票、布告牌、其他记录	记录方法的标准化、简单化	0.1~0.5	0.5~1.0
	故障	断线、断针、其他故障	保养、教育	0.6~2.2	1.5~2.6
	判断	质量、加工好坏的判断与注意	材料及作业方法的标准化	0.3~2.3	0.3~1.6
	调整	拆开、拆线、重新修整	标准化与专业化（追究责任）、机械器具的标准化	1.7~2.6	2.5~2.8
车间余裕	商量工作	指示、报告、教育、商讨	教育的彻底化，写成书面的指示、报告	2.2~2.5	2.4~3.0
	搬运	材料、产品、器具的搬运	编成工序，配置的适当化，增大搬运批量，设定搬运时刻表	1.1~3.2	1.3~4.5
	移动	作业场的移动	彻底进行工序编成，研究配置		
	等待作业	材料不备、工序分配不合理	调整工序平衡，充实各道工序，库存管理彻底化	0.2	0.1~0.3
疲劳与卫生	疲劳	擦汗、因寒冷产生的运动、打哈欠、受伤、生病	注意健康、身体检查、提高士气、增加休息时间	1.3~1.7	0.8~2.6
余裕	卫生	上厕所、喝水、洗脸			
其他	怠工	讲话、东张西望	提高士气、转换情绪	0~1.5	0~0.3

三、时间标准化研究

与动作研究密切相关的是时间研究，二者是相辅相成、不可分割的一个整体。时间标准化研究的核心是如何提高车缝时间的比率，降低余裕时间的比率。那么构成时间研究的主要内容是什么？提高作业速度的相关因素有哪些？这是值得我们认真探讨的主要内容，下面从 3 个方面进行说明：

1. 缝制作业时间值的测定方法

要使缝制作业的时间标准化，首先必须掌握准确的时间值。时间值的求取方法大致可分为两种：一种是从基础动作的时间值间接地求出预定时间的方法；另一种是用秒表直接进行时间测定的方法。本文针对后者进行具体说明。

（1）时间测定的工具

秒表、观测记录用纸、记录板、铅笔、计算器。

（2）观测对象工序

以工序分析的各个阶段为对象。

（3）观测作业者

对作业分工明确的工厂，是以各道工序的作业者为对象；对新产品或者单独完成整件缝制的工厂则是以熟练工人为对象进行测定的。

（4）观测者所处位置

观测者站在作业者的左斜后方 1.5~2 m 处，使作业者的手、观察者的秒表、眼睛成一直线。

（5）观测的次数

作业者在缝制过程中，由于主观与客观因素的影响，同一品种某一道工序前后缝制的时间不一定相同，为了掌握较准确的时间值，改善作业时一般要进行 5~10 次观测，标准时间设定时要进行 15~20 次观测。

（6）总体时间观测方法与具体顺序

观测方法有总体时间观测和个体时间观测两种，一般缝制作业采用前者方法。具体操作顺序：决定检查重点（动作的段落），在决定的检查重点上出现动作时，便立刻开始测定；当出现下一个检查重点时马上读出时间，并记入观测记录的总体时间栏内；出现不定期动作时，在“个别时间栏”内打“√”作为标记，如有漏记时，要在总体时间栏内作“M”记号。

（7）时间值大小不同的观测方法

作业时间也会由于工序不同有所差异，如果只用同一种方法进行观测，就会产生时间误差或者无法观测，因此，在实际观测中往往采取下列 3 种方法：

①观测作业要素：一个周期的时间值为 15 秒以上时，应将该项作业分为几个要素作业，以各作业要素为检查重点进行观测。计算出每一要素的时间值后，将各要素作业的所有时间值合计起来并求出个别时间值。

②观测周期：一个周期的时间估计为 7~15 秒钟，观测每一周期。

③观测批量：当一个周期的时间估计在 7 秒以下时，可以 10~20 周期长为 1 个批量进行观测，即从第 1 个周期到第 10 或 20 个周期为 1 个单位进行测定，然后将其除以 1 个批量的件数求出个别时间。

（8）观测值的整理

经多次观测后求出个别时间值，除异常数值外求出算术平均值，这就是我们要求的作业时间值。

2. 流水生产线设计与作业时间的关系

现代服装企业生产均是按流水作业进行的，流水生产线的设计对作业时间与操作效率有直接的影响。流水生产线设计包含两个方面的内容：一是每位作业者的工作量是否均衡，行业上称作编制效率的高低是否达到标准；二是流水生产线的机器设备布局能否有利于提高生产效率。

流水生产线的编制效率公式：

$$编制效率=\frac{平均加工时间}{瓶颈加工时间}\times 100\%$$

在编制生产线时，要使编制效率大于85%，而提高编制效率的关键是要设法减少瓶颈加工时间，办法是把瓶颈工序分配给作业熟练的工人，或对瓶颈工序的工具进行改革或更新。而传统的一条龙式流水作业不能适应多品种小批量的快速生产，应该采用模块式的生产组织形式和先进的现代化技术设备。

模块式生产组织结构一般设置方法是1人多序多机式（一般3~5工序，多至6~7工序，常用设备2~3台，多则5~6台），按照工序的多少设定操作人数（一般20~30个工序用7~8人，50~60个工序用10~20人，80~100个工序用20~25人）。

模块工位之间的在制品的传递常为单件（至多为3~5片），其工位排列方式可以是U型排列、一条龙直线式排列、交叉式排列等。

3. 工位设计与作业时间的关系

所谓工位设计，即具体设计每个工人生产的半成品、成品及生产工具的摆放位置，作业者缝制动作的顺序和完成该工序的标准作业时间。良好的工位设计能保证每道工序处在严格规范的操作中，不但能提高产品质量，还能有效地降低缝制作业时间，从而达到提高生产效率的目的。

下面以男衬衫生产的第一道工序——缝合翻领的领里、领面为例说明如何进行工位设计。具体操作步骤和方法设计如下：

①在台面的右方用左手取里领的左角，右手取表领的左角。

②将右手所取的表领放下层（领面朝上），左手所取的里领放上层（领里朝上），上下两片从左角至右角对齐理平。

③从领片右角下领口弧线处来回针进针，离领片净缝线0.1 cm处做缉线，缝份0.8 cm。

④车至右领尖时，领尖对齐，左手将里领稍带紧，注意不要拉抻，以免变形。

⑤转角后，左手拿直领片，右手推送。

⑥缉线至领中部，注意对准上下层标记，上层稍带紧。

⑦缉线至左领尖，注意领尖对齐，左领尖缉线要求同右领尖，注意左、右领尖匀势要求一致。

⑧转角后，缉线至左领下领口弧线处出针，出针后回针。

⑨翻转领片，将领片放至台面的左方，该工序标准加工时间为0.65分钟。

由此可见，不仅领里、领面放置的地点与方向要设计，标准加工时间要确定，操作的顺序以至每个手指的具体动作均要设计，这样才能保证每个部件的缝制标准不受影响，真正达到增效保质的目的。

第五节 缝口强度与缝制质量

用线将衣片缝合的部位叫作缝口，缝口性能的好坏，直接影响到服装的缝制质量，缝口的性能主要表现在缝口强度上。

所谓缝口强度指的是缝口在拉力作用下伸张的程度。拉力伸张到一定程度，缝口将遭到破坏，缝口破坏的形式一般为缝纫线拉断或面料破裂。造成缝口破坏的原因是多方面的，在进行工艺设计时，一方面要考虑缝口破坏的各种因素；另一方面对缝口强度进行合理设计和科学应用，保证缝制质量。

一、影响缝口强度的主要因素

影响缝口强度的因素是多方面的，主要表现在以下 5 个方面：

1. 缝纫线的性能和质量

缝口形成主要是通过缝纫线来完成的，缝纫线的性能，特别是缝纫线的品质质量直接影响缝口的强度。

缝纫线经过缝制后形成环套状或结扣状，环套和结扣的强度影响缝口强度，但直接影响缝口强度的并非缝纫线环套或结扣强力的平均值大小，而是环套和结构强度中最小的强力值，因为，缝口遭到破坏首先从最小强力值处突破。例如，用 50 cm 长的缝纫线每隔 5 cm 打一个结，共打 10 个结，将此线用强力机拉伸，此时各个结受到的拉力是相同的，缝纫线最终会在最弱的打结处断裂。如此测量 10 次，找出记录中的最小值，便可得到最小的结构强力。

2. 面料的性能与组织结构

缝口形成的基础在面料，面料的性能、面料的组织结构与面料的强度密切相关。面料的强度小，不管采用哪种线迹形式和方式，其缝口强度都不可能变大。实验证明：缝口破裂时，首先是缝口处面料纱线发生滑脱，造成缝口开裂，然后出现缝口被拉断（断裂）的现象。缝口破裂将严重影响服装质量，损害企业形象与消费者利益，因此在进行工艺设计时，应注意掌握面料、辅料的缝口强度，以便有效地控制服装质量。

3. 缝口、线迹的表现形式

衣片在缝合时可采用不同的形式组成缝口，缝口的形式不同，其缝口强度自然不同。同时，衣片在缝合时可采用不同的线迹形式，不同的线迹形式缝口强度也会不同。实验证明，在缝制条件相同的情况下，双重锁链线迹形式，可保证服装缝口处在最佳状态。

4. 线迹密度

线迹密度与缝口强度有密切的关系，适当的线迹密度能增加缝口强度。实验结果证明：线迹密度 5~6 针 /cm 时，缝口强度达到最大值。如果线迹密度过大，缝口强度不但不会增大，反而有所下降。这是因为随着针距密度增加，针对面料的损伤加大，面料本身的强度下降。另外，机针对面料的损伤还表现在机针的型号上，不同的面料应选配相应的机针型号，否则会影响面料的缝口强度。

5. 针织品缝口强度

针织服装，特别是针棉织物受到广大消费者的青睐，针织内衣外衣化已形成流行趋势。针织面料具有很大的伸缩性，其缝口强度除了表现在承受垂直于缝口的作用力外，还表现在承受沿缝口方向所作用的拉力。当针织品缝口沿线迹方向受到拉力时将会产生较大的伸长变形，当伸长变形达到缝纫线断裂伸长率时，缝纫线将被拉断，而针织品本身并没有达到断裂的程度，针织服装中这种缝口破坏现象是最常见的。由此说明：针织品沿缝口方向的强度比垂直缝口的强度更重要，针织服装在设计缝口强度时多采用 3 线、4 线包缝线迹缝制。

二、缝制质量

服装缝制质量的好坏影响着成品的外观和着装效果，也关系到企业的兴衰成败，因此，对影响缝制质量的各种因素进行科学的控制，是服装工艺设计中极为重要的研究课题。下面将具体分析常见的与服装缝制质量有关的因素：

1. 缝口皱缩

这是服装缝制过程中经常出现的现象，产生这种现象的原因有：

（1）缝纫线张力过大

当衣片缝合完毕，缝纫线产生回缩，缝口在缝纫线回缩力的作用下出现皱缩。

（2）材料配伍不当

面料与面料、面料与辅料、辅料与辅料缝合时，其材料性能的差异或经纬纱向的不同等因素，也会致使缝口产生皱缩。

（3）面、辅材料缩水率的不同

面、辅材料缩水率的不同也能导致缝口产生皱缩。

（4）平缝机送布牙安装超过一定高度

平缝机送布牙安装超过一定高度也使缝口产生皱缩。

针对上述皱缩现象，我们在进行工艺设计时，要明确指出防止皱缩的办法与措施。特别在操作技术上要善于总结推广好的经验与方法，不断提高生产自动化程度，有效防止缝口皱缩或将缝口皱缩现象降低到最小限度。

2. 面料、辅料损伤

面料、辅料损伤的因素有两个：一是使用高速缝纫机，机速为 5 000 r/min，机针穿透面料的速度一般达到 4 m/s，这样机针与材料之间产生快速剧烈的摩擦，机针温度升高到 280℃左右，这时，许多材料受到损伤，有些耐温性能较差的面、辅材料甚至会发生熔融变质。有的缝纫线由于不能承受这么高的温度而时时断线；二是缝制材料被机械损伤，如机针太粗、针尖钝挫、送牙布过高、压脚压力过大等因素都可能导致面、辅材料的损伤，严重影响缝制质量。因此，在生产过程中，要努力进行调节和控制，使各种影响缝制质量的因素减少到最低限度，防止面料、辅料被损伤，确保服装缝制质量。

第六节 面料、辅料的准备与样品试制

一、面料准备

选择面料要从以下4个方面着手:

1. 面料质地与功能

面料的质地与功能要符合设计要求,既要与款式造型协调一致,又要与服装穿着功能相吻合。

2. 色泽与手感

"远看颜色近看花",面料的色泽与图案花纹一方面要符合设计要求;另一方面要符合流行趋势。面料的手感或挺刮,或柔软,令人感到舒适,同时要考虑面料的色牢度。

3. 价格与产地

面料的价格要与产品的档次相当,选购面料时要考虑销售价格与经济效益。面料价格与生产地、运输方式和距离等因素有关,要防止费用过多造成商品价格太高而影响销售。

4. 工艺与包装

不同面料须采用不同的工艺加工,选择面料时一方面要考虑裁剪工艺要求、制作工艺与熨烫工艺效果,另一方面要考虑成品的包装储运等。

二、里料与辅料的准备

选择里料、辅料时要考虑以下9个方面:

①里料的缩水率与透气性要与面料相近。

②里料的色泽与牢度要与面料相近。

③里料的耐热度要与面料相近。

④里料的质感要与面料质地基本吻合,里布要求光滑,易于与面料贴合,外观大方、美观且便于穿脱。

⑤缝纫线的选择很重要，一定要保证其性能、颜色与面料一致。

⑥黏合衬布时，一方面要保证衬布与面料的厚薄相适应；另一方面要与面料的质地、性能吻合，最好是在黏合前做几次试验，检查效果后再确定选用哪种衬布最合适。

⑦拉链的规格、品种要与面料的质地、厚薄相适宜，拉链的颜色要同面料相同，同时必须考虑其染色牢度，防止拉链掉色。

⑧纽扣大小、厚度、颜色一方面既要与面料协调一致，同时又要对款式起到点缀和装饰效果。

⑨其他装饰配件要与面料的颜色、款式造型、设计风格协调一致，塑造服饰的整体美。

三、面料、辅料的测试

面料、辅料的测试包括目测、手摸、物理和化学性能测试，测试的主要项目是色差、织疵、面料经纬纱向、伸缩率、耐热度、色牢度等，有条件的企业可按照国家印染棉布标准《GB411-432-78》规定的技术条件进行测试。

四、服装样品试制与鉴定封样

样品试制是现代服装工业的产物，一般是根据设计人员绘制的款式效果图或者客户提供的款式图或原材料，按照一定的规格号型进行裁剪试制。样品试制的目的或意义有两个：一是供业务洽谈时给客户一个直接的形象或者是供广告、橱窗展示用；二是批量生产前按工艺文件规定的技术要求和流水作业程序生产的首件产品，用来作为批量生产所做服装的样品。样品试制是一项技术含量高且又较全面体现专业水平的细致工作，它要求试制人员不但有较好的美术设计知识，还要具有扎实的制版、制作基本功以及一定的分析、判断、解决实际问题的能力。样品试制过程也是一个探索、提高的过程，它通过反复的修正和总结，旨在摸索一套既省时、省力又科学合理的生产工艺流程，充分表现设计风格，确保设计效果的良好的工艺。样品试制完成后，质量监督人员要会同技术人员进行质量鉴定，对不合要求的部位应进行修改直至合格后才能进行首件产品合格封样，封样以后才可以批量生产。

样品试制过程中，要注意做好工时测定、收集有关技术数据和资料的工作。其中包括：

①工时测定。

②材料消耗测定。

③工艺技术参数测定。技术参数常指：缝型与工艺方法、线的张力、针距密度、缝迹宽度、熨烫温度、压力、时间、黏合衬以及有关辅料配件的规格要求等。

④原材料资料的数据，包括原料属性、品名、规格、颜色、价格、等级、生产厂家、日期以及面料的缩率、色牢度、耐热度等。

⑤工艺设计技术资料，包括效果图、款式图、裁剪图、纸样、排料图、工艺图、成品规格单、工艺单、技术标准等。

⑥试制过程的标样如材料标样，要注明各种标样的厂家、规格、货号、花色品种等并进行材料和实物标样封样以备用。

第七节 工艺文件编制与技术档案管理

服装工艺文件是技术部门最重要、最基本的文件，它对产品的工艺要求进行了全方位的设计，是指导产品加工和工人操作的技术法规，是产品质量检验的主要依据，也是总结提高技术经验的参考资料。

一、工艺文件编制

1. 工艺文件编制的依据

①客户提供的样品和指定款式规格、号型及文字说明的合同书，也可以是企业开发的新产品经试制确认准备批量投产的样品及说明。

②客户的补充意见及销售地区的风俗民情特点。

③产品技术标准规定的各项技术条件与设备需求说明。

④样品试制的有关记录与改进意见。

⑤原、辅材料的测试报告及其确认样卡或实物小样。

2. 工艺文件编制的要求

（1）文件内容完整、准确无误

文件内容一般包括：

①产品工艺结构图或效果图、工艺流程。

②产品规格型号、部位名称与部位尺寸、允许公差，零部件部位规格与允许公差。

③裁剪工艺要求。

④编号操作要求。

⑤工序名称与工时及工艺操作要求，单件价格。

⑥钉扣、锁眼、整烫工艺要求。

⑦包装、唛头要求，原、辅材料单耗数量及实物样标样等。

作为工艺文件，它是企业劳动组织、工艺设计、原材料供应等工作的技术依据，是工人操作的技术法规，因此，出色的工艺文件必须准确无误，一般要求做到：

①从文字上要求用词确切，言简意赅，专业名词术语准确，前后统一，围绕工艺要求前后顺序井然，逻辑严谨。

②图文相符、数字与文字并举，特别是有些部位，用文字叙述很难使人明了，采用图解方式则让人一目了然。

（2）工艺文件的适应性、可操作性要强

工艺文件要适应国家颁发的技术标准的有关规定，要适应市场经济与本单位生产实际，要适应销售地区的风土人情，否则，生产的产品就会没有市场，从而造成经济损失。工艺文件要与生产地的生产环境和生产能力、产品的交货日期等相适宜，要考虑工人的技术程度和经济利益，要考虑设备条件与批量大小，保证工艺先进、合理和可操作性。凡列入工艺文件的原、辅材料都要有实验检测报告或翔实可靠的证据，否则均不能列入工艺文件。

3. 工艺文件的执行与归档管理

为了使全体操作员工领会产品设计意图，理解并掌握工艺操作的要求与方法，应该对有关人员进行工艺操作的教育与示范，以保证工艺文件的顺利、正确执行。

工艺文件必须以公司（企业）正式生产技术文件形式编号，签发下达到车间、班组，车间、班组要认真组织员工学习工艺文件，对工艺文件中不明确的内容可提出咨询，由技术科负责人进行解释或操作示范。工艺文件批准发布后任何人不得以任何理由随意更改，遇到下列特殊情况，必须通过规定的程序认可才能变更：

①订货单位中途提出合理、可行的变更要求。

②原、辅材料突然中断，或发生了不可抗拒的因素。

③有更先进、更科学的省工、省料的合理化建议。

④执行工艺文件过程中确实有的方法不能保证产品质量。

工艺文件的更改，要经过总工程师或主管技术厂长批准，由文件起草部门经办变更手续，并及时通告有关车间、班组员工，变更文件要同原发文件一起保存归档。

二、生产技术档案管理

生产技术档案是企业全部档案的重要组成部分，应当归档的有设计图稿、裁剪样版、工艺文件、文字材料、图表等技术资料。它综合反映了企业技术工作的内容及成果，也是企业生产、建设和科研活动的依据。建立并科学地管理技术档案已成为服装工业企业必不可少的管理手段之一。

1. 生产技术档案的作用

生产技术档案的作用具体表现在以下 3 个方面：

①生产技术档案是继续进行工作和生产的重要依据。首先企业技术部门可以借鉴已生产的各类产品的技术资料开发新产品、新工艺，加快生产周期，提高经济效益；其次，老产品要重新生产或整顿，也必须以齐全的产品技术档案为依据。所以在生产技术活动中，有完备的技术档案，生产和技术工作就可以有秩序地进行。

②生产技术档案同生产管理、计划管理、质量管理等有紧密的联系，建立生产技术档案可以帮助企业健全和完善管理体制。

③生产技术档案是生产技术交流的工具。我们经常开展的技术交流活动，有企业内部交流，

也有行业内部交流，有全国性的技术交流，也有国际性的技术交流。生产技术档案是这些技术交流的重要工具之一。

2. 生产技术档案的内容

目前，服装生产技术档案在我国还没有形成规范化的制度，就全国服装企业已经建立起来的生产技术档案，大致包括以下一些内容：设计图稿、内（外）销订货单、生产通知单、原辅料明细表、原辅料测试记录表、工艺单、样版复核单、排料图、原辅料定额表、工序定额表、首件封样单、产品质量分检表、成本单、报验单、软纸样等。

为了便于检阅和管理，技术档案一般要用白皮袋装好，袋面作为封面应标明以下内容：名称、地区、品号、合约、保管期限、密级，并填写企业名称和建档日期。现代化企业技术档案可用电脑进行管理和查阅。

3. 搞好生产技术档案管理

我国服装工业企业现有的生产技术档案还都很不规范、很不健全，这就给生产技术档案的管理带来一定的困难。科学地管理生产技术档案必须做好以下 6 项具体工作：

（1）收集

收集，就是将那些具有保存和利用价值的生产技术档案（包括收集归档的技术文件和零散的技术文件），集中保存在科技档案室。生产技术档案的收集是生产技术档案的基础，是实现集中统一管理原则的具体措施之一。

（2）整理

整理，就是遵循生产技术档案的自然形式规律和保持技术文件资料之间有机联系的原则，对技术档案进行科学分类、系统排列和基本编目的工作。

（3）保管

保管，就是保护生产技术档案的完整和安全，维护生产技术档案的机密，为最大限度地延长生产技术档案的寿命提供和创造条件。

（4）鉴定

鉴定，就是通过鉴别生产技术档案的价值，决定生产技术档案的保管期限，并将失去保存价值的生产技术档案归类整理，经有关领导批准后销毁。

（5）统计

统计，就是通过数字来了解和反映生产技术档案的数量和质量以及生产技术档案的收集、整理、保管、鉴定和利用的基本状况。生产技术档案的统计工作，是制订工作计划、总结工作经验、改进管理工作、提高工作效率以及保护技术档案的完整和安全的具体措施。

（6）利用

利用，就是通过创造各种条件，以各种行之有效的方法，使生产技术档案为各项工作需要服务，这是生产技术档案的最终目的。要把利用工作做好，应达到以下几方面要求：生产技术档案管理部门和工作人员要树立明确的服务思想，把服务工作的重点放在第一位；要清楚地掌握技术档案的内容、数量、质量及其完整和准确程度，使生产技术档案的利用工作做得迅速、准确；生产技术档案在一定时期、一定范围内具有机密性，在提供利用时应正确处理私用和保密的关系；编好索引资料；制定借阅制度；等等。

生产技术档案工作作为一项科学的管理工作，是由前述 6 项具体工作环节有机结合起来的统一体，这些工作是完成生产技术档案工作的保证，也是搞好生产技术档案管理的必然途径。

参考文献

[1] 周婕．服装部件缝制工艺 [M]．上海：东华大学出版社，2015．
[2] 余国兴．服装工艺基础 [M]．上海．东华大学出版社，2015．
[3] 鲍卫君．女装工艺 [M]．上海：东华大学出版社，2017．
[4] 周捷．男装缝制工艺 [M]．上海：东华大学出版社，2017．
[5] 陈丽．裙・裤装结构设计与缝制工艺 [M]．上海：东华大学出版社，2016．
[6] 李兴刚．男装制作工艺 [M]．上海：东华大学出版社，2017．
[7] 余国兴．服装工艺 [M]．上海：东华大学出版社，2015．
[8] 鲍卫君．服装制作工艺・成衣篇 [M]．北京．中国纺织出版社，2016．
[9] 徐静．服装缝制工艺 [M]．上海：东华大学出版社，2015．
[10] 严建云．服装结构设计与缝制工艺基础 [M]．上海：东华大学出版社，2015．